普通高等教育电气工程自动化系列教材

# DSP 原理及应用

## 第 2 版

主　编　郑玉珍
副主编　李　璟　陈　才
参　编　施　秧　于爱华　蔡　慧

U0191042

机 械 工 业 出 版 社

本书是面向普通高等教育应用型本科院校的教材，以 TI 公司的 TMS320X28X 芯片为主要描述对象，介绍了 DSP 的发展、基本结构和系统控制、软件开发基础、各种外设的结构原理和使用方法，以及 DSP 系统的硬件电路设计基础，并给出了 TMS320X28X 芯片在光伏并网发电技术中综合应用的实例。

本书基于"卓越工程师教育培养计划"改革思路编写，突出工程实践性的特色，包含丰富的硬件和软件设计工程应用实例，尤其适合初学者学习。本书的结构体现了工程教育中以目标为导向的 OBE 理念，明确各篇章学习目标，便于读者检视学习成果。本书还提供了课外学习的参考书目和项目实践参考题目，有利于学生带着问题去学习研究，培养学生主动学习的能力。

本书内容全面，通俗易懂，适于应用型本科院校自动化、电气工程及其自动化、测控技术与仪器以及机器人等专业的学生学习，也适合使用 TMS320X28X 系列器件的技术开发人员参考。

**图书在版编目（CIP）数据**

DSP 原理及应用／郑玉珍主编 . —2 版 . —北京：机械工业出版社，2022.1（2024.7 重印）

普通高等教育电气工程自动化系列教材

ISBN 978-7-111-69839-5

Ⅰ.①D⋯　Ⅱ.①郑⋯　Ⅲ.①数字信号处理-高等学校-教材
Ⅳ.①TN911.72

中国版本图书馆 CIP 数据核字（2021）第 253192 号

机械工业出版社（北京市百万庄大街 22 号　邮政编码 100037）
策划编辑：王雅新　　　　　责任编辑：王雅新　张　丽
责任校对：张　征　张　薇　封面设计：马若蒙
责任印制：单爱军
北京虎彩文化传播有限公司印刷
2024 年 7 月第 2 版第 3 次印刷
184mm×260mm · 18 印张 · 445 千字
标准书号：ISBN 978-7-111-69839-5
定价：53.00 元

电话服务　　　　　　　　　网络服务
客服电话：010-88361066　　机 工 官 网：www.cmpbook.com
　　　　　010-88379833　　机 工 官 博：weibo.com/cmp1952
　　　　　010-68326294　　金 书 网：www.golden-book.com
**封底无防伪标均为盗版**　机工教育服务网：www.cmpedu.com

# 第 2 版前言

随着微电子技术的发展，DSP 芯片得到日益广泛的应用，在工业控制、汽车电子、移动通信、消费类电子产品等诸多领域都能发现 DSP 技术的身影，且普及程度不断扩大和深化。DSP 技术也日益平民化，越来越多的工程技术人员研究和使用 DSP 技术。国内高等院校大多开设有相应的课程，主要以美国德州仪器（TI）公司的产品为主，讲授 DSP 原理和应用。根据专业的不同，目前最常见的与 DSP 技术有关的教材通常介绍 TMS320C5000 系列和 TMS320C2000 系列 DSP 芯片。本书主要面向自动化、电气工程及其自动化、测控技术与仪器和机器人等专业的学生以及相关领域的技术人员，以 TMS320F2812 为例介绍 DSP 芯片的特点、结构、工作原理和使用方法。

本书共分 11 章，第 1 章介绍数字信号处理技术的概况，并提供了可开展项目教学的实践题目；第 2 章介绍 DSP 的基本结构、引脚功能、CPU 和存储器；第 3 章主要介绍 DSP 系统控制和中断，包括时钟、CPU 定时器、中断控制和低功耗模式，并提供中断程序编写框架和例程；第 4 章介绍 DSP 软件开发基础，包括 DSP 软件开发流程和工具、集成开发环境 CCS、在 CCS 中 DSP 工程项目开发过程、DSP 项目开发中 C 语言基础、链接命令文件 CMD 的编写方法和实例，并提供具体 DSP 工程项目开发实例；第 5~9 章分别介绍 DSP 的片内外设，包括输入/输出端口 GPIO、事件管理器 EV、模-数转换器 ADC、串行外设接口 SPI 和串行通信接口 SCI，从使用的角度出发，介绍外设的工作原理和结构，寄存器的结构和功能，对每一个外设都配有一个具体的应用实例，从硬件电路设计和软件编写两个方面进行详细介绍，为读者学习提供参考；第 10 章介绍 DSP 系统的电路设计基础，包括最小系统电路设计、存储器电路设计、输入/输出接口电路设计、ADC 和 DAC 接口电路设计，并针对 DSP 的特点介绍电路布局的基本准则；第 11 章以光伏并网发电模拟装置为例，详细介绍 TMS320F2812 在工程中的应用，给出了系统多个功能模块的原理、程序流程和源程序代码。

本书着眼于高等工程教育中电气与电子信息类专业的应用型人才培养，融合工程教育目标导向 OBE 理念，突出工程实践特色。本书得到了中国计量学院和国家"卓越工程师教育培养计划"首批试点学校——浙江科技学院的大力支持，浙江科技学院的郑玉珍负责全书的统稿，中国计量大学的李璟和蔡慧，浙江科技学院的陈才、于爱华和施秧参加了本书的修订。

本书在编写过程中参考了大量国内外相关技术资料，以及许多技术网站的公开资料，在此对资料的原作者表示衷心的感谢！

由于编者水平有限，书中难免存在错误或不当之处，敬请读者批评指正！

编　者

# 第1版前言

随着微电子技术的发展，DSP芯片得到日益广泛的应用，不论在工业控制、汽车电子、移动通信或是消费类电子产品等诸多领域都能发现DSP技术的身影，且普及程度不断扩大和加深，DSP技术也日益平民化，越来越多的工程技术人员研究和应用DSP技术。国内高等院校大多开设了相应的课程，其中主要以美国德州仪器（TI）公司的产品为主，介绍DSP器件的原理和应用。根据专业的不同，目前最常见的DSP教材有TMS320C5000系列和TMS320C2000系列。本书主要面向自动化、电气工程及其自动化、测控技术与仪器及电子信息工程等专业的学生以及相关领域的技术人员，以F2812为例介绍TMS320x28x系列DSP芯片的特点、结构、工作原理和使用方法。

本书共分12章，第1章介绍数字信号处理技术的概况，并提供了可开展项目教学的实践题目；第2章对28x器件的基本结构、引脚功能、CPU和存储器进行介绍，并提供命令文件样本；第3章主要介绍28x器件的时钟、定时器和中断控制，并提供中断程序编写框架和例程；第4章通过具体工程实例介绍DSP集成开发环境CCS的使用；第5~9章分别介绍28x器件的片内外设，包括输入/输出端口GPIO、事件管理器EV模块、模-数转换器ADC、串行外设接口SPI和串行通信接口SCI，从使用的角度出发，介绍外设的工作原理和结构，寄存器的结构和功能，对每一个外设都配有一个具体的应用实例，从硬件电路设计和软件编写两个方面进行详细介绍，为读者提供学习参考；第10章主要介绍DSP芯片在各种应用场合的基本硬件电路设计举例、电路板设计原则，并有完整的最小系统电路图；第11章介绍28x器件的软件设计基础知识，包括寻址方式、汇编语言和C语言编程知识，并以TI公司官方提供的程序为例介绍了C语言的程序框架；第12章以光伏并网发电模拟装置为例，详细介绍TMS320F2812在工程中的应用，给出了系统多个功能模块的原理、程序流程和源程序代码。

本书以应用性为目标，是对电气工程等专业应用型"卓越工程师"培养方法的摸索和实践，得到了中国计量学院和国家"卓越工程师教育培养计划"首批试点学校——浙江科技学院的大力支持，是中国计量学院重点教材建设资助项目。中国计量学院的王凌和李璟，浙江科技学院的郑玉珍、陈才、于爱华和施秧参加了本书的编写，其中王凌编写了第1~3章，施秧编写了第5章和第7章，陈才编写了第6章、第8章和第9章，李璟编写了第11章，于爱华编写了第12章，郑玉珍编写了第4章和第10章，并负责全书的统稿。哈尔滨工业大学戴伏生教授对全书进行了审阅。

本书在编写过程中，参考了大量国内外相关技术资料以及许多技术网站的公开资料，在此对资料的原作者表示衷心的感谢！由于编者水平所限，对于书中存在的错误或不当之处，敬请读者批评指正！

编　者

# 目　　录

# 第 1 章　绪　　论

## 本章课程目标

本章介绍 DSP 技术发展历史、DSP 芯片基本概况、DSP 系统构成和设计流程等内容，本章课程目标为：了解 DSP 技术的含义及应用领域，理解 DSP 芯片的特点和主流产品，能够根据系统设计要求选择合适的 DSP 芯片，理解 DSP 系统开发方法并能指导实践。

## 1.1　数字信号处理概述

DSP 技术是当今信息技术的热门领域之一，它包含两方面的含义：数字信号处理（Digital Signal Processing）理论和数字信号处理器（Digital Signal Processor）。

数字信号处理理论包括频谱分析和数字滤波器设计等基础内容，20 世纪 60 年代以来得到了迅速发展。近代数字信号处理学科的突破性研究成果，是 1965 年库利（J. W. Cooley）和图基（J. W. Tukey）在《计算数学》（Mathematics of Computation）杂志上发表的 "机器计算傅里叶级数的一种算法" 论文。从此，实时进行频谱分析的离散傅里叶变换（Discrete Fourier Transform，DFT）成为可能，他们提出的算法目前习惯上被称为快速傅里叶变换（Fast Fourier Transform，FFT）。数字滤波器主要分为两大类：无限长单位冲激响应（Infinite Impulse Response，IIR）数字滤波器和有限长单位冲激响应（Finite Impulse Response，FIR）数字滤波器，相关的设计理论和设计辅助工具目前都已经较为成熟。乘法累加运算是 DFT、FFT 算法和数字滤波的典型形式。此外，自适应信号处理、信号压缩、信号建模等数字信号处理算法近年来也获得了长足发展。数字信号处理理论的详细介绍可以参见各类数字信号处理教程。

数字信号处理器（或称为 DSP 芯片）是专门针对数字信号的数学运算需要而设计开发的一类集成电路芯片。

## 1.2　数字信号处理器

### 1.2.1　DSP 芯片的主要结构特点

为了尽可能快速地实现数字信号处理运算，DSP 芯片一般都采用特殊的软硬件结构。美国德州仪器（Texas Instruments，TI）公司生产的 TMS320 系列 DSP 芯片是应用十分广泛的数字信号处理器，其主要结构特点包括：①哈佛结构；②专用的硬件乘法器；③流水线操作；④特殊的 DSP 指令；⑤高速度和高精度等。这些特点使得 TMS320 系列 DSP 芯片可以实现快速的 DSP 运算，其中大部分的运算都能够在一个指令周期内完成。

（1）哈佛结构　传统的微处理器采用冯·诺依曼（Von Neuman）结构，即将程序和数据存储在同一个存储空间，统一编址，并且只有一条总线。因此，某一时刻，该处理器中数据和指令的寻址和读写任务必须分时错开完成，这在很大程度上限制了拥有较大数据量的数字信号处理任务的速度。

DSP 芯片普遍采用哈佛结构。哈佛结构是一种并行体系结构，不同于传统的冯·诺依曼结构。哈佛结构的主要特征是将程序和数据存储空间分开设置，即程序存储器和数据存储器是两个相互独立的存储器，每个存储器独立编址，独立访问。此外，与两个存储器相对应，系统中分别设置了程序和数据两条总线，从而使数据的吞吐率大大提高。典型的哈佛结构如图 1-1 所示。

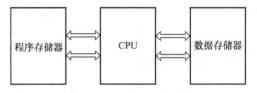

图 1-1　哈佛结构示意图

（2）专用的硬件乘法器　在传统的通用微处理器中，乘法指令是由一系列加法来实现的，故需许多个指令周期来完成一次乘法运算。在典型的 FFT、IIR 和 FIR 等数字信号处理算法中，乘法是 DSP 运算的重要组成部分，因此，乘法运算的实现速度很大程度上决定了 DSP 处理器性能的高低。为此，DSP 芯片中一般设计有一个专用的硬件乘法器。TI 公司的 TMS320 系列 DSP 芯片具有专用的硬件乘法器，一次或多次的乘法累加运算都可以在一个指令周期内完成。

（3）流水线操作　为了有效地减少指令执行时间，DSP 芯片广泛采用流水线机制。要执行某条 DSP 指令一般需要通过取指令、译码、取操作数和执行等几个阶段，DSP 的流水线操作是指它的几个阶段在程序执行过程中是重叠的，即在执行本条指令的同时，下面的若干指令也依次完成了取指令、译码、取操作数的操作。换句话说，在每个指令周期内，几条不同的指令同时处于激活状态，每条指令处于不同的阶段。同时激活的指令数目与 DSP 芯片采用的流水线级数有关。正是利用这种流水线机制，才保证了 DSP 的乘法、加法以及乘加运算可以在单周期内完成，这对于提高 DSP 芯片的运算速度具有十分重要的意义。

（4）特殊的 DSP 指令　DSP 芯片的另一个特征是采用特殊的指令，主要包括专门为实现数字信号处理的算法而设置的特殊指令。如 DMOV 指令，完成把数据复制到地址加 1 的单元中，原单元的内容不变，即数据移位操作，相当于数字信号处理中的延时操作。此外，为了能够方便、快速地实现 FFT 算法，指令系统中设置了"位倒序寻址""循环寻址"等特殊指令，使得 FFT 算法所需完成的寻址、排序的速度大大提高。

（5）高速度和高精度　DSP 芯片采用上述哈佛结构、流水线操作，并设计了专用硬件乘法器、特殊的 DSP 指令，再加上集成电路的优化设计，使得 DSP 芯片的指令周期能够达到几十纳秒至几纳秒，甚至小于 1ns。TMS320 系列处理器的指令周期已经从第一代的 200ns 降低至现在的 20ns 以下。快速的指令周期使得 DSP 芯片能够实时完成许多 DSP 运算。

DSP 不仅运算速度快，运算能力强，而且运算精度高。定点 DSP 达到 32 位字长，有的累加器可以达到 40 位字长，浮点 DSP 更是提供了很大的动态范围，表现出非凡的运算能力和运算精度。

（6）片内、片外两级存储结构　DSP 具有片内和片外两个独立的存储空间，统一映射到程序空间和数据空间。当片内存储空间不够时，可扩展片外存储器。片内存储器具有存取速度快的特点，接近寄存器访问速度，DSP 指令中采用存储器访问指令取代寄存器访问指令，可以采用双操作数和三操作数完成多个存储器同时访问。片外存储器容量大，但访问速度比片内存储器慢。

（7）多机并行特性　随着 DSP 芯片价格不断下降，多 DSP 芯片并行处理技术得到发展。尽管单片 DSP 芯片的处理能力已经达到很高的水平，但在一些实时性要求很高的应用场合，采用多片 DSP 并行处理能够进一步提高系统性能，DSP 芯片的发展也非常注重多机并行的应用趋势，在提高 DSP 芯片性能的同时，采用便于多处理器并行的结构，例如 TMS320C40 芯片有 6 个 8 位通信口，既可以级联，也可以并行连接。

（8）低功耗特点　电子设备小型化和便携式的需求，迫使器件不断追求低功耗。DSP 芯片的功能强大，运行速度很快，相应地带来较大的功耗。器件厂家通过采用 CMOS 工艺，降低工作电压，设置 IDLE、WAIT 和 STOP 状态等手段大幅度降低 DSP 芯片的功耗，因此，当前的 DSP 芯片具有低工作电压和低功耗的特点。

（9）可编程的 DSP 内核　很多超大规模专用集成电路将 DSP 内核纳入其中，以提高专用芯片的功能和性能。DSP 内核通常包含 CPU、存储器和特定的外设，用户可以将自己的设计，通过 DSP 厂家的专业技术得以实现，成功应用的 DSP 内核有 TI 公司的 TMS320 系列 DSP 核、Motorola 公司的 DSP66xx，以及 ADI 公司的 ADSP21000 系列等。随着专用集成电路技术的发展，一些 EDA 公司将 DSP 硬件和软件开发纳入 EDA 范畴，推出相应软件包，为用户自行设计所需要的 DSP 芯片和软件提供支持。

其他的 DSP 芯片结构特点包括：快速的中断处理和硬件 I/O 支持；片内具有快速 RAM，通常可通过独立的数据总线在两个数据块中同时访问；具有低成本或无成本循环及跳转的硬件支持；具有在单周期内操作的多个硬件地址产生器等。一般说来，与通用微处理器相比，DSP 芯片的运算能力极强，而其他通用功能则相对较弱。

很多读者对单片机已经有所了解。为了更清楚地说明 DSP 芯片的特点，表 1-1 给出了 DSP 和普通单片机的比较。

表 1-1　DSP 和普通单片机的比较

| 项目 | | DSP | 普通单片机 | DSP 的优点 |
|---|---|---|---|---|
| 结构和指令系统 | 总线结构 | 哈佛结构或改进型哈佛结构 | 冯·诺依曼结构 | 消除总线瓶颈，加快运行速度 |
| | 乘法累加运算 | 利用专门的硬件乘法器，单指令即可实现 | 没有硬件乘法器，多指令实现 | 减少所需指令周期数 |
| | 位倒序寻址 | 利用硬件数据指针，实现逆序寻址 | 普通寻址 | 减少 FFT 运算寻址时间 |
| | 指令运行方式 | "流水线"方式，允许程序与数据存储器同时访问 | 顺序执行 | 显著提高运算速度 |
| | 多处理系统 | 提供具有很强同步机制的互锁指令 | 无专用指令 | 保证了高速运算中的通信以及运算结果的完整性 |
| | 应用领域 | 主要应用于具有较为复杂的高速数字信号处理领域，例如通信编码、视频图像处理、语音处理、雷达处理、多电动机的伺服控制等 | 主要应用于简单的系统控制或事务处理，例如简单的测试系统、低档电子玩具控制、简单的电动机控制和家用电器控制等 | 适合于要求高速数据运算处理的应用场合 |
| 价格 | | 较贵 | 低廉 | — |

## 1.2.2　DSP 芯片的发展

美国 AMI 公司在 1978 年发布第一个单片 DSP 芯片以来，DSP 芯片技术获得了快速长足的发展，其运算速度越来越快，集成度和性价比不断提高，功耗也不断下降。

美国 TI 公司的 DSP 芯片系列是最成功的 DSP 产品之一，是目前世界上最有影响力的 DSP 芯片，TI 公司也成为世界上最大的 DSP 芯片供应商。TI 公司的 DSP 芯片有三个系列，分别是 TMS320C2000 系列、TMS320C5000 系列、TMS320C6000 系列。

TMS320C2000 系列主要为自动控制领域设计，专门针对高性能实时控制应用，采用改进的哈佛总线结构，芯片集成有电机控制专用外设，并具有较强的数字信号处理能力。TMS320C2000 系列 DSP 又分为 28x 定点系列、Piccolo 定点系列、Delfino 浮点系列等。其中 28x 定点系列是 32 位基于 DSP 核的控制器，具有片内 FLASH 存储器和 150MIPS 的性能，增强的电动机控制外设、高性能的模数转换和多种改进型通信接口，典型的产品包括 TMS320F2812 等。Piccolo 定点系列为定点处理器，面向低成本的工业、数字电源和消费类电子产品应用，产品主要有 TMS320F2802x，TMS320F2803x。Delfino 浮点系列为高端控制应用提供高性能、高浮点精度以及优化的控制外设，可满足实现伺服驱动、可再生能源、电力在线监控以及辅助驾驶等实时控制应用要求。Delfino 浮点系列集成有硬件浮点处理单元，工作频率高达 300MHz，可提供 300MFLOPS 的卓越性能，典型的芯片有 TMS320F28335 等。TMS320C2000 系列的产品基本情况见表 1-2。

表 1-2　TMS320C2000 系列基本情况

| | 28x 定点系列 | | | Piccolo 定点系列 | | | Delfino 浮点系列 |
|---|---|---|---|---|---|---|---|
| | F281x | F280x | F2823x | F2802x | F2803x | F2833x | F2834x |
| 主频/MHz | 150 | 60 ~ 100 | 100 ~ 150 | 40 ~ 60 | 60 | 100 ~ 150 | 200 ~ 300 |
| 引脚数 | 128 ~ 179 | 100 | 176 ~ 179 | 38 ~ 56 | 64 ~ 80 | 176 ~ 179 | 176 ~ 256 |
| FLASH/kB | 128 ~ 256 | 32 ~ 256 | 128 ~ 512 | 16 ~ 64 | 32 ~ 128 | 128 ~ 512 | 0 |
| RAM/kB | 36 | 12 ~ 36 | 52 ~ 68 | 4 ~ 12 | 12 ~ 20 | 52 ~ 68 | 196 ~ 256 |

TMS320C5000 系列是低功耗定点 DSP，主要有 C5x、C54x、C55x 等产品，具有高性价比的优点，处理速度在 80 ~ 400MIPS 之间，集成有 McBSP、HPI、DMA 等外设，在通信和便携式上网等领域得到广泛应用，如交换机、路由器、手机、GPS、嵌入式 WEB 服务器等，此系列 DSP 一般只有 2 个数字 IO。

TMS320C6000 系列是高性能 DSP，主要有 C62x、C67x 等定点和浮点产品，适合应用于宽带网络和数字影像，如数字图像处理等。

此外，DSP 市场还有一些其他的厂商，在 DSP 芯片的设计、生产和销售等方面都有各自的特色，如 ADI 公司的 DSP 产品，具有浮点运算能力强，单指令多数据编程的优势，其 ADSP21xx 系列 16 位定点 DSP，工作频率达 160MHz，功耗电流低至 184μA，在语音处理、语音频段调制解调器和实时控制等应用领域有广阔市场。

## 1.2.3　DSP 芯片的分类及主要技术指标

DSP 芯片按照不同的分类标准，可以有不同的分类结果。

**1. 根据 DSP 芯片基础特性分类**

DSP 基础特性主要包括 DSP 芯片的工作时钟和指令类型。

如果 DSP 芯片在某时钟频率范围内的任何频率上都能正常工作，只是计算速度有所变化，而没有性能的下降，这类 DSP 芯片一般可以称为静态 DSP 芯片。例如，TI 公司的TMS320C2xx 系列芯片属于这一类，包括 TMS320C24x/28x。

此外，对于两种或两种以上的 DSP 芯片，如果它们的指令集和相应的机器代码及引脚结构相互兼容，则这类 DSP 芯片称为一致性的 DSP 芯片。

**2. 根据 DSP 芯片数据格式分类**

根据 DSP 芯片采用的数据格式来分类：数据以定点格式工作的 DSP 芯片称为定点 DSP芯片；以浮点格式工作的称为浮点 DSP 芯片。不同的浮点 DSP 芯片的浮点格式有可能不同，例如有的 DSP 芯片采用 IEEE 标准浮点格式，有的 DSP 芯片采用自定义浮点格式。

**3. 根据 DSP 芯片用途分类**

根据 DSP 芯片的用途可分为通用型 DSP 芯片和专用型 DSP 芯片。通用型 DSP 芯片一般是指可以用指令编程的 DSP，适合普通的 DSP 应用，灵活性强，适用范围广，如 TI 公司的三大系列 DSP 芯片。专用型 DSP 芯片是为某一特定的 DSP 运算而设计的，相应的算法由内部硬件电路实现，适合特殊的运算，如数字滤波、卷积和 FFT 等，主要用于信号处理速度要求极快的特殊场合。专用型 DSP 芯片尽管适用范围小，但是在批量较大的情况下，其成本往往较低。专用型 DSP 芯片主要有 Motorola 公司的 DSP56200 等。

## 1.2.4 DSP 芯片的应用

随着 DSP 芯片性能不断改善，性价比不断提高，利用 DSP 芯片构造数字信号处理系统进行信号的实时处理已成为当今和未来数字信号处理技术发展的一个热点。DSP 芯片的应用范围不断扩大，目前 DSP 芯片的应用几乎遍及各个领域，主要包括：

1) 信号处理领域——例如数字滤波、快速傅里叶变换、相关运算、卷积及自适应滤波等。

2) 自动控制领域——例如电动机控制、引擎控制、机器人控制、磁盘控制等。

3) 通信领域——例如调制解调器、数据加密、数据压缩、扩频通信、纠错编码等。

4) 语音处理领域——例如语音编码、语音解码、语音识别等。

5) 图像/图形处理领域——例如图像加密、图像压缩与传输、图像增强、动画、机器人视觉等。

6) 军事领域——例如导航定位、保密通信、雷达处理、声纳处理、红外成像等。

7) 仪器仪表领域——如数据采集、频谱分析、函数发生、锁相环、特征提取等。

8) 医疗领域——如 CT 成像、核磁共振成像、助听、超声设备等。

9) 家用电器领域——如数字电话、数字电视、高保真音响、玩具与游戏等。

## 1.2.5 DSP 芯片的选择

对于设计和开发 DSP 应用系统，DSP 芯片的选择是重要的基础环节。在确定 DSP 芯片型号之后，才能进一步设计外围所需电路和系统的其他电路。开发实际的 DSP 系统，并不是选用高性能的 DSP 芯片就一定合适。选择 DSP 芯片应根据实际应用系统的需要，最基本的要求一般是运算速度和价格。一般情况下，影响 DSP 芯片选择的因素包括以下几个方面。

（1）运算速度 运算速度是 DSP 芯片最重要的性能指标，它是选择 DSP 芯片时首先考虑的一个主要因素。目前，DSP 芯片的运算速度可以用以下几种性能指标来衡量，其中指令周期或 MIPS 是比较常用的运算速度指标：

1）指令周期，即执行一条指令所需要的时间，单位一般用纳秒（ns）。

2）MIPS（Million Instructions Per Second），即 DSP 芯片每秒可以执行的百万条指令。

3）FFT 执行时间，即运行一个 N 点 FFT 程序所需的时间。

4）MAC 时间，即运行一次乘法加上一次加法的时间。

5）MOPS（Million Operations Per Second），即每秒可执行的百万次操作。

6）MFLOPS（Million Float Operations Per Second），即每秒可执行的百万次浮点操作。

7）BOPS（Billion Operations Per Second），即每秒可执行的十亿次操作。

（2）价格　开发 DSP 产品，必须考虑系统的成本因素，显然成本越低的产品，竞争力越强。但是价格越低，DSP 性能一般也越低。因此，应当在确定满足性能要求的前提下，选择价格较低的 DSP 芯片。

（3）片内硬件资源　为了方便用户开发 DSP 系统，市场上绝大多数 DSP 芯片产品都在芯片内部集成了一定的存储模块和外设模块，例如片内 ROM、RAM 以及 ADC、串行通信接口和电动机控制模块等，其中外设模块一般称为片内外设。如果选用的 DSP 芯片内部已包含 DSP 系统所需的外设模块，并且片内存储器能满足存储 DSP 程序和数据的需要，就没有必要选用相应外部芯片和额外设计外扩电路，这对提高系统可靠性，降低成本，加快产品研发速度是很有帮助的。

（4）开发工具　开发 DSP 系统必须有开发工具的支持，包括硬件仿真器和软件开发环境等。DSP 工程师们，很多情况下都会优先选用具有方便、完善的开发工具的 DSP 芯片。TI 公司的 DSP 芯片在我国市场占有率较高，很大程度上是由于其成熟和方便得到的开发工具，包括 CCS 集成软件开发环境和 XDS510 等硬件仿真器，其相关技术资料也较为丰富。

（5）功耗　DSP 芯片的功耗也是 DSP 工程师必须考虑的因素。目前的 DSP 系统向着嵌入式、小型化和便携式方向发展，在电池容量一定的情况下，DSP 芯片功耗越小，DSP 产品续航时间越长，产品竞争力越强，例如手机就是最典型的例子。

（6）其他因素　如供货情况、芯片封装形式等。

# 1.3　DSP 系统

## 1.3.1　DSP 系统的构成

一个典型的 DSP 系统构成框图如图 1-2 所示。系统输入一般是模拟信号，经过前置预滤波器，将模拟信号中某一频率（采样频率一半）的分量滤除，称为抗混叠滤波。实际 DSP 系统的输入信号可以有各种形式，例如，可以是送话器输出的语音信号、来自电话线的已调数据信号等。A-D 转换器将模拟信号转换成数字信号，作为 DSP 处理器的输入。DSP 处理器对数字信号进行处理，然后传送给 D-A 转换器，将其转换成模拟信号，最后通过模拟滤波器，滤除不必要的高频分量，平滑成所需的模拟信号输出。

图 1-2 是典型的 DSP 系统组成示意图，实际中并不是所有的 DSP 系统都由上述五大模块构成。例如，对于已经是数字量的输入信号，就不需要经过前置滤波和 A-D 转换，对于需要数字量输出的应用系统，也不需要进行 D-A 转换和模拟滤波。DSP 处理器在对数字图像处理

图 1-2　一个典型的 DSP 系统构成框图

之后，可以使用数字打印机直接进行打印，这时也不需要 D - A 转换器和模拟平滑滤波器。

图 1-2 中的 DSP 处理器可以是本章中介绍的通用 DSP 芯片（例如 TI 公司的 TMS320C2000 系列 DSP 芯片），也可以是数字计算机（如家用 PC），或者还可以是专用 DSP 处理器（例如语音编码芯片）。

与模拟信号处理系统比较，利用 DSP 系统进行数字信号处理，具有多方面的优越性，主要包括：

（1）灵活性高　当处理算法或参数发生改变时，DSP 系统只需通过修改软件即可达到相应目的。而模拟信号处理系统在完成设计之后功能就已确定，要改变功能必须重新设计硬件电路，成本高，周期长。

（2）精度高　DSP 系统精度取决于 A - D 转换的位数、DSP 处理器的字长和算法设计等。模拟信号处理系统的精度由元器件决定，模拟元器件的精度很难达到 $10^{-3}$ 以上，而数字系统只要 14 位字长即可达到 $10^{-4}$ 的精度。

（3）可靠性好　模拟系统的元器件都有一定的温度系数，并且电平连续变化，很容易受温度、噪声和电磁感应等影响。而数字系统只有 0 和 1 两种信号电平，受环境温度、噪声和电磁干扰的影响较小。

（4）可大规模集成　随着半导体集成电路技术的迅速发展，目前数字电路的集成度已经可以做得很高，具有体积小、功耗小、产品一致性好等优点。而在模拟信号处理系统中，电感器和电容器的体积和重量都非常大，系统小型化比较困难。

此外，DSP 系统在时分复用、性能指标和多维处理方面也要大大优于模拟系统，这使得其在通信、语音、生物医学、电视、仪器、雷达、声纳、地震预报等众多领域的应用越来越广泛。

## 1.3.2　DSP 系统的设计过程

DSP 系统的设计开发过程如图 1-3 所示，一般可分为 6 个阶段：需求分析、DSP 系统体系结构设计、软硬件设计、软硬件调试、系统集成调试和系统集成测试。

（1）需求分析　设计 DSP 系统的第一步，必须根据应用系统的目标确定系统的详细功能和各项性能指标。在设计需求规范时，应当明确信号处理方面和非信号处理方面的问题。

● 信号处理的问题包括：输入、输出的特性分析和 DSP 算法（可以事先在计算机上仿真）；

● 非信号处理的问题包括：应用环境要求、可靠性指标、可维护性要求、功耗指标、体积、重

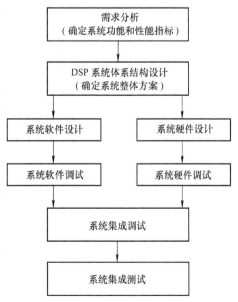

图 1-3　DSP 系统的设计开发过程

量、成本等。

（2）DSP 系统体系结构设计　在进行具体的软硬件设计之前，应当根据实际系统的功能目标设计 DSP 系统的体系结构。一般说来，可以从图1-2所示的五大基本模块出发进行体系结构设计，根据具体 DSP 应用增加或删除相应的处理模块。

例如，利用 DSP 控制伺服电动机时，DSP 芯片主要是采集电动机的位置或速度信息，然后给出电动机的控制信号。如果电动机的位置或速度传感器为光电编码器，则系统就没有必要包括前置预滤波模块和 A - D 转换模块；此外，DSP 根据控制算法产生的电动机控制信号，必须通过相应的接口模块传送给电动机，因此，可能需要设计功率放大模块。

（3）硬软件设计　硬件设计和软件设计是 DSP 系统具体设计实施的两个方面。硬件设计中应根据 DSP 系统运算量、运算速度、运算精度的要求，以及系统成本限制、体积、功耗等几项因素综合考虑，选择合适的 DSP 芯片。然后根据系统结构模块要求，设计 DSP 芯片的外围电路及其他电路，完成电路原理图和印制电路板（PCB）的具体设计。

DSP 系统软件设计主要是根据系统功能分析和选定的 DSP 芯片编写相应的 DSP 程序，一般可以采用汇编语言或高级语言编写。尽管汇编语言编译器的效率高于高级语言，但是高级语言编写的程序具有较好的可读性和易移植性，实际应用中一般首选高级语言（多数使用 C 语言）编写 DSP 程序。如果高级语言的运算实时性和代码效率不能满足要求，也可以采用汇编语言进行编程，或者采用高级语言和汇编语言混合编程的方式。

（4）硬软件调试　硬件设计完毕之后，制作相应的 DSP 系统硬件实体。硬件调试可以采用模块化调试方法，即针对具有一定独立性的各个硬件模块进行分别调试。DSP 系统各个硬件模块的调试很可能需要借助 DSP 系统调试工具，例如评估板、硬件仿真器、DSK 开发套件和集成开发环境 CCS 等。可以利用一些简单的调试程序对各个硬件模块进行调试。

DSP 程序开发过程中可以利用计算机进行算法程序仿真，例如基于 MATLAB 进行数字滤波器的设计仿真，或者直接利用 CCS 软件的仿真功能进行程序调试。

（5）系统集成调试　在 DSP 系统的硬件和软件都分别调试通过之后，利用 CCS 编译生成 DSP 芯片的可执行文件，并通过硬件仿真器下载至目标板，运行 DSP 程序对整个 DSP 系统进行调试，确定其是否能够实现既定功能。

（6）系统集成测试　系统集成调试完成之后，就可以将软硬件脱离开发系统直接在应用系统上运行。DSP 系统测试应考虑实际中各种可能的输入组合，确保系统能够正常工作。此外，还需要完成一定工作环境下的可靠性测试、功耗测试和抗振测试等，以满足国家或国际上对相应 DSP 产品的标准要求。

必须指出，在系统设计最终完成之前，设计、开发和调试的每个阶段都可能需要不断的反复和修改。特别是软件的仿真环境不可能做到与现实系统环境完全一致，而且将仿真算法移植到实际系统时必须考虑算法是否能够运行的问题。如果算法运算量太大不能在硬件上实际运行，则必须重新修改或简化算法。最终的系统集成测试如果有性能指标不能满足设计要求，也必须进行 DSP 系统的重新设计。

# 1.4　拓展阅读及项目实践

DSP 技术无论在理论、算法或是器件方面都一直在快速发展，DSP 技术的应用领域也在不断扩展。要掌握 DSP 技术，除了从教材获取基本知识以外，还需要掌握数字信号处理的理论，了解控制对象的属性，研究控制方法和算法，勤于动手，进行硬件电路设计和软件编程调试等实践，更需要掌握不断获取知识的能力。

**1. 拓展阅读**

以下推荐书目可用于课外拓展阅读：

（1）Texas Instrument. TMS320C28x CPU and Instruction Set Reference Guide［Z］. 2009.

（2）Texas Instrument. Hardware Design Guidelines for TMS320F28xx and TMS320F28xxx DSCs［Z］. 2008.

（3）彭启琮，等. DSP 技术的发展与应用［M］. 2 版. 北京：高等教育出版社，2007.

（4）程佩青. 数字信号处理教程.［M］. 3 版. 北京：清华大学出版社，2007.

（5）宁改娣，张虹. DSP 控制器原理及应用：微控制器的软件和硬件［M］. 3 版. 北京：科学出版社，2018.

（6）程善美，沈安文. DSP 原理及应用［M］. 北京：机械工业出版社，2019.

（7）李黎，魏伟. DSP 应用系统开发实例：基于 TMS320F281x 和 C 语言［M］. 北京：化学工业出版社，2018.

（8）张小鸣. DSP 原理及应用：TMS320F28335 架构、功能模块及程序设计［M］. 北京：清华大学出版社，2018.

（9）张卿杰. 手把手教你学 DSP：基于 TMS320F28335［M］. 2 版. 北京：北京航空航天大学出版社，2018.

**2. 相关技术网站**

以下所列网址可以获得关于 DSP 技术的资料或有相关技术论坛：

（1）http：//www. ti. com

（2）http：//www. hellodsp. com

（3）http：//www. 21ic. com

（4）http：//www. eeworld. com. cn/

（5）http：//www. embedstudy. com

**3. 项目实践**

（1）CCS 集成开发环境下 DSP 项目管理实践

● DSP 开发系统连接

● CCS 环境下工程项目创建

● 代码导入、构建工程、调试和运行

● 程序下载

（2）点阵流水灯控制系统设计

● 四种以上图案，四种以上动态显示模式

● 具有图案选择、模式设置、运行、停止等控制功能

（3）双轴步进电机控制系统

● 可实现 X - Y 两维运动

● 可控制步进电机旋转方向和速度

● 具有复位和限位功能

（4）交流伺服运动控制系统
- 控制交流伺服电机，实现位置控制
- 光栅传感器正交编码脉冲的输入和处理
- 位置控制的增量式 PID 控制程序设计和参数确定

（5）LED 调光控制器
- LED 亮度手动连续可调
- 根据不同环境亮度，自动调节 LED 亮度

（6）单相逆变器控制系统
- 产生 SPWM 波形，载波频率 100kHz
- 输出 50Hz 正弦波
- 具有过电压和过电流保护功能

（7）波形发生器
- 设计正弦波、三角波和锯齿波等波形
- 存储波形数据
- 通过串行外设接口 SPI 将波形数据传输给 DAC
- 波形频率在 10～100kHz 范围可调

（8）气室温度监控系统
- 检测气室温度，经 ADC 转换为数字量
- 将数据通过串行通信接口 SCI 上传 PC
- 设计控制方案，保持温度在 70±5℃

## 本章重点小结

本章介绍了数字信号处理的基本概念、数字信号处理器的基本知识和数字信号处理系统的构成和设计方法。DSP 芯片以其卓越的运算能力和实时控制功能在信号处理和自动控制等诸多领域得到广泛的应用。在工程实践中，应根据系统需求，从运算速度、片上资源、价格等方面综合考察，选择合适的 DSP 芯片，设计系统整体方案，并完成硬件和软件的设计、调试等工作，实现系统的功能，达到各项技术指标。

## 习　题

1-1　TI 公司的 DSP 芯片主要包括哪三大系列？

1-2　简要分析 DSP 的结构特点，并说明 DSP 适用于哪些场合？

1-3　单片机、DSP、PLC 和 ARM 等控制器/处理器各有什么优缺点？应用场合方面有何区别？

1-4　通过查资料，分析 DSP、CPLD 和 FPGA 各有什么优缺点？应用场合方面有何区别？

1-5　比较数字信号处理与模拟信号处理的优缺点。

1-6　什么是哈佛结构？它和传统 CPU 所使用的冯·诺依曼结构有什么主要区别？

1-7　DSP 芯片在提高运算速度方面采取了哪些措施？

1-8　简要分析基于 DSP 的振动信号采集与分析系统应该包括哪些模块，其设计过程包括哪些步骤。

1-9　你认为未来 DSP 的发展趋势如何？

# 第 2 章　DSP 结构与特性

## 本章课程目标

TI 公司的 C2000 系列微控制器是广泛应用于工业电机驱动、光伏逆变器和数字电源、电动车辆与运输、电机控制以及传感和信号处理等领域的高性能实时控制器，产品线包括从入门级的 Piccolo 系列，如 TMS320x280xx 到高性能的 Delfino 系列，如 TMS320x2837x，既有定点运算的 TMS320x281x 系列，也有浮点运算的 TMS320x2833x 系列。本章以 TMS320F2812 为例，介绍 DSP 芯片的结构与特性。

本章课程目标为：了解 DSP 的基本组成部分和主要特性；理解哈佛结构总线及其运行方式；理解 DSP 的 CPU 内核及其功能；了解 DSP 的存储器结构、地址以及存储器扩展接口。为应用 DSP 设计控制系统打好基础。

## 2.1　DSP 的基本结构和主要特性

DSP 的结构包括 CPU 内核、存储器、时钟管理、中断管理和片上外设等，本章将介绍 CPU 内核和存储器的结构及其对应的寄存器。本书以 TI 公司定点运算器件 TMS320F2812 为例，介绍 DSP 器件的结构与特性，相对于 TMS320F2812，更高系列器件的片内存储器容量更大，片内外设更加丰富，因而能实现更强大的控制功能。TMS320x2833x 器件是第一款拥有 '28x 加浮点运算单元（'28x + FPU）的 CPU，与已有的 '28x 器件具有相同指令系统，流水线结构，仿真系统和存储器总线结构。高性能的 Delfino™ TMS320F2837xD 支持新型双核 C28x 架构，显著提升了系统性能。选用 '28x 系列 DSP 器件开发控制系统时，需要查阅具体的器件手册，开展针对性的设计。

### 2.1.1　DSP 的基本结构

'28x 系列 DSP 芯片的结构如图 2-1 所示。

实际上一个 DSP 芯片就已经构成了一个较为完整的微机系统，其内部包含了中央处理器（CPU）、片内存储器、片内外设、时钟管理模块以及中断管理模块等，它们之间由芯片内部的数据总线和地址总线互相连接通信。

中央处理器（CPU）是芯片的核心模块，完成各种逻辑运算和算术运算。CPU 可进行实时的 JTAG 在线编程和测试。通过外部接口模块 XINTF（External Inter-

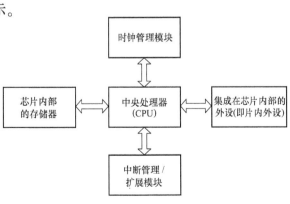

图 2-1　'28x 系列 DSP 芯片结构框图

face），CPU 可完成控制信号的输入/输出，并给出地址信号，实现芯片外部存储设备的数据
读写。

芯片内部的各种存储模块包括 M0、M1、L0、L1、Flash、ROM、OTP、H0 和 Boot Rom，
用于程序或数据的存储。CPU 可以利用芯片内部的存储器总线（Memory Bus）对这些存储
模块进行读/写。存储器总线是芯片内部各类总线的通称，它包括程序地址总线、数据读地
址总线、数据写地址总线等地址总线，以及程序读数据总线、数据读数据总线、数据/程序
写数据总线等数据总线。

'28x 系列 DSP 芯片具体的内部结构如图 2-2 所示。

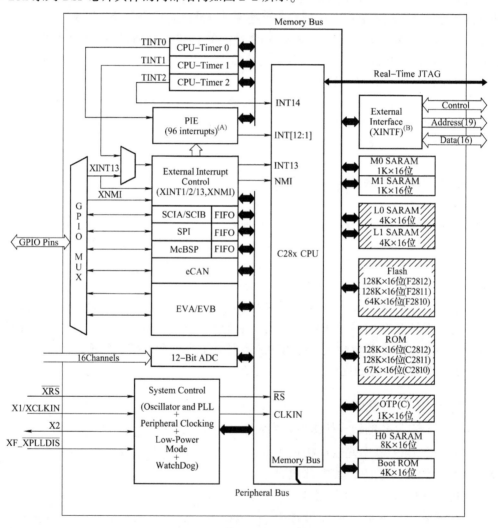

图 2-2　'28x 系列 DSP 内部结构

eCAN—增强型 CAN　EVA—Event A，事件管理器 A　GPIO—General Purpose I/O，通用型输入/输出端口
McBSP—Multi-channel Buffered Serial Port，多通道缓冲串行口
OTP—One Time Programmable，一次性可编程（存储模块）
PIE—Peripheral Interrupt Expansion，外设中断扩展模块
PLL—Phase-Locked Loop，锁相环　SARAM—Single Access RAM，单访问 RAM
SCI—Serial Communication Interface，串行通信接口
SPI—Serial Peripheral Interface，串行外设接口

　　'28x 系列 DSP 芯片的时钟管理模块对 DSP 芯片内部的系统时钟频率、外设时钟、低功耗模式和看门狗等进行设置。片内外设模块有 A－D 模块、串行通信接口 SCIA/SCIB、串行外设接口 SPI、局域网控制模块 eCAN 和事件管理器 EVA/EVB 等。通过芯片内部的存储器总线，CPU 对这些片内外设进行控制和数据传送。通用输入/输出端口 GPIO 既可以作为通用 I/O 端口使用，也可以根据需要作为片内外设的控制信号和数据输入/输出引脚。'28x 系列 DSP 芯片基于外设中断扩展模块 PIE 和外部中断控制器两个模块，实现中断的扩展和控制。

## 2.1.2　DSP 的主要特性

　　'28x 系列 DSP 芯片的主要特性如下：

（1）高性能静态 CMOS（Static CMOS）技术

- 工作频率最高可达 150MHz（时钟周期 6.67ns）
- 低功耗（核心电压 1.8V，I/O 口电压 3.3V）
- Flash 编程电压为 3.3V

（2）JTAG 边界扫描支持

（3）高性能的 32 位中央处理器（TMS320C28x）

- 16 位 ×16 位和 32 位 ×32 位乘法累加操作
- 16 位 ×16 位的两个乘法累加器
- 哈佛总线结构
- 强大的操作能力
- 快速的中断响应和处理
- 统一的存储器编程模式
- 4 兆字的程序地址
- 4 兆字的数据地址
- 代码高效（可用汇编语言或 C/C ++ 语言）
- 与 TMS320F24x/LF240x 处理器的源代码兼容

（4）片内存储器

- 高达 128K ×16 位的 Flash 存储器
- 1K ×16 位的 OTP 型只读存储器
- L0 和 L1：两块 4K ×16 位的单访问随机存储器（SARAM）
- H0：一块 8K ×16 位的单访问随机存储器
- M0 和 M1：两块 1K ×16 位的单访问随机存储器

（5）4K ×16 位的 Boot ROM

- 带有软件启动模式
- 标准数学表
- 4K ×16 位

（6）外部存储器 XINTF 接口（仅 F2812 有）

- 有多达 1MB 的存储器
- 可编程等待状态数
- 可编程读/写选通定时

- 三个独立的片选端

(7) 时钟与系统控制

- 支持动态改变锁相环频率
- 片内振荡器
- 看门狗定时器模块

(8) 三个外部中断

(9) 外部中断扩展 (PIE) 模块

- 可支持 96 个外部中断，当前仅使用了 45 个外部中断

(10) 128 位的密钥 (Security Key/Lock)

- 保护 Flash/OTP 和 L0/L1 SARAM
- 防止 ROM 中的程序被盗

(11) 3 个 32 位的 CPU 定时器

(12) 电机控制外设

- 两个事件管理器 (EVA、EVB)
- 与 C240x 器件兼容

(13) 串口外设

- 串行外设接口 (SPI)
- 两个串行通信接口 (SCI)，标准的 UART
- 改进的局域网络控制模块 (eCAN)
- 多通道缓冲串行接口 (McBSP)

(14) 16 通道 12 位的 ADC

- $2 \times 8$ 通道的输入多路选择器
- 两个采样保持器
- 转换速度快

(15) 最多有 56 个独立的可编程、多用途通用输入/输出 (GPIO) 引脚

(16) 高级的仿真特性

- 分析和断点功能
- 实时的硬件调试

(17) 开发工具

- ANSI C/C ++ 编译器/汇编器/连接器
- CCS IDE
- 代码编辑集成环境
- DSP/BIOS
- JTAG 扫描控制器 (TI 或第三方的)

(18) 低功耗模式和节能模式

- 支持空闲模式、等待模式、挂起模式
- 停止单个外设时钟

(19) 封装方式

- 带外部存储器接口的 179 球形触点 BGA 封装 (2812)

- 带外部存储器接口的 176 引脚 LQFP 封装（2812）
- 没有外部存储器接口的 128 引脚 PBK 封装（2810，2811）

（20）温度选择

- A 型：－40 ～ ＋85℃
- S 型：－40 ～ ＋125℃

## 2.2　引脚分布及封装

　　TMS320′x28x 系列 DSP 芯片的封装方式有 BGA（Ball Grid Array）、LQFP（Low-profile Quad）、PGA（Pin Grid Array）等形式，不同封装对应不同的引脚数量和分布，如图 2-3 所示为 LQFP 封装，176 脚的 TMS320F2812 芯片。不同 DSP 芯片的封装方式和引脚分布可参见相关芯片的中英文数据手册。

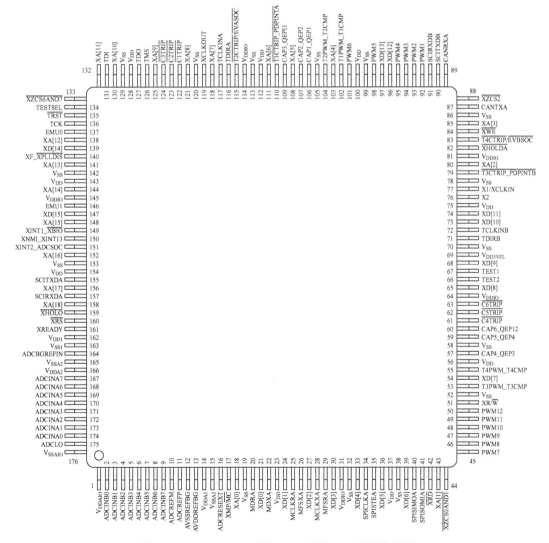

图 2-3　TMS320F2812 芯片 LQFP 封装 176 引脚分布图

**15**

TMS320F2812 所有输入引脚电平均与 TTL 兼容，但是输入引脚不能够承受 5V 电压，上拉电流/下拉电流均为 100μA。所有输出引脚均为 3.3V CMOS 电平，输出缓冲器驱动能力（有输出功能的）典型值是 4mA。

## 2.3　内部总线结构

'28x 系列 DSP 芯片内部的 CPU 与存储器以及外设等模块之间的接口有 3 条地址总线和 3 条数据总线，如图 2-4 所示。

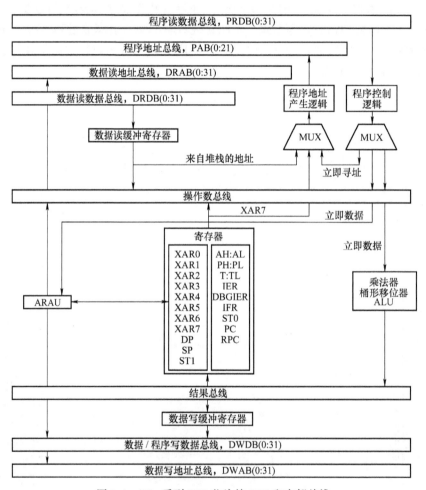

图 2-4　'28x 系列 DSP 芯片的 CPU 和内部总线

**1. 地址总线**

1）程序地址总线（Program Address Bus，PAB）。访问程序空间时用于传送所需的读写地址。PAB 为 22 位总线，因此程序可寻址空间为 4MB。

2）数据读地址总线（Data-Read Address Bus，DRAB）。从数据空间读取数据时用于传送所需的地址。这是 32 位的总线，因此数据可寻址空间为 4GB。

3）数据写地址总线（Data-Write Address Bus，DWAB）。向数据空间写入数据时用于传送所需的地址，为 32 位总线。

**2. 数据总线**

1）程序读数据总线（Program-Read Data Bus，PRDB）。读程序空间时用于传送相应的指令或数据，32 位宽度。

2）数据读数据总线（Data-Read Data Bus，DRDB）。读数据空间时用于传送相应的数据，32 位宽度。

3）数据/程序写数据总线（Data/ Program-Write Data Bus，DWDB）。向数据空间或程序空间写数据时用于传送相应的数据，32 位宽度。

这种多总线的哈佛结构大大加快了 DSP 进行数据处理的速度。数据空间或程序空间的读写操作使用总线的情况见表 2-1。任意时刻同时发生的两种操作不能使用同一条总线，容易得知，从程序空间读操作不能与向程序空间写操作同时发生，因为这两个操作都需要 PAB 总线，而从数据空间读操作与向数据空间写操作可以同时进行，因为这两种操作使用不同的总线。

表 2-1　数据空间和程序空间的总线使用

| 存取类型 | 地址总线 | 数据总线 |
| --- | --- | --- |
| 从程序空间读 | PAB | PRDB |
| 向程序空间写 | PAB | DWDB |
| 从数据空间读 | DRAB | DRDB |
| 向数据空间写 | DWAB | DWDB |

 注意：上述的数据总线和地址总线均为 DSP 芯片内部总线，并不是用于访问外扩存储器的总线。

此外，'28x 系列 DSP 芯片的外部总线包括 19 根地址线和 16 根数据线，这是 DSP 芯片与外扩存储器的总线接口。

## 2.4　中央处理器 CPU

'28x DSP 的中央处理器结构如图 2-4 所示，'28x 的中央处理单元（CPU）主要包括以下几部分。

### 2.4.1　算术逻辑运算单元

'28x 中央处理单元中包含 32 位的算术逻辑运算单元（ALU），它完成二进制补码的算术运算和布尔运算。一般情况下，中央处理单元对于用户是透明的。例如，完成一个布尔运算，只需编写一个命令和给出相应的操作数，读取相应的结果寄存器数据即可。

### 2.4.2　乘法器

乘法器是 DSP 芯片中的关键组成部分。'28x 中央处理单元中的乘法器用于完成 32×32 位二进制补码的乘法运算，结果为 64 位。乘法器能够完成两个带符号数、两个无符号数或一个带符号数与一个无符号数的乘法运算。

### 2.4.3 桶形移位器

桶形移位器完成数据的左移或右移操作，最多可以移 16 位。在 C281x 的内核中，总计有 3 个移位寄存器，分别是输入数据定标移位寄存器、输出数据定标移位寄存器以及乘积定标移位寄存器。

### 2.4.4 CPU 寄存器

'28x 的中央处理单元中设计有独立的寄存器空间。这些 CPU 内部的独立寄存器并不映射到数据存储空间。CPU 寄存器主要包括系统控制寄存器、算术寄存器以及数据指针，可以通过专用的指令访问系统控制寄存器，而其他寄存器可以采用专用的指令或特定的寻址模式（寄存器寻址模式）来访问。CPU 寄存器见表 2-2。

**表 2-2　CPU 寄存器**

| 寄存器名称 | 大小 | 描述 | 复位值 |
|---|---|---|---|
| ACC | 32 bits | 累加器 | 0x00000000 |
| AH | 16 bits | 累加器高位 | 0x0000 |
| AL | 16 bits | 累加器低位 | 0x0000 |
| XAR0 | 32 bits | 辅助寄存器 0 | 0x00000000 |
| XAR1 | 32 bits | 辅助寄存器 1 | 0x00000000 |
| XAR2 | 32 bits | 辅助寄存器 2 | 0x00000000 |
| XAR3 | 32 bits | 辅助寄存器 3 | 0x00000000 |
| XAR4 | 32 bits | 辅助寄存器 4 | 0x00000000 |
| XAR5 | 32 bits | 辅助寄存器 5 | 0x00000000 |
| XAR6 | 32 bits | 辅助寄存器 6 | 0x00000000 |
| XAR7 | 32 bits | 辅助寄存器 7 | 0x00000000 |
| AR0 | 16 bits | XAR0 的低位 | 0x0000 |
| AR1 | 16 bits | XAR1 的低位 | 0x0000 |
| AR2 | 16 bits | XAR2 的低位 | 0x0000 |
| AR3 | 16 bits | XAR3 的低位 | 0x0000 |
| AR4 | 16 bits | XAR4 的低位 | 0x0000 |
| AR5 | 16 bits | XAR5 的低位 | 0x0000 |
| AR6 | 16 bits | XAR6 的低位 | 0x0000 |
| AR7 | 16 bits | XAR7 的低位 | 0x0000 |
| DP | 16 bits | 数据页面指针 | 0x0000 |
| IFR | 16 bits | 中断标志寄存器 | 0x0000 |
| IER | 16 bits | 中断使能寄存器 | 0x0000（INT1 to INT14，DLOGINT，RTOSINT 禁止） |
| DBGIER | 16 bits | 调试中断使能寄存器 | 0x0000（INT1 to INT14，DLOGINT，RTOSINT 禁止） |
| P | 32 bits | 乘积寄存器 | 0x00000000 |

（续）

| 寄存器名称 | 大小 | 描述 | 复位值 |
|---|---|---|---|
| PH | 16 bits | P 的高位 | 0x0000 |
| PL | 16 bits | P 的低位 | 0x0000 |
| PC | 22 bits | 程序计数器 | 0x3F_FFC0 |
| RPC | 22 bits | 返回程序计数器 | 0x00000000 |
| SP | 16 bits | 堆栈指针 | 0x0400 |
| ST0 | 16 bits | 状态寄存器 0 | 0x0000 |
| ST1 | 16 bits | 状态寄存器 1 | 0x080B |
| XT | 32 bits | 被乘数寄存器 | 0x00000000 |
| T | 16 bits | XT 的高位 | 0x0000 |
| TL | 16 bits | XT 的低位 | 0x0000 |

## 2.4.5　状态寄存器

'28x DSP 有两个状态寄存器 ST0 和 ST1，这两个寄存器包含有各种标志位和控制位。这两个寄存器可以保存在数据存储器中，并从数据存储器加载，从而允许保存 DSP 的状态到子程序中，并可以从子程序恢复。寄存器状态位的修改在流水线的执行阶段完成。

**1. 状态寄存器 ST0**

状态寄存器 ST0 各位的分布如图 2-5 所示。

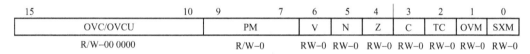

| 15　　　　　　　　　10 | 9　　　7 | 6 | 5 | 4 | 3 | 2 | 1 | 0 |
|---|---|---|---|---|---|---|---|---|
| OVC/OVCU | PM | V | N | Z | C | TC | OVM | SXM |
| R/W-00 0000 | R/W-0 | RW-0 | RW-0 | RW-0 | RW-0 | RW-0 | RW-0 | RW-0 |

图 2-5　状态寄存器 ST0

状态寄存器 ST0 各位功能定义见表 2-3。

**2. 状态寄存器 ST1**

状态寄存器 ST1 各位的分布如图 2-6 所示。

**表 2-3　状态寄存器 ST0 各位功能定义**

| 位 | 名称 | 功能描述 |
|---|---|---|
| 15～8 | OVC/OVCU | 溢出计数器。对带符号和无符号的操作有不同作用。对于带符号数（OVC），每次正向溢出时加 1，负向溢出时减 1；对于无符号数（OVCU），ADD 操作产生进位时加 1，SUB 操作产生借位时减 1 |
| 9～7 | PM | 乘积移位方式<br>000：左移 1 位，低位填 0<br>001：不移位<br>010：右移 1 位，低位丢失，符号扩展<br>011：右移 2 位，低位丢失，符号扩展<br>⋮<br>111：右移 6 位，低位丢失，符号扩展 |

**19**

（续）

| 位 | 名称 | 功能描述 |
|---|---|---|
| 6 | V | 溢出标志位。0：标志复位；1：检测到溢出 |
| 5 | N | 负标志位。0：ACC 检测为非负数；1：ACC 检测为负数 |
| 4 | Z | 零标志位。0：ACC 检测为非 0；1：ACC 检测为 0 |
| 3 | C | 进位标志位。0：没有产生进位/产生借位；1：产生进位/没有产生借位 |
| 2 | TC | 测试/控制标志位。保持由 TBIT 或 NORM 指令执行的测试结果 |
| 1 | OVM | ACC 溢出模式位。0：ACC 的结果正常溢出；1：选择溢出模式，ACC 被填以正饱和值或负饱和值 |
| 0 | SXM | 符号扩展模式位。0：不进行符号扩展；1：选择符号扩展模式 |

| 15 | | 13 | 12 | 11 | 10 | 9 | 8 |
|---|---|---|---|---|---|---|---|
| | ARP | | XF | M0M1MAP | Reserved | OBJMODE | AMODE |
| | R/W–000 | | R/W–0 | R/W–1 | R/W–0 | R/W–0 | R/W–0 |

| 7 | 6 | 5 | 4 | 3 | 2 | 1 | 0 |
|---|---|---|---|---|---|---|---|
| IDLESTAT | EALLOW | LOOP | SPA | VMAP | PAGE0 | DBGM | IMTM |
| R–0 | R/W–0 | R–0 | R/W–0 | R/W–1 | R/W–0 | R/W–1 | R/W–1 |

图 2-6　状态寄存器 ST1

状态寄存器 ST1 各位功能定义见表 2-4。

表 2-4　状态寄存器 ST1 各位功能定义

| 位 | 名称 | 功能描述 |
|---|---|---|
| 15 ~ 13 | ARP | 辅助寄存器指针<br>000：选择 XAR0<br>⋮<br>111：选择 XAR7 |
| 12 | XF | XF 状态位。0：XF 输出低电平；1：XF 输出高电平 |
| 11 | M0M1MAP | M0 和 M1 映射模式位。在 '28x 工作模式下，应保持为 1 |
| 10 | Reserved | 保留位。对保留位读操作将得到 0，写操作无效 |
| 9 | OBJMODE | 目标兼容模式位。0：C27x 兼容映射；1：C28x/C2xLP 兼容映射 |
| 8 | AMODE | 地址模式位。0：C28x/C27x 模式；1：C2xLP 模式 |
| 7 | IDLESTAT | IDLE 状态标志位。0：IDLE 指令已完成；1：IDLE 指令正在执行 |
| 6 | EALLOW | 仿真寻址使能位。0：禁止访问仿真寄存器；1：使能访问仿真寄存器 |
| 5 | LOOP | 循环指令状态位。0：LOOPNZ/LOOPZ 指令已完成；1：LOOPNZ/LOOPZ 指令正在执行 |
| 4 | SPA | 堆栈指针对齐位。0：堆栈指针没有对齐偶地址；1：堆栈指针对齐偶地址 |
| 3 | VMAP | 向量映射位<br>0：中断向量映射到程序存储器地址 0x00 0000 ~ 0x00 003F<br>1：中断向量映射到程序存储器地址 0x3FFFC0 ~ 0x3F FFFF |

（续）

| 位 | 名称 | 功能描述 |
|---|---|---|
| 2 | PAGE0 | PAGE0 寻址模式配置位。0：PAGE0 堆栈寻址模式；1：PAGE0 直接寻址模式 |
| 1 | DBGM | 调试使能屏蔽位。0：调试使能；1：调试禁止 |
| 0 | INTM | 中断全局屏蔽位。0：可屏蔽中断全局使能；1：可屏蔽中断全局禁止 |

## 2.5　存储器及其扩展接口

TMS320F28x DSP 处理器有两个独立的存储空间，即片内存储器和外部存储器，存储器的各个区块都统一映射到程序空间和数据空间，并且划分为如下几部分：

1）程序/数据存储器：′28x 系列 DSP 芯片具有片内单访问随机存储器 SARAM、只读存储器 ROM 和 Flash 存储器。它们被映射到程序空间或数据空间，用以存放执行代码或存储数据变量。

2）CPU 的中断向量：在程序地址中保留了 64 个地址作为 CPU 的 32 个中断向量。通过状态寄存器 ST1 的 VMAP 位可以将 CPU 向量映射到程序空间的底部或顶部。

3）保留区：数据区的某些地址被保留作为 CPU 的仿真寄存器使用。

在一般情况下，片内存储器已经足够用户使用。如果有较多的数据或程序需要存储，而片内存储资源不够时，可以通过外部接口 XINTF 来外扩存储器。下面分别介绍片内存储器空间和扩展片外存储器接口。

### 2.5.1　内部存储空间

TMS320F2812 的存储器映射如图 2-7 所示。

TMS320F2812 可用的片内存储空间分为低 64K 和高 64K 两部分，其中低 64K×16 位的存储器可等价于 C24x/240x 系列 DSP 的数据存取空间，而高 64K×16 位存储器可等价于 C24x/240x 系列 DSP 的程序空间。

（1）SARAM　TMS320F2812 具有片内 SARAM，它是单访问随机读/写存储器，即单个机器周期内只能访问一次。片内共有 18K×16 位的 SARAM，它们分别是

1）M0 和 M1：每块的大小为 1K×16 位，其中，M0 映射至地址 000000H～0003FFH，M1 映射至地址 000400H～0007FFH。

2）L0 和 L1：每块的大小为 4K×16 位，其中 L0 映射至地址 008000H～008FFFH，L1 映射至地址 009000H～009FFFH。

3）H0：大小为 8K×16 位，映射至地址 3F8000H～3F9FFFH。

片内 SARAM 的共同特点是：每个存储器块都可以被单独访问；每个存储器块都可映射到程序空间或数据空间，用以存放指令代码或者存储数据变量；每个存储器块在读/写访问时都可以全速运行，即零等待。

当 DSP 复位时，将堆栈指针 SP 设置在 M1 块的顶部。此外，L0 和 L1 受到代码安全模块 CSM 的保护，M0、M1 及 H0 不受代码安全模块 CSM 保护。

（2）片内 Flash　Flash 俗称闪存，F2812 片内含有 128K 字的 Flash 存储器，地址为

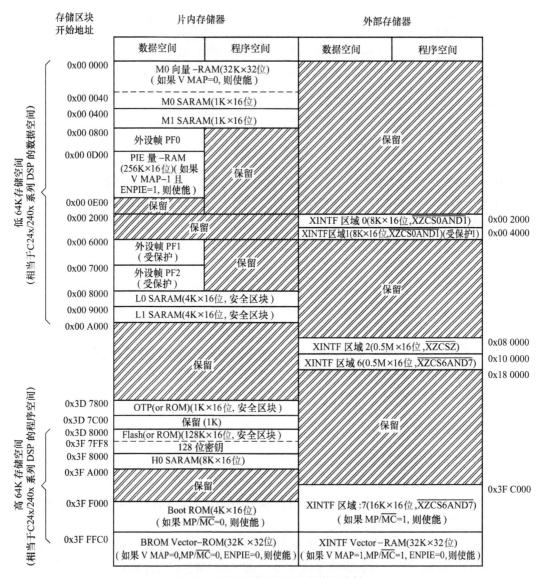

图 2-7　TMS320F2812 的存储器映射

3D8000H ～ 3F7FFFH。该片内 Flash 存储器既可映射到程序空间（用以存放代码），也可映射到数据空间（用以存放数据变量）。另外，Flash 存储器受到代码安全模块 CSM 的保护。

（3）片内 OTP　OTP（One Time Programable）为一次性可编程的 ROM，F2812 内含 2K×16 位的 OTP，地址为 3D7800H ～ 3D7FFFH，其中由厂家保留了 1K 字作为系统测试使用，剩余 1K 字提供给用户使用。OTP 既可映射到程序空间（用以存放代码），也可映射到数据空间（用以存放数据变量）。另外，OTP 受到代码安全模块 CSM 的保护。

（4）Boot ROM　即引导 ROM。在该存储区块内由 TI 公司装载了产品版本号、发布的数据、检验求和信息、复位矢量、CPU 中断向量表（仅为测试）及数学表等。F2812 内含 4K×16 位的 Boot ROM，地址为 3FF000H ～ 3FFFBFH。Boot ROM 的主要作用是实现 DSPs 的引导装载功能，芯片出厂时在 Boot ROM 内装有厂家的引导装载程序。当芯片被设置为微计算机模式时，CPU 在复位后将执行这段程序，从而完成引导装载功能。

（5）代码安全模块 CSM　CSM（Code Security Module）是 128 位的密码（password），由用户编程写入片内 Flash 的 8 个存储单元 3F7FF8H ～ 3F7FFFH 中。利用 CSM 可以保护 Flash、OTP、L0 及 L1，防止非法用户通过 JTAG 仿真口检测（取出）Flash/OTP/L0/L1 的内容，或从外部存储器运行代码试图去装载某些不合法的软件（这些软件可能会取走片内模块的内容）。

（6）中断向量　图 2-7 中给出了 M0 向量、PIE 向量、Boot ROM 向量及 XINTF 向量使能时的条件及分布情况。例如，当状态寄存器 ST1 的位 VMAP = 0 时，CPU 的中断向量映射至程序存储器 000000H ～ 00003FH，共计 64 个字；当 VMAP = 1 时，CPU 的中断向量映射至程序存储器 3FFFC0H ～ 3FFFFFH。

（7）外设帧 PF　外设帧 PF（Peripheral Frame）：'28x 系列 DSP 在片内数据存储器空间映射了 3 个外设帧 PF0、PF1 和 PF2，专门用作外设寄存器的映射空间，即除了 CPU 寄存器之外，其他寄存器均为存储器映射寄存器。

## 2.5.2　外部扩展接口

TMS320F2812 的外扩存储器可分为 5 个固定的存储器映射区域，即 XINTF 区域 0、XINTF 区域 1、XINTF 区域 2、XINTF 区域 6 和 XINTF 区域 7，如图 2-8 所示。每个 XINTF 区域都有一个片选信号，用于访问某一个特定的区域。XINTF 区域 0 和 XINTF 区域 1 共用片选信号 $\overline{\text{XZCS0AND1}}$，XINTF 区域 2 的片选信号 $\overline{\text{XZCS2}}$，XINTF 区域 6 和 XINTF 区域 7 共用片选信号 $\overline{\text{XZCS6AND7}}$。5 个区域中的每个区域都可以用不同的等待状态数和选通信号建立和保持时序进行编程。在一个读访问和写访问操作中，等待状态数和选通信号建立时间及保持时间均可以分别指定。

### 1. XINTF 接口信号

当 TMS320F2812 外扩存储器时，DSP 与外部存储器需要对以下引脚进行电气连接：

- XD（15：0）——16 位外部数据总线
- XA（18：0）——19 位外部地址总线
- 片选信号——$\overline{\text{XZCS0AND1}}$，$\overline{\text{XZCS2}}$，或 $\overline{\text{XZCS6AND7}}$
- $\overline{\text{XWE}}$——外部存储器写有效选通信号
- $\overline{\text{XRD}}$——外部存储器读有效选通信号
- XR/$\overline{\text{W}}$——低电平时表示处于写周期，高电平时表示处于读周期
- XREADY——数据准备输入信号
- XMP/$\overline{\text{MC}}$——微处理器/微计算机模式选择信号
- XHOLD——外部 DMA 保持请求信号
- XHOLDA——外部 DMA 保持确认信号
- XCLKOUT——源于 SYSCLKOUT 的时钟输出信号

### 2. XINTF 空间访问

XINTF 的区域 0 和区域 1 共享一个片选信号 $\overline{\text{XZCS0AND1}}$，但使用不同的外部地址，

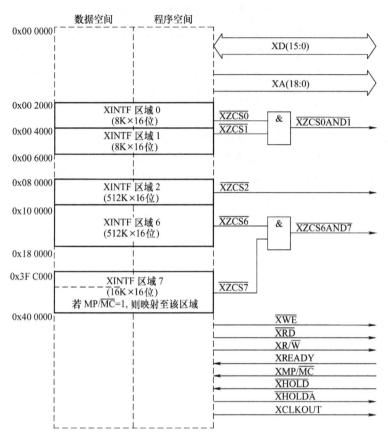

图 2-8 外部接口示意图

区域 0 地址为 0x2000 ~ 0x3FFF，区域 1 地址为 0x4000 ~ 0x5FFF。除了片选信号之外，还需要外部地址线 XA［13］和 XA［14］一起来决定对区域 0 和区域 1 的访问，如图 2-9 所示。

图 2-9　区域 0 和区域 1 的片选逻辑

区域 2 和区域 6 具有相同的外部地址，为 0x080000 ~ 0x17FFFF，访问这两个区域由不同的片选信号选择，区域 2 的片选信号为 $\overline{\text{XZCS2}}$，区域 6 的片选信号是 $\overline{\text{XZCS6AND7}}$。

区域 7 是独立的区域，当 XMP/$\overline{\text{MC}}$ 引脚在复位被拉高时，这个区域映射到 0x3F C000 地址，复位后可以用软件修改 MP/$\overline{\text{MC}}$ 模式，使能或禁止这个区域。当区域 7 未被映射时，内部 BOOT ROM 被映射到这个地址。

**3. XINTF 寄存器**

对外部接口的配置主要通过设置寄存器实现，XINTF 的寄存器见表 2-5。

表 2-5　XINTF 寄存器

| 寄存器名称 | 地址 | 大小（x16 位） | 描　　述 |
|---|---|---|---|
| XTIMING0 | 0x0000 ~ 0B20 | 2 | XINTF 时序寄存器，区域 0 |
| XTIMING1 | 0x0000 ~ 0B22 | 2 | XINTF 时序寄存器，区域 1 |
| XTIMING2 | 0x0000 ~ 0B24 | 2 | XINTF 时序寄存器，区域 2 |
| XTIMING6 | 0x0000 ~ 0B2C | 2 | XINTF 时序寄存器，区域 6 |
| XTIMING7 | 0x0000 ~ 0B2E | 2 | XINTF 时序寄存器，区域 7 |
| XINTCNF2 | 0x0000 ~ 0B34 | 2 | XINTF 配置寄存器 |
| XBANK | 0x0000 ~ 0B38 | 1 | XINTF 控制寄存器 |

　　每个区域都有一个时序寄存器 XTIMINGx，主要用于设置读写时序参数。XINTF 配置寄存器 XINTCNF2 主要完成选择时钟，设置输入引脚状态以及写缓冲器深度等。当从 XINTF 的一个区域切换到另一个区域时，慢速外设可能需要额外的周期来释放给其他设备，'28x 系列 DSP 允许用户指定某个区域，连续访问该特定区域时可以增加额外的周期。控制寄存器 XBANK 用于设置可增加周期的特定区域，以及设置增加的周期数。

# 本章重点小结

　　本章主要介绍'28x 系列 DSP 芯片的基本结构和主要特性、中央处理器（CPU）结构和内部总线结构、内部存储空间和外部扩展接口。其中 CPU 是芯片的核心模块，完成各种逻辑运算和算术运算，本章较为详细地介绍了两个状态寄存器 ST0 和 ST1 的结构；芯片内部的各种存储模块包括 M0、M1、L0、L1、Flash、ROM、OTP、H0 和 Boot Rom，用于程序或数据的存储，CPU 通过芯片内部的存储器总线对这些存储模块进行读/写。

# 习　　题

　　2-1　结合本章对 TMS320F2812 型 DSP 的介绍，通过查资料了解 TMS320F2407 型 DSP，分析二者的主要区别。

　　2-2　从 TMS320F2812 器件的引脚分布可以知道该 DSP 具有哪些外设？为什么称为"片内外设"？

　　2-3　集成电路芯片一般具有哪些封装形式？TMS320F2812 型 DSP 为什么不采用双列直插式封装形式？

　　2-4　简要说明 DSP 芯片内部的地址总线/数据总线与表 2-1 中的 19 根外部存储器地址总线以及 16 根外部存储器数据总线的区别。

　　2-5　查阅资料了解主要的数字信号处理算法（包括快速傅里叶变换和数字滤波算法），请说明为什么乘法器是 DSP 芯片中的关键组成部分。

# 第3章 DSP系统控制与中断

## 本章课程目标

DSP系统控制与中断主要包括系统时钟、CPU定时器和中断等，为系统提供稳定的、可编程的时钟，保证系统得以高速度运行，其中的看门狗电路为系统提供自恢复功能。TMS320F2812具有三级中断管理机制，能够灵活地处理各种中断请求。三种低功耗模式减少电流消耗，能够适应DSP系统节能和便携等应用场景。

本章课程目标为：理解DSP系统时钟模块结构、锁相环工作原理，能够为不同速度的外设配置不同频率的时钟；掌握看门狗使用方法，使系统具备自恢复能力；理解DSP中断管理机制，能够使用中断寄存器，编写中断程序；理解三种低功耗模式，能够根据需要进入和退出低功耗模式。

## 3.1 时钟和系统控制

时钟和系统控制电路包括时钟单元、锁相环单元PLL、看门狗单元、CPU定时器和功耗模式控制等。

### 3.1.1 系统时钟

稳定的时钟是DSP系统可靠工作的基本条件，DSP的主频是一个很重要的性能指标，决定了执行一条基本指令需要花费的时间，主频由系统时钟决定。TMS320′x28x系列DSP芯片内部的时钟电路结构如图3-1所示。

锁相环和振荡器的作用是为DSP芯片中的CPU及相关外设提供可编程的时钟。只要在软件程序中对相应的寄存器进行设置，即可实现对DSP芯片或者相应外设的时钟频率进行按需设定，从而极大提高DSP芯片的灵活性和可靠性。从图3-1可知，′28x系列DSP处理器把集成在芯片内部的外设分成高速外设和低速外设两大组，以方便设置不同模块的工作频率。看门狗模块用于监控程序的运行状态，它是提高系统可靠性的重要环节。

时钟、锁相环、看门狗以及低功耗模式寄存器的地址见表3-1，所有寄存器均为EALLOW保护，即执行了EALLOW指令后才能修改寄存器；表中所有寄存器都为16位。

表3-1 时钟、锁相环、看门狗以及低功耗模式寄存器

| 名　　称 | 地　　址 | 描　　述 |
|---|---|---|
| HISPCP | 0x0000 701A | 高速外设时钟预分频寄存器 |
| LOSPCP | 0x0000 701B | 低速外设时钟预分频寄存器 |
| PCLKCR | 0x0000 701C | 外设时钟控制寄存器 |
| LPMCR0 | 0x0000 701E | 低功耗模式控制寄存器0 |

（续）

| 名　　称 | 地　　址 | 描　　述 |
| --- | --- | --- |
| LPMCR1 | 0x0000 701F | 低功耗模式控制寄存器 1 |
| PLLCR | 0x0000 7021 | PLL 控制寄存器 |
| SCSR | 0x0000 7022 | 系统控制和状态寄存器 |
| WDCNTR | 0x0000 7023 | 看门狗计数寄存器 |
| WDKEY | 0x0000 7025 | 看门狗复位密钥寄存器 |
| WDCR | 0x0000 7029 | 看门狗控制寄存器 |

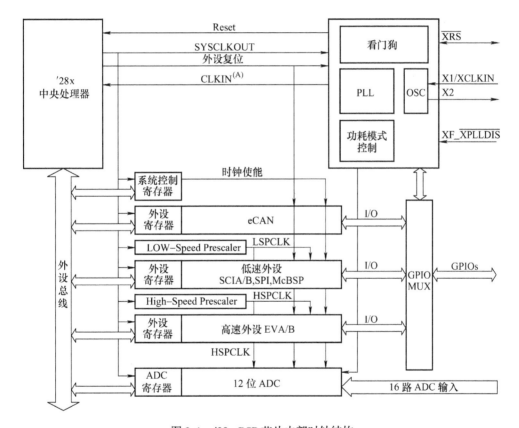

图 3-1　'28x DSP 芯片内部时钟结构

## 3.1.2　时钟单元寄存器

### 1. 外设时钟控制寄存器 PCLKCR

外设时钟控制寄存器（PCLKCR）用于使能或禁止相关外设的时钟，控制各种时钟的工作状态，写入该寄存器的值将在 2 个 SYSCLKOUT 时钟周期后有效，处于低功耗操作模式时，用户可以通过软件或复位将各位清零。各位分布如图 3-2 所示。

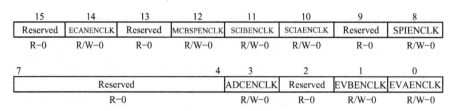

图 3-2　外设时钟控制寄存器（PCLKCR）

外设时钟控制寄存器 PCLKCR 各位功能定义见表 3-2。

**表 3-2　外设时钟控制寄存器 PCLKCR 各位的功能定义**

| 位 | 名　称 | 描　述 |
|---|---|---|
| 14 | ECANENCLK | 如果 ECANENCLK = 1，则使能外设 CAN 内部的系统时钟 |
| 12 | MCBSPENCLK | 如果 MCBSPENCLK = 1，则使能 MCBSP 内部的低速外设时钟（LSPCLK） |
| 11 | SCIBENCLK | 如果 SCIBENCLK = 1，则使能 SCI – B 内部的低速外设时钟（LSPCLK） |
| 10 | SCIAENCLK | 如果 SCIBENCLK = 1，则使能 SCI – A 内部的低速外设时钟（LSPCLK） |
| 8 | SPIENCLK | 如果 SPIENCLK = 1，则使能 SPI 内部的低速外设时钟（LSPCLK） |
| 3 | ADCENCLK | 如果 ADCENCLK = 1，则使能 ADC 内部的高速外设时钟（HSPCLK） |
| 1 | EVBENCLK | 如果 EVBENCLK = 1，则使能事件管理器 EVB 内部的高速外设时钟（HSPCLK） |
| 0 | EVAENCLK | 如果 EVAENCLK = 1，则使能事件管理器 EVA 内部的高速外设时钟（HSPCLK） |

**2. 高速外设时钟预分频寄存器 HISPCP**

高速外设时钟预分频寄存器（HISPCP）用于控制高速外设的时钟，各位分布如图 3-3 所示。

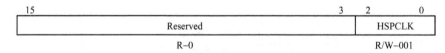

图 3-3　高速外设时钟预分频寄存器（HISPCP）

高速外设时钟预分频寄存器 HISPCP 的低 3 位用于配置高速外设时钟相对于系统时钟 SYSCLKOUT 的分频系数，复位时默认为 001；如果 HSPCLK 等于零，则高速外设时钟等于系统时钟；如果 HSPCLK 不等于零，则高速外设时钟频率为 SYSCLKOUT/（HSPCLK × 2）。

**3. 低速外设时钟预分频寄存器 LOSPCP**

低速外设时钟预分频寄存器（LOSPCP）控制低速外设的时钟，各位分布如图 3-4 所示。

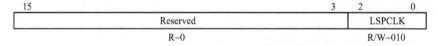

图 3-4　低速外设时钟预分频寄存器（LOSPCP）

低速外设时钟预分频寄存器 LOSPCP 的低 3 位用于配置低速外设时钟相对于系统时钟 SYSCLKOUT 的分频系数，复位时默认为 010；如果 LSPCLK 等于零，则低速外设时钟等于系统时钟；如果 LSPCLK 不等于零，则低速外设时钟频率为 SYSCLKOUT/（LSPCLK × 2）。

### 3.1.3　锁相环单元

锁相环（Phase-Locked Loop，PLL），是数字通信系统中的一种反馈电路，其作用是使得电路的时钟与某一外部时钟的相位同步。在 DSP 芯片内部集成的锁相环电路模块，其作用则是通过软件程序实时地配置 CPU 系统时钟和片内外设时钟。在 DSP 任务繁重时提高 CPU 时钟频率，可以在更短的时间内完成所需工作；而在 DSP 处理器空闲时，降低 CPU 时钟频率，从而降低 DSP 芯片功耗，延长电池寿命。为不同速度要求的外设配置不同频率的时钟，不仅可以减小功耗，也能尽量减少高频电路，从而降低电磁干扰，提高系统可靠性。

晶体振荡器及锁相环单元模块的结构如图 3-5 所示。

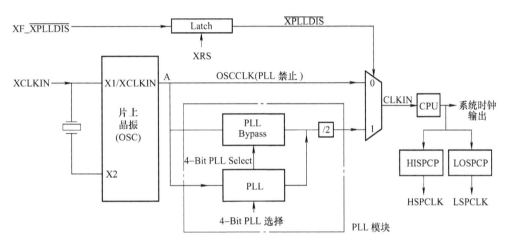

图 3-5　晶体振荡器及锁相环单元

'28x 系列 DSP 芯片内部的晶振和锁相环模块为其 CPU 内核和片内外设提供时钟信号，并配置芯片的功耗模式。片上晶振电路允许使用两种方式为 CPU 内核提供时钟，即采用内部振荡器或外部时钟源：

● 在使用片上晶振模块的内部振荡器时，应当在 X1/XCLKIN 和 X2 这两个引脚之间连上一个石英晶振，片上晶振模块输出与石英晶振频率相同的时钟信号，典型的晶振频率是 30MHz。

● 可以采用外部时钟。外部时钟应当是一定频率的方波信号，这种情况下应把时钟信号直接接到 X1/XCLKIN 引脚，X2 引脚则必须悬空，这时内部振荡器不工作，片上晶振模块输出该外部时钟信号。

此外，可以使用芯片外部引脚$\overline{\text{XPLLDIS}}$来选择 CPU 的系统时钟：

● $\overline{\text{XPLLDIS}}$为高电平时，锁相环 PLL 使能，片上晶振模块输出的时钟信号首先被锁相环 PLL 模块分频或倍频，改变频率后作为 CPU 的系统时钟。

● $\overline{\text{XPLLDIS}}$为低电平时，则锁相环 PLL 被禁止，片上晶振模块输出的时钟信号直接作为 CPU 的系统时钟。

锁相环的配置模式见表 3-3。

表 3-3 锁相环配置模式

| PLL 模式 | 功能描述 | 系统时钟输出 |
|---|---|---|
| 被禁止 | DSP 复位时如果 $\overline{\text{XPLLDIS}}$ 引脚是低电平，则 PLL 完全禁止，系统时钟直接使用片上晶振模块输出的时钟信号 XCLKIN | XCLKIN |
| 旁路 | 上电时的默认配置，如果 PLL 没有禁止，则 PLL 将变成旁路，片上晶振模块输出的时钟信号 XCLKIN 经过二分频后提供给 CPU | XCLKIN/2 |
| 使能 | 使能 PLL，在 PLLCR 寄存器中写入一个非零值 $n$。这时，系统时钟为片上晶振模块输出时钟信号 XCLKIN 的 $(n/2)$ 倍 | XCLKIN ∗ $n$/2 |

通过设置 CPU 内部的高速外设时钟预分频寄存器 HISPCP 和低速外设时钟预分频寄存器 LOSPCP，可以基于 CPU 系统时钟，生成两类外设时钟：高速外设时钟 HSPCLK 和低速外设时钟 LSPCLK，用于提供给不同的外设使用。

锁相环控制寄存器（PLLCR）主要用于配置输入 CPU 的系统时钟 CLKIN 和晶振时钟信号 OSCCLK 的分频或倍频系数。各位分布如图 3-6 所示。

图 3-6 锁相环控制寄存器（PLLCR）

分频或倍频系数位于锁相环控制寄存器的低 4 位，如果 DIV 等于零，则锁相环 PLL 旁路；如果 DIV 不等于零，则 CLKIN 为（OSCCLK × DIV）/2，DIV 的值与 CLKIN 的关系如下：

0000：CLKIN = OSCCLK/2；（PLL 旁路）

0001：CLKIN =（OSCCLK × 1）/2；

0010：CLKIN =（OSCCLK × 2）/2；

⋮

1010：CLKIN =（OSCCLK × 10）/2；

### 3.1.4　看门狗单元

当系统运行时受到外界干扰，例如电源电压的波动、环境中的 EMI 干扰或系统设计中存在的缺陷等，有可能造成 DSP 程序发生死循环（俗称"程序跑飞"），发出错误的指令，使设备损坏甚至威胁人身安全，看门狗单元可以使系统自动复位，使系统可靠运行，提高安全性。

目前，在很多单片机和 DSP 芯片中都集成有看门狗单元，又称为看门狗定时器（WatchDog Timer，WDT），其本质上是一个定时器电路。如果看门狗单元没有被禁用，则在系统运行以后，看门狗定时器的计数器开始自动计数；如果到了一定的时间还不去清除看门狗计数器（俗称"喂狗"，或"踢狗"Kick Dog），那么看门狗计数器就会溢出从而引起看门狗中断，强行系统复位。利用这种机制，看门狗单元可以防止单片机或者 DSP 芯片的程序发生死循环，监测软件和硬件的运行状态，从而提高系统的可靠性。

TI 公司的 TMS320F2812 芯片设计有独立的看门狗模块, 相应的看门狗计数器 WDCNTR 为 8 位。在使能情况下, 看门狗计数器连续递增计数, 其中看门狗时钟信号 WDCLK 的频率决定该计数的频率。当该计数器达到最大值 $2^8 - 1 = 255$ 时, 看门狗模块输出一个 DSP 系统复位脉冲。DSP 系统正常工作情况下, 应当在看门狗计数器 WDCNTR 达到最大值之前, 由程序进行看门狗计数器清零操作, 从而避免看门狗模块发出系统复位信号。看门狗计数器清零操作, 也就是 "喂狗" 或 "踢狗" 操作, 只需向看门狗复位密钥寄存器 (WDKEY) 先后写入 0x55 和 0xAA, 这是由 DSP 芯片设计人员事先定义的。看门狗计数器被清零之后, 只要看门狗功能没有被禁止, 就自动开始下一轮的递增计数。如果向看门狗复位密钥寄存器 WDKEY 写入 0x55 和 0xAA 以外的任何数据, 则都会引起 DSP 系统复位。TMS320F2812 的看门狗模块功能如图 3-7 所示。

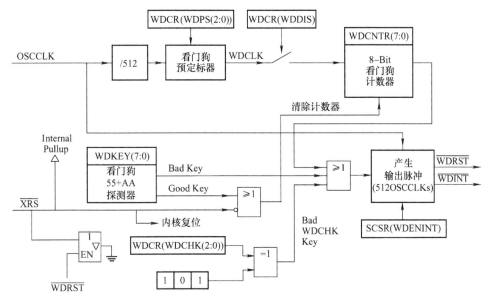

图 3-7　看门狗模块结构示意图

看门狗时钟信号 WDCLK 的频率与晶振时钟信号 OSCCLK 频率的倍数关系由看门狗控制寄存器 WDCR 配置。逻辑校验位 (WDCHK) 是看门狗的另一项安全机制, 所有访问看门狗控制寄存器 (WDCR) 的写操作中, 相应的校验位 (位 5 ~ 3) 必须是 "101", 否则将会拒绝访问并会立即触发 DSP 系统复位。

## 3.1.5　看门狗单元寄存器

与看门狗模块相关的寄存器包括看门狗控制寄存器 (WDCR)、系统控制与状态寄存器 (SCSR)、看门狗计数寄存器 (WDCNTR) 和看门狗复位密钥寄存器 (WDKEY), 下面分别进行简要介绍。

**1. 看门狗控制寄存器** (WDCR)

看门狗控制寄存器 (WDCR) 用于控制看门狗模块的状态和使能情况, 并可以设置看门狗计数器的时钟频率, 各位分布如图 3-8 所示。

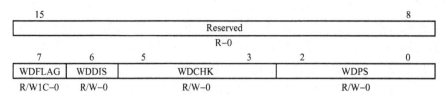

图 3-8　看门狗控制寄存器（WDCR）

看门狗控制寄存器各位功能定义参见表 3-4。

**表 3-4　看门狗控制寄存器各位功能定义**

| 位 | 名　称 | 描　述 |
|---|---|---|
| 7 | WDFLAG | 看门狗复位状态标志位。如果 WDFLAG = 1，表示看门狗复位（$\overline{\text{WDRST}}$）引起了系统复位；如果 WDFLAG = 0，表示是上电或者外部器件引起系统复位。该位将被锁存直到用户向其写 1，清除复位条件；写 0 无影响 |
| 6 | WDDIS | 看门狗禁止位。向 WDDIS 写 1 将禁止看门狗模块，写 0 则使能看门狗模块。只有当 SCSR 寄存器的 WDOVERRIDE 位等于 1 时才可以改变 WDDIS 的值。器件复位后，看门狗模块默认为使能 |
| 5 ~ 3 | WDCHK | 看门狗逻辑校验位，当向 WDCR 寄存器写操作时，必须向 WDCHK 位写入 101，写入其他任何值都会立即引起器件内核的复位（看门狗已经使能的情况下），读这些位总是返回 0，0，0 |
| 2 ~ 0 | WDPS | 看门狗预分频设置位，用于配置看门狗计数器时钟 WDCLK 频率与 OSCCLK/512 的倍率。<br>000：WDCLK = OSCCLK/512/1　　　100：WDCLK = OSCCLK/512/8<br>001：WDCLK = OSCCLK/512/1　　　101：WDCLK = OSCCLK/512/16<br>010：WDCLK = OSCCLK/512/2　　　110：WDCLK = OSCCLK/512/32<br>011：WDCLK = OSCCLK/512/4　　　111：WDCLK = OSCCLK/512/64 |

**2. 系统控制与状态寄存器（SCSR）**

系统控制与状态寄存器（SCSR）包含看门狗中断状态位、看门狗中断屏蔽/使能位和看门狗溢出位，各位分布如图 3-9 所示。

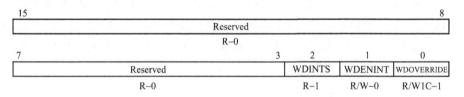

图 3-9　系统控制与状态寄存器（SCSR）

系统控制与状态寄存器各位功能定义见表 3-5。

**表 3-5　系统控制与状态寄存器各位功能定义**

| 位 | 名　称 | 描　述 |
|---|---|---|
| 2 | WDINTS | 看门狗中断状态位，反映了看门狗模块 $\overline{\text{WDINT}}$ 信号的当前状态，WDINTS 比 $\overline{\text{WDINT}}$ 延迟 2 个 SYSCLKOUT 周期。如果使用看门狗中断信号将器件从 IDLE 或 STANDBY 状态唤醒，则再次进入到 IDLE 或 STANDBY 状态之前必须保证 WDINTS 信号是无效的（WDINTS = 1） |

（续）

| 位 | 名　称 | 描　述 |
|---|---|---|
| 1 | WDENINT | 看门狗中断屏蔽/使能位。如果 WDENINT = 1，则看门狗复位信号（$\overline{\text{WDRST}}$）被禁止，看门狗中断信号（$\overline{\text{WDINT}}$）被使能；如果 WDENINT = 0，看门狗复位信号$\overline{\text{WDRST}}$被使能，看门狗中断信号$\overline{\text{WDINT}}$被屏蔽，这是器件复位后的默认状态 |
| 0 | WDOVERRIDE | 如果 WDOVERRIDE = 1，则允许用户改变看门狗控制寄存器（WDCR）中的 WDDIS 位 |

### 3. 看门狗计数器寄存器（WDCNTR）

看门狗计数器（WDCNTR）利用低 8 位进行计数，各位分布如图 3-10 所示。

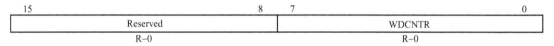

图 3-10　看门狗计数器（WDCNTR）

看门狗计数器的 8 位 WDCNTR 包含 WD 计数器的当前值。8 位计数器在看门狗时钟 WDCLK 驱动下连续增加。如果计数器溢出，则看门狗会初始化复位。如果用一个有效的组合写 WDKEY 寄存器，那么计数器复位成 0。看门狗时钟频率由 WDCR 寄存器设置。

### 4. 看门狗复位密钥寄存器（WDKEY）

看门狗复位密钥寄存器（WDKEY）用于看门狗计数器寄存器（WDCNTR）清零，以便在系统正常状态下防止看门狗计数器溢出产生系统复位中断。各位分布如图 3-11 所示，对 8 位 WDKEY 写入 0x55 之后紧跟着再写入 0xAA，将清除 WDCNTR 位。写入任何其他值则会立即产生看门狗复位。

图 3-11　看门狗复位密钥寄存器（WDKEY）

## 3.2　CPU 定时器

CPU 定时器可以满足公共事务的定时需要。TMS320'x28x 系列 DSP 芯片内部有 3 个 CPU 定时器。TMS320F2812 内部有 3 个 CPU 定时器，分别为 CPU - Timer0、CPU - Timer1 和 CPU - Timer2，均为 32 位的递减计数器。定时器以系统时钟 SYSCLKOUT 作为定时时钟，定时器寄存器与存储器总线相连。CPU - Timer2 留给实时操作系统使用，CPU - Timer0 和 CPU - Timer1 可以在用户程序中使用。定时器结构如图 3-12 所示。

☀ 　注意：CPU 时钟与通用定时器是不同的，通用定时器在事件管理器中，主要用来产生 PWM 波形。

从图中可以知道，32 位计数器 TIMH:TIM 从 32 位周期寄存器 PRDH:PRD 装载计数值，系统时钟 SYSCLKOUT 经 16 位的预分频器后提供给 32 位计数器进行递减计数，当计数器减到 0 时，产生一个定时器中断请求信号。3 个定时器的中断信号$\overline{INT0}$、$\overline{INT1}$和$\overline{INT2}$在处理器内部连接如图 3-13 所示。

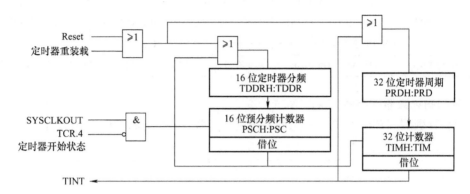

图 3-12　定时器结构框图

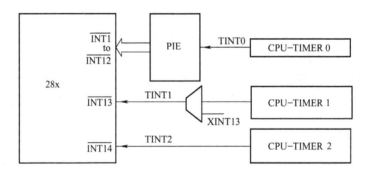

图 3-13　定时器中断信号的连接

CPU 定时器的寄存器主要包括定时器计数器寄存器、定时器周期寄存器、定时器控制寄存器和定时器预分频计数器，地址分配见表 3-6。

**表 3-6　CPU 定时器寄存器地址**

| 序号 | 寄存器名称 | 地址 | 大小 | 功能描述 |
| --- | --- | --- | --- | --- |
| 1 | TIMER0TIM | 0x0000 0C00 | 16 bits | CPU - Timer0 计数器寄存器 |
| 2 | TIMER0TIMH | 0x0000 0C01 | 16 bits | CPU - Timer0 计数器高位 |
| 3 | TIMER0PRD | 0x0000 0C02 | 16 bits | CPU - Timer0 周期寄存器 |
| 4 | TIMER0PRDH | 0x0000 0C03 | 16 bits | CPU - Timer0 周期寄存器高位 |
| 5 | TIMER0TCR | 0x0000 0C04 | 16 bits | CPU - Timer0 控制寄存器 |
| 6 | 保留 | 0x0000 0C05 | 16 bits | |
| 7 | TIMER0TPR | 0x0000 0C06 | 16 bits | CPU - Timer0 预分频寄存器 |
| 8 | TIMER0TPRH | 0x0000 0C07 | 16 bits | CPU - Timer0 预分频寄存器高位 |
| 9 | TIMER1TIM | 0x0000 0C08 | 16 bits | CPU - Timer1 计数器寄存器 |

（续）

| 序号 | 寄存器名称 | 地址 | 大小 | 功能描述 |
|---|---|---|---|---|
| 10 | TIMER1TIMH | 0x0000 0C09 | 16 bits | CPU – Timer1 计数器高位 |
| 11 | TIMER1PRD | 0x0000 0C0A | 16 bits | CPU – Timer1 周期寄存器 |
| 12 | TIMER1PRDH | 0x0000 0C0B | 16 bits | CPU – Timer1 周期寄存器高位 |
| 13 | TIMER1TCR | 0x0000 0C0C | 16 bits | CPU – Timer1 控制寄存器 |
| 14 | 保留 | 0x0000 0C0D | 16 bits | |
| 15 | TIMER1TPR | 0x0000 0C0E | 16 bits | CPU – Timer1 预分频寄存器 |
| 16 | TIMER1TPRH | 0x0000 0C0F | 16 bits | CPU – Timer1 预分频寄存器高位 |
| 17 | TIMER2TIM | 0x0000 0C10 | 16 bits | CPU – Timer2 计数器寄存器 |
| 18 | TIMER2TIMH | 0x0000 0C11 | 16 bits | CPU – Timer2 计数器高位 |
| 19 | TIMER2PRD | 0x0000 0C12 | 16 bits | CPU – Timer2 周期寄存器 |
| 20 | TIMER2PRDH | 0x0000 0C13 | 16 bits | CPU – Timer2 周期寄存器高位 |
| 21 | TIMER2TCR | 0x0000 0C14 | 16 bits | CPU – Timer2 控制寄存器 |
| 22 | 保留 | 0x0000 0C15 | 16 bits | |
| 23 | TIMER2TPR | 0x0000 0C16 | 16 bits | CPU – Timer2 预分频寄存器 |
| 24 | TIMER2TPRH | 0x0000 0C17 | 16 bits | CPU – Timer2 预分频寄存器高位 |

**1. CPU 定时器计数器寄存器**（TIMERxTIM）

CPU 定时器的计数器寄存器（TIMH：TIM）是 32 位寄存器，其中高 16 位是 TIMH，低 16 位是 TIM。每个（TDDRH：TDDR + 1）时钟周期 TIMH：TIM 减 1，当减到 0 时，产生定时器中断信号，同时 TIMH：TIM 由周期寄存器 PRDH：PRD 的周期值重新载入。TDDRH：TDDR 是定时器预分频的值。

**2. CPU 定时器周期寄存器**（TIMERxPRD）

CPU 定时器的周期寄存器（PRDH：PRD）的高 16 位是 PRDH，低 16 位是 PRD。当计数器寄存器 TIMH：TIM 减到 0 时，在下一个定时器输入时钟周期开始时，DSP 将 PRDH：PRD 寄存器内所包含的周期值写入 TIMH：TIM 寄存器中；当用户在定时器控制寄存器（TCR）中对重装位（TRB）置位时，PRDH：PRD 的内容也重装载至 TIMH：TIM。

**3. CPU 定时器控制寄存器**（TIMERxTCR）

CPU 定时器的控制寄存器（TCR）各位的分布如图 3-14 所示。

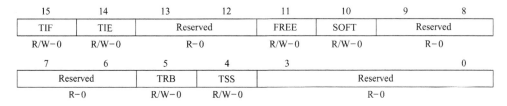

图 3-14　CPU 定时器控制寄存器

各位的功能定义见表 3-7。

表 3-7　CPU 定时器的控制寄存器

| 位 | 名　称 | 描　　述 |
|---|---|---|
| 15 | TIF | 定时器中断标志。当定时器计数器减到 0 时，该标志置 1。可通过软件写 1 清除该位，写 0 无效 |
| 14 | TIE | 定时器中断使能，如果定时器减到 0，且该位为 1，则定时器发出中断请求 |
| 11 | FREE | 与 SOFT 一起定义定时器仿真模式 |
| 10 | SOFT | FREE:SOFT 两位定义定时器仿真方式；在高级语言调试器中遇到断点时，用来决定定时器状态。如果 FREE 位为 1，则在软件中断时，定时器继续运行，在此情形下，不必关心 SOFT 的值；如果 FREE = 0，则 SOFT 的值将起作用：如果 SOFT = 0，定时器在 TIMH:TIM 下一次减 1 时暂停；如果 SOFT = 1，定时器在 TIMH:TIM 减到 0 时暂停<br><br>FREE SOFT CPU 定时器仿真模式<br>0　　0　　在 TIMH:TIM 下一个计数后（硬停止）<br>0　　1　　在 TIMH:TIM 减到 0 后停止（软停止）<br>1　　x　　自由运行 |
| 5 | TRB | CPU 定时器重装位。当向 TRB 写 1 时，PRDH:PRD 的值装入 TIMH:TIM，并且把定时器分频寄存器（TDDRH:TDDR）中的值装入预分频计数器（PSCH:PSC），读 TRB 位总是返回 0 |
| 4 | TSS | CPU 定时器停止状态位，TSS 是停止或启动定时器的一个标志位。置 TSS 为 1，停止定时器；置 TSS 为 0 则启动定时器。在复位时，TSS 清零并且定时器立即启动 |

**4. CPU 定时器预分频计数器 TIMERxTPR**

CPU 定时器预分频计数器 TPR 各位分布及功能见表 3-8。该寄存器为 32 位，其低 16 位为 PSC:TDDR，高 16 位为 PSCH:TDDRH。

表 3-8　CPU 定时器的预分频计数器

| 位 | 名　称 | 描　　述 |
|---|---|---|
| 31 ~ 24 | PSCH | 定时器预分频计数器的高 8 位 |
| 23 ~ 16 | TDDRH | 定时器分频值高 8 位 |
| 15 ~ 8 | PSC | 定时器预分频计数器的低 8 位 |
| 7 ~ 0 | TDDR | 定时器分频低 8 位 |

PSCH:PSC 是定时器预分频计数器。只要 PSCH:PSC 的值大于 0，则在每个定时器输入时钟（SYSCLKOUT）周期，PSCH:PSC 减 1，当 PSCH:PSC 减到 0 时，产生 1 个借位信号，借位信号使定时器计数器 TIMH:TIM 减 1，并控制 PSCH:PSC 的重装载。只要 TRB 被软件置 1，PSCH:PSC 就会重装载。可以通过读寄存器检查 PSCH:PSC 的值，但不能直接设置 PSCH:PSC，只能从 TDDRH:TDDR 获得值。复位时，PSCH:PSC 被置 0。

TDDRH:TDDR 是定时器分频器，每过（TDDRH:TDDR + 1）个 SYSCLKOUT 周期，定时器计数器寄存器（TIMH:TIM）就减 1。复位时 TDDRH:TDDR 被清除。当 PSCH:PSC 减到 0 时，在 1 个 SYSCLKOUT 周期后，TDDRH:TDDR 的值重装载到 PSCH:PSC 中，并且 TIMH:TIM 减 1。

**5. CPU 定时器使用方法**

从 CPU 定时器结构可以知道，CPU 定时器的中断周期值为

$$T_{\text{timer}} = \text{SYSCLKOUT} * (\text{TDDRH:TDDR} + 1) * (\text{PRDH:PRD}) \tag{3-1}$$

其中 SYSCLKOUT 为 DSP 系统时钟周期值。

使用 CPU 定时器一般需要完成以下几个步骤：

1）在主程序开头声明 CPU 定时器的中断服务程序，例如

interrupt void ISRTimer0(void)；　//声明 CPU 定时器 0 中断服务程序为 ISRTimer0(void)

2）对所用 CPU 定时器进行初始化。

3）设置相应的中断向量表，将中断向量指向相关中断服务程序，例如

EALLOW；
　PieVectTable. TINT0 = &ISRTimer0；
EDIS；

4）配置所用 CPU 定时器的计时周期，例如

ConfigCpuTimer(&CpuTimer0,150,1000)；
　　　　　//设置 CPU 定时器 0 的定时周期为 1000μs
　　　　　//其中第 2 个参数 150 表示 DSP CPU 工作频率为 150MHz

5）启动 CPU 定时器，例如 CpuTimer0Regs. TCR. bit. TSS = 0

6）使能 CPU 定时器的中断，例如使能 CPU 定时器 0 中断的语句

IER | = M_INT1；　　　　　//使能 CPU 定时器 0 中断所在的组 1 中断
PieCtrl. PIEIER1. bit. INTx7 = 1；//在使能组 1 中断的情况下，使能 CPU 定时器 0 中断
EINT；　　　　　　　　　//Enable INTM 开中断全局开关

7）编写具体 CPU 定时器的中断服务程序，例如

interrupt void ISRTimer0(void)　//CPU 定时器 0 的中断服务程序
{
…//这里可以是具体的 AD 采样程序或者 PID 控制算法程序等
…//响应中断寄存器的相应位清除
}

## 3.3　DSP 的中断

中断（Interrupt）是硬件和软件驱动的事件。中断信号使得 CPU 暂停目前执行的主程序，转而去执行一个中断服务子程序。中断机制的存在使得单片机或 DSP 等嵌入式处理器能够及时、迅速地对紧急情况进行处理。

### 3.3.1　DSP 中断概述

'28x 系列 DSP 的中断可以由软件触发（如 INTR、或 TRAP 指令）或硬件触发（如引脚、外设等）。如果多个硬件中断在同一时间被触发，则根据中断优先级对所触发中断实现中断服务。'28x 系列 DSP 还包括一个外设中断扩展（PIE）模块，可以多路复用，使一个 CPU 中断实现多个外设的中断请求。在一个中断到达 CPU 之前，PIE 模块为中断处理提供附加的控制。

'28x 系列 DSP 处理器内核共有 16 根中断线,包括 $\overline{\text{XPLLDIS}}$ 和 NMI 两个不可屏蔽中断和 INT1～INT14 等 14 个可屏蔽中断(均为低电平有效)。不可屏蔽中断不能被屏蔽,一旦产生不可屏蔽中断请求,CPU 立刻应答这类中断,并分支转移去执行相应的中断服务程序。所有的软件中断都是不可屏蔽中断。可屏蔽中断须由相应的中断使能寄存器进行中断禁止或使能设置。

'28x 系列 DSP 芯片的中断源分配和复用情况如图 3-15 所示。由图可知,对于可屏蔽中断线的 INT1～INT12,它们包含定时器 0、外部中断 XINT1、外部中断 XINT2 以及 41 个外设中断源。定时器 2 使用可屏蔽中断线 INT14,它是预留给实时操作系统(RTOS)使用的。外部不可屏蔽中断 XNMI_XINT13 和定时器 1 使用 NMI 和 INT13 中断线。

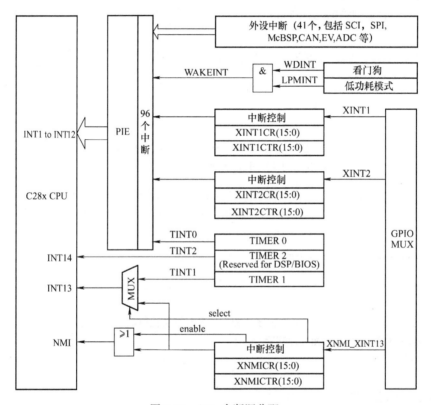

图 3-15 '28x 中断源分配

'28x 系列 DSP 处理器响应中断过程与单片机类似,也可以归纳为接受中断请求、响应中断、保护现场和执行中断服务子程序等 4 个步骤。

### 3.3.2 PIE 中断扩展

'28x 系列 DSP 处理器具有众多外设,每个外设能够生成一个或多个中断以响应外设级别的许多事件。然而,CPU 没有足够的能力在 CPU 级别处理所有外设中断请求,所以需要一个集中式外设中断扩展控制器来扩展和仲裁各种中断源(如外设和其他外部引脚)的中断请求。PIE 向量表存放各个中断服务子程序的地址,每个中断都有自己的中断向量,系统初始化时,需要定位中断向量表,在程序执行过程中也可以对中断向量表的位置进行调整。外设中断和外部中断被分成 12 组连接至 PIE 模块,见表 3-9,每行表示 8 个中断复用 1 个 CPU 中断。

**表 3-9　PIE 中断分组及中断向量地址**

| CPU 中断 | PIE 中断 | | | | | | | |
|---|---|---|---|---|---|---|---|---|
| | INTx. 8 | INTx. 7 | INTx. 6 | INTx. 5 | INTx. 4 | INTx. 3 | INTx. 2 | INTx. 1 |
| INT1＿y | WAKEINT LPM/WD | TINT0 TIMER0 | ADCINT （ADC） | XINT2 | XINT1 | 保留 | PDPINTB （EVB） | PDPINTA （EVA） |
| INT2＿y | 保留 | T1OFINT （EVA） | T1UFINT （EVA） | T1CINT （EVA） | T1PINT （EVA） | CMP3INT （EVA） | CMP2INT （EVA） | CMP1INT （EVA） |
| INT3＿y | 保留 | CAPINT3 （EVA） | CAPINT2 （EVA） | CAPINT1 （EVA） | T2OFINT （EVA） | T2UFINT （EVA） | T2CINT （EVA） | T2PINT （EVA） |
| INT4＿y | 保留 | T3OFINT （EVB） | T3UFINT （EVB） | T3CINT （EVB） | T3PINT （EVB） | CMP6INT （EVB） | CMP5INT （EVB） | CMP4INT （EVB） |
| INT5＿y | 保留 | CAPINT6 （EVB） | CAPINT5 （EVB） | CAPINT4 （EVB） | T4OFINT （EVB） | T4UFINT （EVB） | T4CINT （EVB） | T4PINT （EVB） |
| INT6＿y | 保留 | 保留 | MXINT （McBSP） | MRINT （McBSP） | 保留 | 保留 | SPITXINTA （SPI） | SPIRXINTA （SPI） |
| INT7＿y | 保留 | 保留 | 保留 | 保留 | 保留 | 保留 | 保留 | 保留 |
| INT8＿y | 保留 | 保留 | 保留 | 保留 | 保留 | 保留 | 保留 | 保留 |
| INT9＿y | 保留 | 保留 | ECAN1INT （CAN） | ECAN0INT （CAN） | SCITXINTB （SCI-B） | SCIRXINTB （SCI-B） | SCITXINTA （SCI-A） | SCIRXINTA （SCI-A） |
| INT10＿y | 保留 | 保留 | 保留 | 保留 | 保留 | 保留 | 保留 | 保留 |
| INT11＿y | 保留 | 保留 | 保留 | 保留 | 保留 | 保留 | 保留 | 保留 |
| INT12＿y | 保留 | 保留 | 保留 | 保留 | 保留 | 保留 | 保留 | 保留 |

'28x 系列 DSP 的中断机制分为外设级、PIE 级和 CPU 级，对于一个具体的外设中断请求，必须经过这三级中断允许。如果任何一级不允许，CPU 最终都不会执行该外设中断，如图 3-16 所示。

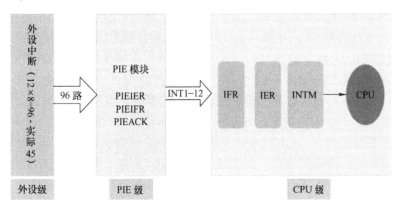

图 3-16　F2812 的三级中断机制

**1. 外设级中断**

当某外设产生中断时，该外设中断标志寄存器（IF）的相应位被置 1。如果中断使能（IE）寄存器相应的使能位也被置 1，则外设生成中断请求发送到 PIE 控制器。如果外设级别中断被禁止，则 IF 的标志位将保持，直到被软件清除。如果中断产生后才被使能，且中断标志位没有被清除，则同样会向 PIE 发出中断请求。

　注意：外设中断标志寄存器内的中断标志位必须用软件进行清除。

**2. PIE 级中断**

PIE 模块将 8 个外设或外部中断多路复用为一个 CPU 中断，如图 3-17 所示。这些中断分为 12 组，每一组各有一个中断信号连接至 CPU。例如，PIE 第 1 组多路复用为 CPU 中断 1（INT1），PIE 第 12 组多路复用为 CPU 中断 12（INT12）。

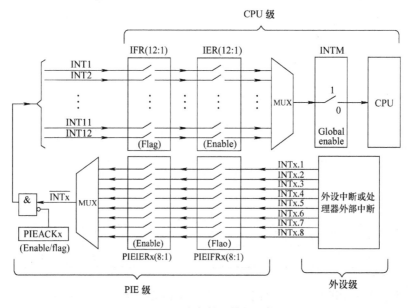

图 3-17　中断扩展模块结构

对于多路复用的中断，在 PIE 模块中的每个中断组都相应具有一个标志寄存器（PIEIFRx）和一个使能寄存器（PIEIERx）（x＝1，2，…，12），每个中断组包含 8 个多路复用的中断。每个标志寄存器或使能寄存器中的 8 个位（表示为 y）分别对应同一个组的 8 个中断。因此 PIEIFRx.y 和 PIEIERx.y 对应 PIEx（x＝1，2，…，12）内的中断 y（y＝1，2，…，8）。另外，每个 PIE 中断组 INTx（x＝1，2，…，12）都各有一个确认位（PIEACK），称为 PIEACKx（x＝1，2，…，12）。典型的 PIE 或 CPU 中断响应流程如图 3-18 所示。

一旦 PIE 控制器产生中断请求，相应的 PIE 中断标志（PIEIFRx.y）位将设置为 1。如果相应的 PIE 中断使能位（PIEIERx.y）也置 1，则 PIE 检查相应的 PIEACKx 位以确定 CPU 是否已为响应该组的中断做好准备。如果相应 PIEACKx 为零，则 PIE 向 CPU 发送中断请求；如果 PIEACKx 为 1，则 PIE 等待直到它被清除之后再发送 INTx 的中断请求。

**3. CPU 级中断**

一旦向 CPU 发出了中断请求，CPU 级中断标志寄存器（IFR）中对应 INTx 的位将被

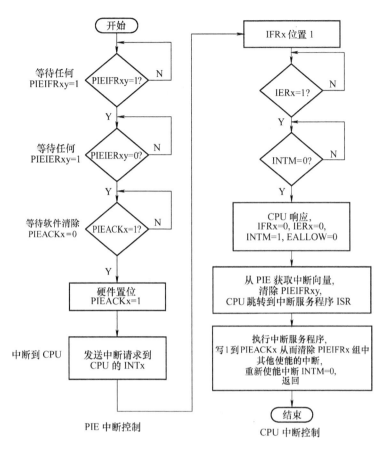

图 3-18　典型的中断响应流程示意图

置 1。在 IFR 中锁存了中断标志之后，只有在 CPU 级中断使能寄存器（IER）或中断调试使能寄存器（DBGIER）相应的使能位和全局中断屏蔽位（INTM）都被使能的情况下，CPU才会响应该中断请求。一般只有在 DSP 使用实时调试模式且 CPU 被停止（Halt）时，中断调试使能寄存器（DBGIER）才被使用。

　　CPU 响应中断进入中断服务子程序之前，IFR 和 IER 寄存器中相应的位被清除，EALLOW和 LOOP 被清除，INTM 和 DBGM 被置位，流水线被终止，返回地址被保存，自动保护现场，并从 PIE 模块中获得中断服务向量。获取中断向量和保存相关寄存器等操作需要耗费 8 个时钟周期。如果中断请求来自复用的组，则 PIE 模块通过对 PIEIERx 和 PIEIFRx 寄存器解码可以获得是哪个中断需要服务。需要中断服务的地址可以从 PIE 中断向量表中直接获得。PIE中的 96 个中断都有自己的 32 位中断向量，当获得中断向量后，相应的中断标志 PIEIFRx.y自动清除，而 PIE 中断确认位则需要手工清除。

### 3.3.3　中断向量表及其映射

#### 1. 中断向量表

　　'28x 系列 DSP 的外设中断扩展控制器 PIE 一共支持 96 个中断，每个中断都有对应的中断向量存放在 RAM 中，构成中断向量表，表 3-10 为部分中断向量。为了使用 PIE，用户必须重新定位中断向量表到 0x00 0D00 地址，该地址是一个可变地址空间，使用前必须初始化。

所谓中断向量即中断服务程序的入口地址，在响应中断的时候，CPU 自动从中断向量表当中获取相应的中断向量。用户可以修改中断向量表，也可以在 PIE 模块使能或禁止中断。下面给出一个简单的例子，在应用程序中对 CPU 定时器 0 的中断向量表进行了修改。其中 ISRTimer0（　）是定时器 0 的中断服务程序名称。

例 3-1：在主程序中修改 CPU 定时器 0 的中断向量表

```
EALLOW;                          //允许修改关键寄存器
PieVectTable. TINT0 = &ISRTimer0(   );//将定时器 0 的中断服务程序入口地址写入
                                 //中断向量表的相应位置
EDIS;                            //禁止修改关键寄存器
```

**表 3-10　'28x 系列 PIE 中断向量表**

| 名　　称 | 向量 ID | 地　　址 | 大小 (×16) | 说　　明 | CPU 优先级 | PIE 组 优先级 |
|---|---|---|---|---|---|---|
| Reset | 0 | 0x0000 0D00 | 2 | 始终从引导 ROM 中的位置 0x003F FFC0 提取复位 | (1) 最高 | — |
| INT13 | 13 | 0x0000 0D1A | 2 | 外部中断 13（XINT13）或 CPU 定时器 1 | 17 | — |
| INT14 | 14 | 0x0000 0D1C | 2 | CPU 定时器 2（供 TI/RTOS 使用） | 18 | — |
| DATALOG | 15 | 0x0000 0D1E | 2 | CPU 数据记录中断 | 19（最低） | — |
| RTOSINT | 16 | 0x0000 0D20 | 2 | CPU 实时操作系统中断 | 4 | — |
| EMUINT | 17 | 0x0000 0D22 | 2 | CPU 仿真中断 | 2 | — |
| NMI | 18 | 0x0000 0D24 | 2 | 外部不可屏蔽中断 | 3 | — |
| ILLEGAL | 19 | 0x0000 0D26 | 2 | 非法操作 | — | — |

PIE 组 1 向量——共同使用 CPU INT1

| 名称 | 向量 ID | 地址 | 大小 (×16) | 说明 | | CPU 优先级 | PIE 组优先级 |
|---|---|---|---|---|---|---|---|
| INT1. 1 | 32 | 0x0000 0D40 | 2 | PDPINTA | （EV-A） | 5 | 1（最高） |
| INT1. 2 | 33 | 0x0000 0D42 | 2 | PDPINTB | （EV-B） | 5 | 2 |
| INT1. 3 | 34 | 0x0000 0D44 | 2 | 保留 | | 5 | 3 |
| INT1. 4 | 35 | 0x0000 0D46 | 2 | XINT1 | | 5 | 4 |
| INT1. 5 | 36 | 0x0000 0D48 | 2 | XINT2 | | 5 | 5 |
| INT1. 6 | 37 | 0x0000 0D4A | 2 | ADCINT | （ADC） | 5 | 6 |
| INT1. 7 | 38 | 0x0000 0D4C | 2 | TINT0 | （CPU 定时器 0） | 5 | 7 |
| INT1. 8 | 39 | 0x0000 0D4E | 2 | WAKEINT | LPM/WD | 5 | 8（最低） |

PIE 组 2 向量——共同使用 CPU INT2

| 名　称 | 向量 ID | 地　址 | 大小 (×16) | 说　明 | | CPU 优先级 | PIE 组 优先级 |
|--------|---------|--------|-----------|--------|--------|-----------|--------------|
| INT2.1 | 40 | 0x0000 0D50 | 2 | CMP1INT | （EV-A） | 6 | 1（最高） |
| INT2.2 | 41 | 0x0000 0D52 | 2 | CMP2INT | （EV-A） | 6 | 2 |
| INT2.3 | 42 | 0x0000 0D54 | 2 | CMP3INT | （EV-A） | 6 | 3 |
| INT2.4 | 43 | 0x0000 0D56 | 2 | T1PINT | （EV-A） | 6 | 4 |
| INT2.5 | 44 | 0x0000 0D58 | 2 | T1CINT | （EV-A） | 6 | 5 |
| INT2.6 | 45 | 0x0000 0D5A | 2 | T1UFINT | （EV-A） | 6 | 6 |
| INT2.7 | 46 | 0x0000 0D5C | 2 | T1OFINT | （EV-A） | 6 | 7 |
| INT2.8 | 47 | 0x0000 0D5E | 2 | 保留 | | 6 | 8（最低） |

### 2. 中断向量表的映射

'28x 系列器件的中断向量表可以映射到 5 个不同的存储空间。中断向量表的映射由以下位/信号来控制。

**VMAP**：状态寄存器 1（ST1）的位 3。器件复位将此位设置为 1。可以通过直接写入 ST1 或 SETC/CLRC VMAP 指令来修改此位的状态。正常操作下，保留此位置 1。

**M0M1MAP**：状态寄存器 1（ST1）的位 11。器件复位时此位设置为 1。可以通过写入 ST1 或 SETC/CLRC M0M1MAP 指令来修改此位的状态。正常操作下，保留此位被置 1。M0M1MAP = 0 保留仅供 TI 公司测试使用。

**MP/$\overline{MC}$**：寄存器 XINTCNF2 的位 8，对于有外部接口 XINTF 的器件，该位的默认值在复位时由 XMP/$\overline{MC}$ 引脚输入信号设置；对于不具备外部接口 XINTF 的器件，XMP/$\overline{MC}$ 被内部拉低。复位后可以通过写 XINTCNF2 寄存器来修改此位的状态。

**ENPIE**：PIE 控制寄存器 PIECTRL 的位 0。在复位时此位默认设置为 0（禁用 PIE）。在复位之后可以通过写入 PIECTRL 寄存器来修改此位的状态。

使用上述位/信号时，对应的中断向量表映射见表 3-11。

表 3-11　中断向量表映射

| 向量映射 | 向量获取位置 | 地址范围 | VMAP | M0M1MAP | MP/$\overline{MC}$ | ENPIE |
|----------|-------------|----------|------|---------|--------------------|-------|
| M1 向量 | M1 SARAM 块 | 0x000000 – 0x00003F | 0 | 0 | x | x |
| M0 向量 | M0 SARAM 块 | 0x000000 – 0x00003F | 0 | 1 | x | x |
| BROM 向量 | 引导 ROM 块 | 0x3FFFC0 – 0x3FFFFF | 1 | x | 0 | 0 |
| XINTF 向量 | XINTF 7 区快 | 0x3FFFC0 – 0x3FFFFF | 1 | x | 1 | 0 |
| PIE 向量 | PIE 块 | 0x000D00 – 0x000DFF | 1 | x | x | 1 |

表中，M0 和 M1 向量映射仅供保留模式使用（用于 TI 公司测试）。在'28x 系列器件上它们用作 SARAM。当使用其他向量映射时，M0 和 M1 存储器块作为 SARAM 块处理且可以不受任何限制自由使用。在器件复位时，向量表的映射见表 3-12。

在'28x 系列 DSP 芯片上，VMAP 和 M0M1MAP 位在复位时设置为 1。复位时，ENPIE 位强制为 0，即 PIE 向量表被禁用。另外，Reset 向量总是从 Boot ROM 块提取。在复位和引导完成之后，PIE 向量表应由用户代码进行初始化，启用 PIE 向量表，然后才能从 PIE 向量表获得中断向量。

表 3-12　复位时的向量映射

| 向量映射 | 向量获取位置 | 地址范围 | VMAP | M0M1MAP | MP/$\overline{\text{MC}}$ | ENPIE |
|---|---|---|---|---|---|---|
| BROM 向量 | 引导 ROM 块 | 0x3FFFC0 ~ 0x3FFFFF | 1 | 1 | 0 | 0 |
| XINTF 向量 | XINTF 7 区快 | 0x3FFFC0 ~ 0x3FFFFF | 1 | 1 | 1 | 0 |

复位后默认的中断向量表分配如图 3-19 所示。

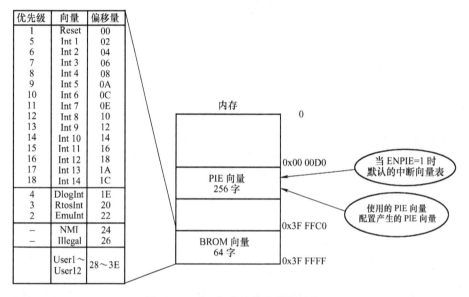

图 3-19　DSP 复位后的中断向量表

## 3.3.4　中断寄存器

中断寄存器包括 PIE 配置和控制寄存器、CPU 中断标志寄存器、CPU 中断使能寄存器、调试中断使能寄存器和外部中断控制寄存器。

PIE 配置和控制寄存器见表 3-13。

表 3-13　PIE 寄存器

| 寄存器名称 | 地　　址 | 大　　小 | 描　　述 |
|---|---|---|---|
| PIECTRL | 0x0000 ~ 0CE0 | 16 bits | PIE 中断控制寄存器 |
| PIEACK | 0x0000 ~ 0CE1 | 16 bits | PIE 中断确认寄存器 |
| PIEIER1 | 0x0000 ~ 0CE2 | 16 bits | PIE INT1 组中断使能寄存器 |
| PIEIFR1 | 0x0000 ~ 0CE3 | 16 bits | PIE INT1 组中断标志寄存器 |
| PIEIER2 | 0x0000 ~ 0CE4 | 16 bits | PIE INT2 组中断使能寄存器 |
| PIEIFR2 | 0x0000 ~ 0CE5 | 16 bits | PIE INT2 组中断标志寄存器 |

（续）

| 寄存器名称 | 地　　址 | 大　　小 | 描　　述 |
|---|---|---|---|
| …… | …… | …… | …… |
| PIEIER12 | 0x0000 ~ 0CF8 | 16 bits | PIE INT12 组中断使能寄存器 |
| PIEIFR12 | 0x0000 ~ 0CF9 | 16 bits | PIE INT12 组中断标志寄存器 |

### 1. PIE 中断控制寄存器（PIECTRL）

PIE 中断控制寄存器 PIECTRL 如图 3-20 所示。

图 3-20　PIE 中断控制寄存器 PIECTRL

PIE 中断控制寄存器 PIECTRL 的第 15 ~ 1 位表示 PIE 中断向量表中的地址，从这个值可以知道发生哪个中断请求。例如当 PIECTRL = 0x0D47 时，获得的中断向量地址为 0x0D46，即 XINT1 发生中断请求。第 0 位是 PIE 模块的使能位，当 ENPIE = 1 时，可以从 PIE 向量表中获得所有中断向量；当 ENPIE = 0 时，PIE 模块被禁止，只能从 BOOT ROM 或外部接口 7 区中的 CPU 向量表中获得中断向量。即使 PIE 模块被禁止时，依然可以访问所有的 PIE 寄存器。

 注意：RESET 向量只能从 BOOT ROM 或 XINTF 7 区中获得。

### 2. PIE 中断确认寄存器（PIEACK）

PIE 中断确认寄存器 PIEACK 如图 3-21 所示。

图 3-21　PIE 中断确认寄存器 PIEACK

PIE 中断确认寄存器 PIEACK 的位 11 ~ 0 分别对应中断 INT12 ~ INT1，如果某一组中有一个中断正等待响应，则向相应位写 1 将清除该位，并使能 PIE 模块向 CPU 中断输入一个脉冲。读该寄存器可以知道相应的组里是否有中断等待响应。

### 3. PIE 中断使能寄存器（PIEIERx）和 PIE 中断标志寄存器（PIEIFRx）

PIE 中断使能寄存器 PIEIERx 和 PIE 中断标志寄存器 PIEIFRx 具有相同的位分布，如图 3-22 所示。

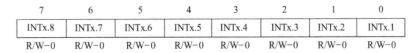

图 3-22　PIE 中断使能寄存器 PIEIERx 和 PIE 中断标志寄存器 PIEIFRx

PIE 中断使能寄存器 PIEIERx 和 PIE 中断标志寄存器 PIEIFRx 的高 8 位保留，第 7 ~ 0 位分别对应 INTx. 8 ~ INTx. 1。这里 x = 1 ~ 12，对应 CPU 中断 INT1 ~ INT12。

PIE 中断使能寄存器 PIEIERx 的位分别使能一个组里的中断，当置 1 时，使能相应的中断服务，置 0 则禁止中断服务。在操作期间，对于清除 PIEIER 位的操作须多加小心。

中断标志寄存器 PIEIFRx 的位表明是否发生有效的中断请求，当中断有效时，相应的位被置 1。进入中断服务程序，或者向该位写 1 时都可以清除该位，该寄存器也可以进行读操作。

 注意：不要清除 PIEIFR 位，否则在读–修改–写操作期间会丢失中断。

### 4. CPU 中断寄存器

CPU 中断寄存器包括中断标志寄存器 IFR、中断使能寄存器 IER 和调试中断使能寄存器 DBGIER，这三个寄存器具有相同的结构，如图 3-23 所示。当 PIE 被使能，PIE 模块的复用中断源对应于 INT12 ~ INT1。

| 15 | 14 | 13 | 12 | 11 | 10 | 9 | 8 |
|---|---|---|---|---|---|---|---|
| RTOSINT | DLOGINT | INT14 | INT13 | INT12 | INT11 | INT10 | INT9 |

| 7 | 6 | 5 | 4 | 3 | 2 | 1 | 0 |
|---|---|---|---|---|---|---|---|
| INT8 | INT7 | INT6 | INT5 | INT4 | INT3 | INT2 | INT1 |

图 3-23 CPU 中断寄存器 IFR、IER、DBGIER 的位分布

中断标志寄存器 IFR 存放 CPU 级所有可屏蔽中断的标志。如果外设产生中断请求，外设控制寄存器中的相应标志就被置 1，若相应的屏蔽位也置 1，则中断请求被送至 CPU，IFR 相应的中断标志位被置 1。这表明中断即将响应或等待确认。如果在清除中断标志寄存器中的某些状态位时刚好有中断产生，且此时中断有更高的优先级，则相应的标志位仍为 1。当系统复位和 CPU 响应中断时，IFR 的相应标志位将自动清零。读 IFR 时要用 PUSH IFR 指令将其压入堆栈；对 IFR 置位时，要用 OR IFR 指令；手工清除即将响应的中断时，要用 AND IFR 指令，例如 AND IFR #0 指令可以清除所有等待响应的中断。

 注意：1）如果要清除 IFR 的位，必须写 0，而非写 1。

　　　　2）当中断被确认时，IFR 的位自动清除，但外设控制寄存器中的标志不会自动清除，需要软件清除。

　　　　3）IFR 是 CPU 级的中断标志，所有外设在自己的寄存器中也有中断使能和标志位。一个 CPU 中断可以对应由几个外设共同构成的一个组。

CPU 中断使能寄存器 IER 可以使能或禁止所有可屏蔽中断，对于 NMI 或 XRS 这样的不可屏蔽中断，IER 不起作用。采用 OR IER 指令可以对 IER 的位写 1，用 AND IER 指令可以对 IER 的位写 0，这样不会引起对 RTOSINT 的误操作。当某个中断被使能时，只有 INTM 位为 0，才会响应中断。复位时 IER 所有位都变成 0，禁止所有可屏蔽中断。

调试中断使能寄存器 DBGIER 仅用于实时仿真模式下 CPU 被停止的情况。

### 5. 外部中断寄存器

有些器件还支持外部中断 XINT1、XINT2 和 XINT3，外部中断控制寄存器 XINTxCR 可以

设置这些外部中断的极性和使能。

**6. 全局使能中断**

CPU 的状态寄存器 1（即 ST1）中位 0（即 INTM）是全局中断使能控制位。当该位等于 0 时全局中断使能；该位等于 1 时禁止所有中断。

CPU 要实现中断的处理必须满足三个条件，一是有中断产生；二是 IER 寄存器相应的位使能；三是全局位 INTM 使能。可采用如下代码实现全局中断使能控制。

```
/＊＊＊＊＊＊＊＊＊＊＊ 全局中断使能控制或禁止 ＊＊＊＊＊＊＊＊＊＊＊＊＊＊＊＊＊＊/
asm(" CLRC INTM");              //使能全局中断
asm(" SETC INTM");              //禁止全局中断
```

## 3.3.5　中断程序编写

初学者可以学习或参考 TI 公司自带的例程，例程提供了完整的程序框架，具有很好的可读性，而且已经定义好所有与 2812 有关的外设函数，包括地址，因此只需向相应的中断函数填写相应中断服务程序内容就可以了。

**1. 主程序编写**

```
void main(void)
{
//插入程序代码
..........
..........
//禁止和清除所有 CPU 中断
DINT;
IER = 0x0000;
IFR = 0x0000;
//初始化中断向量
InitPieCtrl();
//初始化中断向量表,使各个中断函数有明确的入口地址
InitPieVectTable();
//使能 PIE 中断
PieCtrlRegs. PIEIER2. bit. INTx4 = 1;//以通用定时器 T1 周期中断为例,使能 T1 周期中断
//开 CPU 中断
IER |= M_INT2;                  //开中断 2
EINT;                          //使能全局中断
ERTM;                          //使能实时中断
}
```

**2. 中断函数编写**

```
interrupt void T1PINT_ISR(void)
{
.//插入程序代码
..........
```

```
..........
EvaRegs. EVAIFRA. bit. T1PINT = 1;        //清除中断标志位
PieCtrlRegs. PIEACK. bit. ACK2 = 1;       //响应同组中断
EINT;                                     //开全局中断
}
```

# 3.4 低功耗模式

低功耗模式通过关闭时钟，使得在供电电压不变的情况下减小芯片电流，从而降低电路的功耗。'28x 系列 DSP 具有三种低功耗模式，分别是空闲 IDLE、待机 STANDBY 和暂停 HALT，区别在于对内核时钟、外设时钟、看门狗时钟和 PLL/晶振的使能与否。通过设置低功耗模式控制寄存器 LPMCR0 和 LPMCR1，可以控制低功耗的模式以及退出方式。其中 LPMCR0 规定了低功耗的模式，以及唤醒信号低电平必须维持的时间长度，即 OSCCLK 时钟周期个数；LPMCR1 寄存器规定了唤醒低功耗模式的信号。低功耗模式见表 3-14。

表 3-14　低功耗模式

| 模式 | LPMCR0 (1:0) | OSCCLK | CLKIN | SYSCLKOUT | 唤醒信号 |
|---|---|---|---|---|---|
| IDLE | 00 | ON | ON | ON | $\overline{XRS}$、看门狗中断、任何启用的中断、XNMI |
| STANDBY | 01 | ON<br>看门狗仍运行 | OFF | OFF | $\overline{XRS}$、看门狗中断、GPIO 端口 A 信号、调试器、XNMI |
| HALT | 1X | OFF<br>振荡器和 PLL 关闭，看门狗不工作 | OFF | OFF | $\overline{XRS}$、GPIO 端口 A 信号、调试器、XNMI |

## 3.4.1 低功耗模式概述

**1. IDLE 模式**

LPMCR0 (1:0) 被设置成 "00" 时，执行 IDEL 指令，器件进入 IDLE 低功耗模式，时钟 OSCCLK、CLKIN、SYSCLKOUT 保持工作，低功耗模块 LPM 不完成任何工作。$\overline{XRS}$、看门狗中断、任何启用的中断或 XNMI 都可以使器件退出 IDLE 模式。退出低功耗模式的唤醒信号必须保持足够长时间的低电平，以便器件识别中断，否则器件将不会退出低功耗模式。

**2. STANDBY 模式**

LPMCR0 (1:0) 被设置成 "01" 时，执行 IDEL 指令，器件进入 STANDBY 模式，时钟 OSCCLK 保持工作，CLKIN 和 SYSCLKOUT 被关闭，振荡器、PLL 和看门狗仍然运行。在进入 STANDBY 模式前，应先完成以下操作：

1）在 PIE 模块中使能 WAKEINT 中断，这个中断连接至看门狗和低功耗模块。

2）可以根据需要，在 GPIOLPMSEL 寄存器中定义用来唤醒器件的一个 GPIO A 信号。

此外，$\overline{XRS}$ 和看门狗中断也能唤醒器件。

3）在 LPMCR0 寄存器中设置唤醒信号的 OSCCLK 时钟周期个数。

唤醒信号持续低电平的时间必须满足规定的 OSCCLK 时钟周期个数，在唤醒信号低电平的最后一个时钟周期，PLL 将开启 CLKIN 时钟，WAKEINT 中断被锁存至 PIE 模块，CPU 将响应 WAKEINT 中断。

**3. HALT 模式**

LPMCR0（1：0）被设置成 "1x" 时，执行 IDEL 指令，器件进入 HALT 模式，器件所有时钟包括振荡器和 PLL 全部关闭。在进入 HALT 模式前，应先完成以下操作：

1）在 PIE 模块中使能 WAKEINT 中断；

2）在 GPIOLPMSEL 寄存器中定义用来唤醒器件的一个 GPIO A 信号。此外 $\overline{XRS}$ 也能唤醒器件；

3）禁止除 HALT 唤醒中断外的所有中断，这些中断在器件退出 HALT 模式后可以被重新使能；

4）为了器件能正确退出 HALT 模式，寄存器 PIEIER1 的 Bit 7（INT1.8）应置 1，寄存器 IER 的 Bit 0（INT1）必须为 1。

如果以上条件都满足，那么当 INTM = 0 时，将先执行 WAKE_INT ISR，然后接着执行指令 IDLE；当 INTM = 1 时，WAKE_INT ISR 将不执行，IDLE 后的指令将被执行。

特别注意，当器件工作在保护模式时（Limp Mode 即 PLLSTS［MCLKSTS］= 1）不要试图进入 HALT 低功耗模式。如果器件已经处于保护模式，执行 HALT 操作不会使器件进入 HALT 模式，而是进入 STANDBY 模式，并且无法退出。因此，执行 HALT 操作前一定要检查 PLLSTS［MCLKSTS］位是否为 0。

被选择的唤醒信号为低电平时，振荡器被启动，唤醒信号必须维持足够长时间的低电平，直到振荡器稳定工作，然后 PLL 启动，当 PLL 锁定后，CLKIN 时钟输入 CPU，CPU 响应 WAKEINT 中断。

## 3.4.2　低功耗模式寄存器

**1. 低功耗模式寄存器 0**（LPMCR0）

低功耗模式寄存器 0 的各位分布如图 3-24 所示，各位的功能定义见表 3-15。

图 3-24　低功耗模式寄存器 0

表 3-15　低功耗模式寄存器功能定义

| 位 | 名称 | 描述 |
|---|---|---|
| 15 ~ 8 | Reserved | 保留 |
| 7 ~ 2 | QUALSTBY | 选择从低功耗模式退出所需要的唤醒信号低电平维持时钟周期个数。<br>000000：2 个 OSCCLKs<br>000001：3 个 OSCCLKs<br>⋮<br>111111：65 个 OSCCLKs |

（续）

| 位 | 名称 | 描述 |
|----|------|------|
| 1 ~ 0 | LPM | 设置低功耗模式<br>00：IDEL 模式<br>01：STANDBY 模式<br>1x：HALT 模式 |

### 2. 低功耗模式寄存器 1（LPMCR1）

低功耗模式寄存器 1 的各位分布如图 3-25 所示，各位的功能定义见表 3-16。

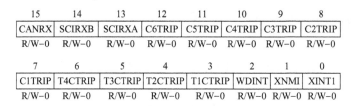

图 3-25　低功耗模式寄存器 1

**表 3-16　低功耗模式寄存器功能定义**

| 位 | 名称 | 描述 |
|----|------|------|
| 15 | CANRX | |
| 14 | SCIRXB | |
| 13 | SCIRXA | |
| 12 | C6TRIP | |
| 11 | C5TRIP | |
| 10 | C4TRIP | |
| 9 | C3TRIP | |
| 8 | C2TRIP | 如果相应的位设置为 1，则使能对应的信号，将器件从低功耗模式唤醒，进入正常工作模式；如果设置为 0，则对应的信号没有影响。 |
| 7 | C1TRIP | |
| 6 | T4CTRIP | |
| 5 | T3CTRIP | |
| 4 | T2CTRIP | |
| 3 | T1CTRIP | |
| 2 | WDINT | |
| 1 | XNMI | |
| 0 | XINT1 | |

# 本章重点小结

　　本章介绍了′28x 系列 DSP 器件的系统时钟、CPU 定时器和中断控制。时钟电路包括振荡器、锁相环 PLL、看门狗和工作模式选择等。锁相环和振荡器为 DSP 芯片中的 CPU 及外设提供可编程的时钟，DSP 的外设分成高速外设和低速外设。通过设置 PLL 控制寄存器、高速/低速外设时钟预分频寄存器、外设时钟控制寄存器等相关寄存器可以得到所需的时钟频率；看门狗模块用于监控程序的运行状态，通过对系统控制和状态寄存器、看门狗计数寄存器、看门狗复位密钥寄存器和看门狗控制寄存器进行设置。CPU 定时器具有 16 位预分频计数器，对系统时钟预分频，32 位计数器对分频后的脉冲信号递减计数，减到 0 时产生中断请求，预分频计数器和计数器都具有重装载功能；文中介绍了使用 CPU 定时器的软件设计方法，可以供读者参考学习。′28x 系列 DSP 的中断可以是软件触发或硬件触发，分为可屏蔽中断和不可屏蔽中断，其中软件中断是由指令产生的，都是不可屏蔽中断。PIE 模块扩展了外设中断，使一个 CPU 中断实现多个外设的中断请求，因此构成′28x 器件的三级中断管理机制，即外设级、PIE 级和 CPU 级，当一个外设产生中断请求时，只要这三级中断管理中有一级不允许，CPU 最终都不会响应该中断。文中给出了所有的中断向量列表，即中断服务程序入口地址，供读者编写程序时查阅。需要注意复位向量总是从引导 ROM 区或 XINTF7 区获得，而不会从 PIE 向量表中获得。本章较详细地介绍了中断寄存器，特别指出对标志寄存器位的修改不能执行简单的写操作，以免清除还在等待响应的中断。给出主程序和中断服务程序编写的框架，读者只要在适当的地方插入自己的代码就可以。′28 系列 DSP 提供 3 种低功耗模式，通过设置低功耗模式控制寄存器，可以进入或退出低功耗模式。

# 习　　题

　　3-1　设晶振频率为 30MHz，请设计产生 150MHz 的系统时钟 SYSCLKOUT，37.5MHz 的高速外设时钟和 15MHz 的低速外设时钟。

　　3-2　哪些外设可以使用高速外设时钟？哪些外设可以使用低速外设时钟？

　　3-3　如何使能看门狗功能？如何设置看门狗计数器时钟？使用看门狗功能时，如何将看门狗计数器清零？

　　3-4　编写一段程序，使 CPU 定时器产生 1MHz 的脉冲输出。

　　3-5　CPU 定时器 0 的中断向量地址是什么？如何在程序中修改其中断向量？

　　3-6　RESET 中断向量在哪里获得？

　　3-7　TMS320F2812 的中断管理分哪几级？如果外设 SPI 产生接收中断请求，需具备哪些条件才能得到 CPU 的响应？

# 第4章 DSP 软件开发基础

## 本章课程目标

本章介绍 DSP 软件开发流程、软件开发环境 CCS、DSP 工程项目开发管理、DSP 系统的 C 语言编程基础和 CMD 文件编写。

本章的课程目标为：了解 DSP 系统的软件开发流程和所用到的工具，了解集成的软件开发环境 CCS 及其使用方法，能够应用 CCS 进行 DSP 工程项目的开发和管理。掌握 C 语言基础，能够运用 C 语言，混合部分汇编语言指令，进行 DSP 程序设计。理解 CMD 文件作用，能够编写 CMD 文件对系统的存储器进行配置。

## 4.1 软件开发流程和工具

开发 DSP 需要硬件平台和软件开发环境。硬件平台由目标板和仿真器组成。目标板是指具有 DSP 芯片的电路板。仿真器将目标板和 PC 连起来，可以对目标板上的 DSP 芯片进行编程，调试和烧写等工作。TI 公司为软件开发提供了集成开发环境 CCS（Code Composer Studio）。

开发 DSP 软件可以选择汇编语言和 C/C++ 语言编写源程序，软件开发流程如图 4-1 所示。图中阴影部分表示通常的 C 语言开发途径，其他部分是为了强化开发过程而设置的附加功能。

C/C++ 语言编写的源程序编译成汇编语言后，经过汇编器产生 COFF（公共目标文件）格式的目标代码，用链接器进行链接，生成可执行 COFF 格式的目标代码，利用调试工具对其进行调试，调试成功后可以利用 HEX 代码转换工具将 COFF 格式的目标代码转换成 EPROM 能接受的格式，写入 EPROM，如图 4-2 所示。

COFF 文件格式便于开发者采用模块化编程，使程序可读性更好，更易于移植。COFF 文件格式是基于代码块和数据块的概念，这些块被称为 Section，每个块可以是单独的汇编语言文件（.asm）、C 语言文件（.C）或是 C++ 语言文件（.CPP），包含相互之间进行通信而定义的接口模块。COFF 文件格式包括段头、可执行代码、数据、可重定位信息、行号入口、符号表和字符串表等。编译器和链接器对块进行创建和操作，COFF 主要跟编译过程相关，并不影响实际编程和应用。

DSP 软件开发流程中所涉及的各类工具描述如下：

1）C 编译器（C Compiler）。它用来将 C/C++ 语言源程序自动编译产生汇编语言源代码。

2）汇编器（Assembler）。它把汇编语言源文件汇编成机器语言 COFF 目标文件，源文件中包括指令、汇编伪指令以及宏伪指令。用户可以用汇编器伪指令控制汇编过程的各个方面，例如，源文件清单的格式、数据调整和段内容。

3）链接器（Linker）。它将汇编生成的、可重新定位的 COFF 目标模块组合成一个可执

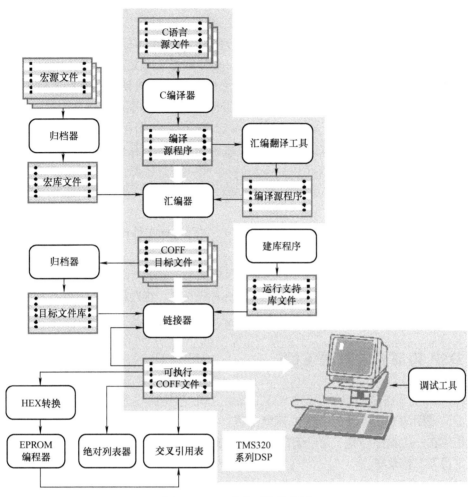

图 4-1　DSP 软件开发流程图

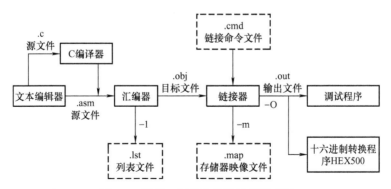

图 4-2　编辑、汇编和链接过程示意图

行的 COFF 目标模块。当链接器生成可执行模块时，它要调整对符号的引用，并解决外部引用的问题。它也可以接收来自文档管理器中的目标文件，以及链接以前运行时所生成的输出模块。

　　4）归档器（Archiver）。它允许用户将一组文件（源文件或目标文件）集中为一个文档文件库。例如，把若干个宏文件集中为一个宏文件库。汇编时，可以搜索宏文件库，并通过源文件中的宏命令来调用。也可以利用文档管理器，将一组目标文件集中到一个目标文件库。利用文档管理器，可以方便地替换、添加、删除和提取库文件。

　　5）建库程序（Library_build utility）。它用来建立用户个人使用的运行支持库函数。链接时，用 rts. src 中的源文件代码和 rts. lib 中的目标代码提供标准的运行支持库函数。

　　6）运行支持库（Run_time_support libraries）。它包括 C 编译器所支持的 ANSI 标准运行支持函数、编译器公用程序函数、浮点运算函数和 C 编译器支持的 I/O 函数。

　　7）十六进制转换公用程序（Hex conversion utility）。它把 COFF 目标文件转换成 TI-Tagged、ASCII-hex、Intel、Motorola-S 或 Tektronix 等目标格式，可以把转换好的文件下载到 EPROM 编程器中。

　　8）交叉引用列表器（Cross_reference lister）。它用目标文件产生参照列表文件，可显示符号及其定义，以及符号所在的源文件。

　　9）绝对列表器（Absolute lister）。它输入目标文件，输出 . abs 文件，通过汇编 . abs 文件可产生含有绝对地址的列表文件。如果没有绝对列表器，这些操作将需要冗长的手工操作才能完成。

# 4.2　DSP 集成开发环境 CCS

　　CCS 是 TI 公司推出的用于开发 TMS320 系列 DSP 芯片的集成开发环境。在 Windows 操作系统下，采用图形接口界面，提供环境配置、源程序编辑、程序调试、跟踪和分析等工具，使用户在一个软件环境下完成编辑、编译、链接、调试和数据分析等工作，能够加快开发进程，提高工作效率。

## 4.2.1　CCS 概述

　　CCS 有两种工作模式：软件仿真和硬件在线编程。软件仿真模式可以脱离 DSP 芯片，在计算机上模拟 DSP 芯片的指令集和工作机制，主要用于前期算法实现和调试；硬件在线编程可以实时运行在 DSP 芯片上，与硬件开发板结合进行在线编程和应用程序调试。CCS 有不同的版本，版本越高，功能越强，占用的内存越大，对计算机配置的要求也越高。CCS 开发系统主要由以下组件构成：

　　1）代码产生工具用来对 C 语言、汇编语言或混合语言编程的 DSP 源程序进行编译汇编，并链接成为可执行的 DSP 程序，主要包括汇编器、链接器、C/C ++ 编译器和建库工具等。

　　2）CCS 集成开发环境集编辑、编译、链接、软件仿真、硬件调试和实时跟踪等功能于一体，包括编辑工具、工程管理工具和调试工具等。

　　3）DSP/BIOS 实时内核插件及其应用程序接口 API 主要为实时信号处理应用而设计，包括 DSP/BIOS 的配置工具、实时分析工具等。

　　4）实时数据交换的 RTDX 插件以及相应的程序接口 API 可对目标系统数据进行实时监视，实现 DSP 与其他应用程序的数据交换。

5）由 TI 公司以外的第三方提供的各种应用模块插件。CCS 的主要组件及接口如图 4-3 所示。

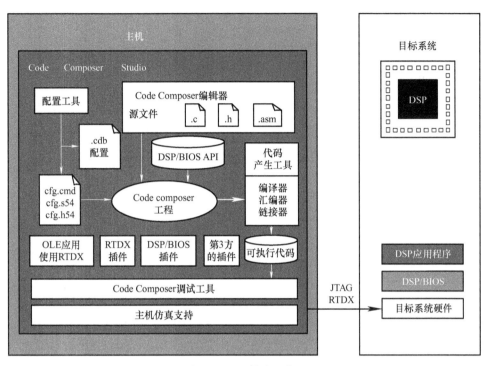

图 4-3　CCS 构成及接口

CCS 的功能十分强大，它集成了代码的编辑、编译、链接和调试等诸多功能，而且支持 C/C++语言和汇编语言的混合编程，其主要功能如下：

1）它具有集成可视化代码编辑界面，用户可通过其界面直接编写 C 语言、汇编语言、.cmd 文件等。

2）它含有集成代码生成工具，包括汇编器、优化 C 编译器、链接器等，将代码的编辑、编译、链接和调试等诸多功能集成到一个软件环境中。

3）高性能编辑器支持汇编文件的动态语法加亮显示，使用户很容易阅读代码，发现语法错误。

4）工程项目管理工具可对用户程序实行项目管理。在生成目标程序和程序库的过程中，建立不同程序的跟踪信息，通过跟踪信息对不同的程序进行分类管理。

5）基本调试工具具有装入执行代码、查看寄存器、存储器、反汇编、变量窗口等功能，并支持 C 语言源代码级调试。

6）断点工具能在调试程序的过程中，完成硬件断点、软件断点和条件断点的设置。

7）探测点工具可用于算法的仿真，数据的实时监视等。

8）分析工具包括模拟器和仿真器分析，可用于模拟和监视硬件的功能、评价代码执行的时钟。

9）数据的图形显示工具可以将运算结果用图形显示，包括显示时域/频域波形、眼图、星座图、图像等，并能进行自动刷新。

10）它提供 GEL 工具。利用 GEL 扩展语言，用户可以编写个人的控制面板/菜单，设置 GEL 菜单选项，方便直观地修改变量，配置参数等。

11）它支持多 DSP 的调试。

12）它支持 RTDX 技术，可在不中断目标系统运行的情况下，实现 DSP 与其他应用程序的数据交换。

13）提供 DSP/BIOS 工具，增强对代码的实时分析能力。

## 4.2.2　CCS 的安装及配置

安装 CCS 前要认真阅读安装说明，确认计算机的配置能够满足程序安装和运行的要求。进行 CCS 安装时，按照安装向导的提示将 CCS 安装到硬盘中。建议采用默认安装路径，如果需要修改安装路径，要注意路径代码中不要使用中文。CCS 安装完成之后，桌面上会出现两个快捷图标，如图 4-4 所示。"CCStudio" 是应用程序图标，"Setup CCStudio" 是配置程序图标。

a) CCS 应用程序图标　　　　b) 配置程序图标

图 4-4　CCS 应用程序和配置程序图标

安装完 CCS 后还需要对 CCS 进行配置，以保证 CCS 支持所要开发的 DSP 芯片，例如 TMS320F2812。双击 "Setup CCStudio" 图标，打开配置程序，界面如图 4-5 所示。如果有硬件开发平台，即仿真器，那么根据仿真器的生产厂家提供的配置说明进行相应的操作；如果没有硬件开发的条件，也可以进行软件仿真，通过中间的筛选框，找到 "F2812 Device Simulator"，将其拖入左边的 "System Configuration" 栏（也可以单击 "Add" 按钮加入），如图 4-6 所示。然后单击 "Save and Quit" 按钮，弹出图 4-7 所示对话框，单击 "是（Y）" 按钮，退出 "CCS Setup" 的设置，可以使用 CCS 了。

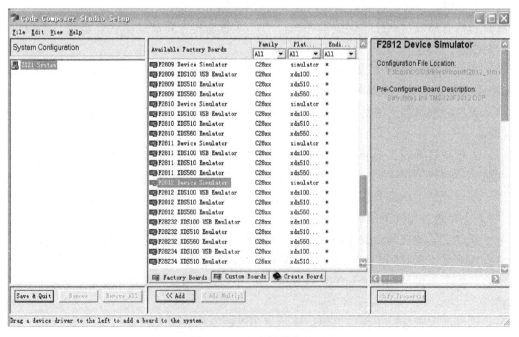

图 4-5　CCS 配置程序界面

图 4-6　CCS 系统配置后界面　　　　　　　图 4-7　退出配置程序对话框

注意：安装路径一定不要有中文字符！CCS 使用前需要先进行配置！

### 4.2.3　CCS 应用界面

在使用 CCS 开发软件之前，先了解 CCS 的应用界面。用户将在 CCS 开发环境中完成项目创建、程序编辑、编译、链接和数据分析等工作环节。双击桌面上的"CCStudio"应用程序图标，就可以进入 CCS 主界面。CCS 的开发环境界面由菜单栏、工具栏、工程窗口、编辑窗口、反汇编窗口、图形显示窗口、内存单元显示窗口和寄存器显示窗口等构成，如图 4-8 所示。

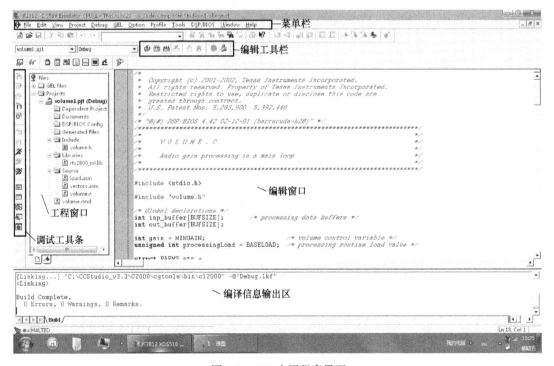

图 4-8　CCS 应用程序界面

### 1. CCS 的菜单

CCS 的主菜单如图 4-9 所示。

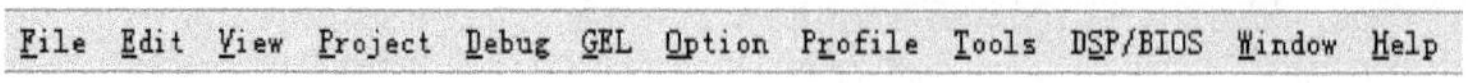

File　Edit　View　Project　Debug　GEL　Option　Profile　Tools　DSP/BIOS　Window　Help

图 4-9　CCS 主菜单

CCS 主菜单的功能描述如下：

File 文件功能包括文件管理，载入执行程序、符号及数据、文件输入/输出等。

Edit 编辑功能包括文字及变量编辑。如，剪贴、查找替换、内存变量和寄存器编辑等。

View 查看功能包括工具条显示设置。如，内存、寄存器和图形显示等。

Project 项目功能包括工程项目管理、工程项目编译和构建工程项目等。

Debug 调试功能包括设置断点、探测点，完成单步执行、复位等。

Profile 性能是性能菜单，包括设置时钟和性能断点等。

Option 选项功能是选项设置。如，设置字体、颜色、键盘属性、动画速度、内存映射等。

GEL 扩展功能利用通用扩展语言扩展功能菜单。

Tools 工具是工具菜单，包括引脚连接、端口连接、命令窗口、链接配置等。

Window 视窗是窗口管理，包括窗口排列、窗口列表等。

Help 帮助是帮助菜单，为用户提供在线帮助信息。

CCS 的所有窗口都含有一个关联菜单。只要在该窗口中右击就可以打开关联菜单，用户可以通过关联菜单提供的选项和命令，对窗口进行设置，完成特定操作。例如，在工程窗口中右击，弹出该窗口的关联菜单如图 4-10 所示。选择不同的选项，用户可对窗口进行各种操作，完成相关功能。

图 4-10　工程窗口关联菜单

### 2. CCS 的常用工具条

CCS 的常用工具条共有四类，分别为标准工具条、编辑工具条、项目工具条和调试工具条。各个工具条的功能简述如下：

1）标准工具条如图 4-11 所示。它可以进行文件的创建、打开和保存，文本的剪切、复制和粘贴，撤销和恢复按钮，向前或向后搜索字符串，搜索文本或文件，打印文件和帮助等操作。运行 CCS 时会自动显示标准工具条，用户可以通过选择主菜单中"View"下的"Standard Toolbar"来显示或关闭标准工具条。

图 4-11　标准工具条

2）编辑工具条如图 4-12 所示。它分别是设置括号标志按钮、设置查找下一个开括号按钮、查找匹配括号按钮、查找下一个开括号按钮、左移制表位按钮、右移制表位按钮、设置或取消书签按钮、查找下一个书签按钮、查找上一个书签按钮、书签属性设置按钮。用户可以通过选择主菜单中"View"下的"Edit Toolbar"来显示或关闭编辑工具条。

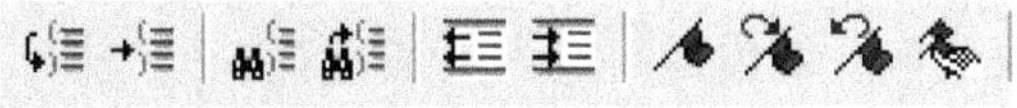

图 4-12 编辑工具条

3）项目工具条如图 4-13 所示。在两个下拉窗口中可以选择当前运行的工程和当前的工程配置，按钮的作用分别为：

"⬦" 编译文件按钮。其用来编译当前的源文件，但不进行链接。

"⬦" 增加性构建按钮。其用来生成当前工程项目的可执行文件，仅对上次生成后改变了的文件进行编译。

"⬦" 全部重新构建按钮。其用来重新编译当前工程项目中的所有文件，并重新链接形成输出文件。

"⬦" 停止构建按钮。其用于停止正在构建的工程项目。

"⬦" 设置断点按钮。其用来在编辑窗口中的源文件或反汇编指令中设置断点。

"⬦" 删除所有断点按钮。其用来删除全部断点。

用户可以通过选择主菜单中 "View" 下的 "Project Toolbar" 来显示或关闭工程工具条。

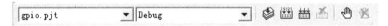

图 4-13 项目工具条

4）调试工具条如图 4-14 所示。它也可以通过菜单 "Debug" 选择图 4-14 工具条中的各个按钮功能。用户可以通过选择主菜单中 "View" 下的 "Debug Toolbar" 来显示或关闭调试工具条。各个按钮的作用分别是：

"⬦" 单步进入按钮，在调试程序中，进入子程序单步执行操作。

"⬦" 单步执行按钮，在调试程序中，把调用子程序当作一条指令单步执行。

"⬦" 单步跳出按钮，在调试过程中，直接从子程序的当前位置自动执行后续的程序，直到子程序返回。

"⬦" 执行到光标处按钮，在调试过程中，从当前位置执行程序，直到遇到反汇编窗口中的光标位置为止。

"⬦" 运行程序按钮，从当前 PC 位置开始执行程序，直到遇到断点后停止。

"⬦" 暂停程序按钮，用来暂停正在执行的程序。

"⬦" 动画执行按钮，在执行前先设置好各断点，每按一次该按钮，就会从当前程序位置执行到下一个断点处。连续按按钮就可以实现动画运行。

"⬦" 观察寄存器按钮，用来显示寄存器观察窗口，观察和修改寄存器。

"⬦" 观察存储器按钮，用来打开存储器窗口选项，显示存储器观察窗口。

"⬦" 观察堆栈按钮，用来打开调用堆栈观察窗口。

"⬦" 观察反汇编按钮，用来打开反汇编窗口。

图 4-14 调试工具条

### 3. CCS 的窗口

CCS 的窗口包括工程窗口、编辑窗口、内存或寄存器显示窗口等。CCS 程序启动后自动打开工程窗口，通过主菜单"View"操作可以打开或关闭编辑窗口、内存或寄存器显示窗口、反汇编窗口和图形窗口等。

工程窗口用来组织用户的程序，构成一个工程项目，如图 4-15 所示。用户可以从工程列表中选择所需编辑和调试的程序。启动 CCS 后此窗口自动打开，可以利用关联菜单选项关闭窗口。

编辑窗口如图 4-16 所示。新建或打开源文件会打开编辑窗口，在该窗口中用户既可以编辑源程序，又可以设置断点、探测点调试程序。

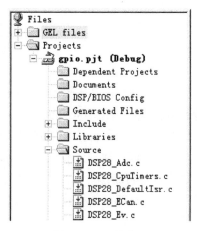

图 4-15　工程窗口

反汇编窗口通过菜单"View→Disassembly"可以选择打开或关闭反汇编窗口，如图 4-17 所示，反汇编窗口用来帮助用户查看机器指令，查找错误，箭头代表是当前 PC 指针。

图 4-16　编辑窗口

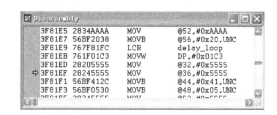

图 4-17　反汇编窗口

内存显示窗口通过主菜单"View→Memory"可以选择打开或关闭存储器窗口，选择显示内存起始地址、显示格式以及空间类型后，可以看到存储器单元的内容，并进行编辑。可以同时打开多个内存显示窗口，如图 4-18 所示，打开了两个内存显示窗口。

寄存器显示窗口通过主菜单"View→Registers"可以选择打开或关闭 CPU 寄存器窗口，如图 4-19 所示。在这个窗口里可以查看、编辑 CPU 寄存器和状态寄存器。

图形显示窗口通过主菜单"View→Graph"可以选择打开或关闭图形窗口，图形窗口可以根据用户需要，选择时域/频域图、星座图、眼图或图像等图形的方式显示数据。如图 4-20 所示为时域/频域图。

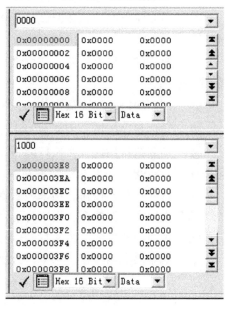

图 4-18　内存显示窗口

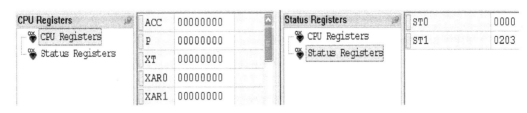

图 4-19　寄存器显示窗口

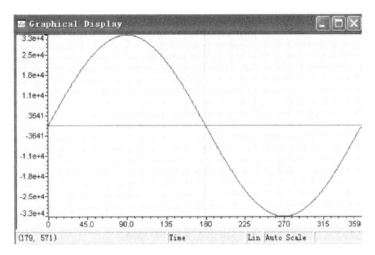

图 4-20　图形显示窗口

## 4.3　DSP 工程项目开发

由于 TI 公司已经提供了′28x 系列芯片的 C/C++语言外设头文件（.h）和范例程序，可以作为应用工具和开发平台的基础，程序员不需要自行编写寄存器的头文件和所需片内外设的初始化及配置文件，就可以很容易地控制片上外设。′28x 系列芯片的 C/C++语言外设头文件（.h）和范例程序可以从 TI 公司的官方网站下载，安装程序包为 sprc097. rar，解压缩后安装即可使用，包括外设头文件、外设范例源程序以及命令文件等资源。接下来通过一个简单例子来介绍 CCS 开发软件的使用方法。

### 4.3.1　工程项目创建

CCS 集成开发环境对用户系统采用工程项目的集成管理，因此在开发新的系统时，用户需要建立新的工程项目。一个工程项目包括源程序、库文件、链接命令和头文件等，它们按照树形结构组织在工程中，在通过编译和工程构建后生成可执行文件。

**1. 创建新的工程项目**

创建新的工程项目要通过选择主菜单"Project→New"命令，会弹出对话框如图 4-21 所示，在"Project"文本栏中输入新建的工程项目名称，例如"GPIOLED"。新建的工程文件夹可以不放在默认路径下，但是用户自定义的路径里也不能出现中文字符。

单击"Finish"按钮后，在 CCS 的工程窗口就可以看见新建的工程项目了（这里是 GPI-

**61**

OLED. pjt），还能在"MyProjects"文件夹下发现多了"GPIOLED"文件夹，在这个文件夹里生成了"GPIOLED. pjt"文件。在 CCS 的工程窗口里单击工程项目名称左边的"＋"符号，工程项目将展开所包含的文件夹，如图 4-22 所示。

图 4-21　创建新的工程项目

图 4-22　工程项目树形结构

工程项目文件夹包含了工程项目所有的文件库和文件，其中以下四种文件是一个工程项目必不可少的。

Include 包含文件夹，包含了以 .h 为扩展名的文件，即 C 语言文件中的头文件等；

Libraries 库文件夹，存放所有以 .lib 为扩展名的库文件；

Source 源文件夹，包含所有扩展名为 .c 和 .asm 的源文件；

链接命令文件以 .cmd 为扩展文件名，命令文件用来分配存储空间，直接显示在工程项目文件夹下。

**2. 向工程项目添加文件**

由于是新建的工程项目，因此上述的各文件夹中还是空的，需要把工程所需的头文件（.h）、库文件（.lib）、源文件（.c 或 .asm）和命令文件（.cmd）添加进去，可以利用 TI 公司提供的外设范例中各种资源，如头文件、库文件、外设范例源程序等。添加文件的具体方法是将这些文件复制到新建的工程目录下，本例为 F：\ tools \ CCS \ MyProjects \ GPIOLED，然后在 CCS 工程窗口右击打开关联菜单，选择"Add Files to Project"，打开对话框如图 4-23 所示。在对话框中，从"文件类型"下拉列表框中选择文件类型，选择要加入的文件，单击"打开"按钮，选定的文件自动地加入到工程项目不同的目录中。通过这样的方法可以向工程项目添加库文件（.lib）、命令文件（.cmd）和源文件（.c 或 .asm）。

对于头文件（.h 文件），不能用以上的方法添加，在工程的创建过程中，CCS 扫描文件间的依赖关系时将自动找出包含文件。具体操作为选择主菜单"Project→Scan All File Dependencies"，系统自动将"＊.h"文件添加到

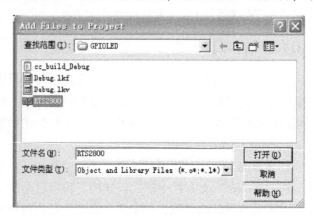

图 4-23　向工程项目添加文件

Include文件夹中，如图 4-24 所示。

　　添加了文件的工程窗口如图 4-25 所示。从图中可以了解到一个工程项目所包含的各类文件。在 Include 文件夹下有许多头文件，定义了 281X 内部寄存器的数据结构，一般不需要修改，每个头文件的具体内容可参见本书第 11 章；在 Libraries 文件夹下是扩展名为 .LIB 的库文件，这是 C 语言系统的库文件；在 Source 文件夹下是以 .c 或 .asm 为扩展名的源文件，这里是 "MyExample. c"，用户编写的软件代码就放在源文件中，每个工程应该有一个源文件中包含 main( )函数；最后是扩展名为 .cmd 的命令文件，单独放在工程项目文件夹下。命令文件又分成两种，一种是分配 RAM 空间的，用来将程序装载到 RAM 内进行调试；另一种是分配 FLASH 空间的，当程序调试完毕后，需要将其固化到 FLASH 中。

图 4-24　添加头文件

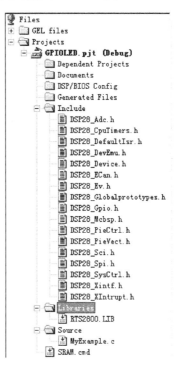

图 4-25　工程项目观察窗口

　注意：工程项目中的文件需要自己添加进去！CCS 头文件添加方式与其他文件不同！

**3. 从工程项目中删除文件**

　　如果要从工程项目中删除文件，可以在工程项目清单中，用右击所要删除的文件，弹出关联菜单，选择 "Remove from Project（从工程中删除）" 选项即可删除该文件。

**4. 工程项目的打开、关闭**

　　要打开已创建的工程项目，可按下列步骤进行操作：选择主菜单 "Project→Open" 命令，弹出 "Project Open（打开工程项目）" 对话框；在对话框中，选择要打开的工程项目文件，单击 "打开" 按钮。

　　如果要关闭已打开的工程项目，选择主菜单 "Project→Close（关闭）" 命令，即可关闭已打开的工程项目。

**5. 源文件的编辑**

工程项目中的源文件可以在编辑窗口中进行编写。创建新的源文件或打开已有的源文件都可以打开编辑窗口。如图 4-26 所示，从主菜单"File→New→Source File"就可以建立一个新的源文件。

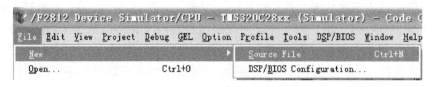

图 4-26  创建新的源文件

在打开的编辑窗口中输入源代码，如图 4-27 所示。

```
Untitled1 *
#include "DSP28_Device.h"
#include "DSP28_Globalprototypes.h"

// Prototype statements for functions found within this file.
// interrupt void ISRTimer2(void);
void delay_loop(void);
void Gpio_select(void);

unsigned int var1 = 0;
unsigned int var2 = 0;
unsigned int var3 = 0;
unsigned int var4 = 0;
unsigned int var5 = 0;

main()
```

图 4-27  编辑源文件

选择保存方式：选择主菜单"File→Save"或单击"保存"按钮都可以保存文件，在弹出的对话框中确定文件目录、文件名和扩展名即可。保存文件后，编辑窗口左上角的"Untitled"就会更新为已保存的文件名。

CCS 集成编辑环境不仅可以编辑源文件，也可以编辑命令文件、头文件等任何文本，具有查找和替换功能，可以判别括号是否匹配，也可以进行文本的剪切、复制、粘贴和删除等操作，所有的编辑命令都有快捷键对应。

## 4.3.2  工程项目编译和构建

工程项目所需的源文件编辑完成后，就可以对该文件进行编译链接，生成可执行文件，为系统的调试做准备，这一过程称为工程项目的编译和构建。

**1. 编译文件**

编译文件仅完成对当前源文件的编译，不进行链接。首先打开源文件：可以在工程项目清单中，选择要编译的源文件名，右击选择关联菜单中的"Open（打开）"选项，打开要编译的源文件；也可双击文件名，打开源文件。然后选择主菜单"Project→Compile File（编译文件）"命令；或单击项目工具条中的编译文件按钮，对打开的文件进行编译。在对当前文件完成编译后，工作界面的底部会出现"Output（输出）"窗口，显示编译信息，如图 4-28所示。如果提示有错误，需要根据提示做相应的修改，直至提示无错误信息。

图 4-28　编译信息窗口

**2. 构建工程项目**

构建工程项目分为增加性构建和全部重新构建。

增加性构建仅对修改过的源文件进行编译，先前编译过、没有修改的文件不再进行编译。增加性构建可以通过选择主菜单"Project→Build（构建）"命令进行，也可以单击项目工具条中的构建按钮 来进行。

全部重新构建是对当前工程项目中的所有文件进行重新编译、重新链接，形成输出文件。选择主菜单"Project→Rebuild All（全部重新构建）"命令，或单击项目工具条中的全部重新构建按钮 ，重新编译链接当前工程项目。

在生成当前工程项目的过程中，"Output（输出）"窗口会显示信息。

在构建过程中如果要停止构建工程项目，可以选择主菜单"Project→Stop Build（停止构建）"命令，或单击项目工具条中的停止构建按钮 ，构建过程将在完成对当前文件的编译后停止。

如果没有进行编译而直接进行构建，系统会先编译后构建，并给出相关信息。

**3. 设置工程项目选项**

用户程序通过编译器、链接器等工具来进行编译和链接，通过工程项目选项可以设置编译器和链接器的参数。具体操作可以选择从主菜单"Project→Build Options"打开对话框，如图 4-29 所示，在对话框中用户可以对编译器、链接器等参数进行设置，当然也可以采用默认的参数。

## 4.3.3　工程项目调试

CCS 开发环境提供了异常丰富的调试手段。在调试程序的过程中，经常需要进行复位、运行、单步执行等操作，这些操作称为程序运行控制。从数据流的角度，用户可以对内存单元和寄存器进行查看和编辑、载入或输出外部数据、设置探针等。

当完成工程项目构建，生成目标文件后，就可以进行程序的调试。一般的调试步骤为：装入构建好的目标文件，在关键的程序段设置程序断点、探测点和评价点，然后运行程序，程序会停留在断点处，用户可以查看寄存器和内存单元的数据，并对中间数据进行在线（或输出）分

图 4-29　工程项目设置窗口

析。对这个过程不断反复,直到程序达到预期功能。

CCS 开发环境提供了多种调试程序的运行操作。用户可以使用调试工具条中的按钮或执行主菜单中"Debug"下的相应命令来控制程序的运行。

**1. 装载可执行文件**

在进行程序运行之前,需将目标文件装入目标系统。CCS 开发环境为用户提供了多种装载文件的方法,例如可以装载目标文件,也可以选择仅装载符号信息,还可以重装载程序。

装载目标文件可以选择主菜单"File→Load Program(装载程序)"命令,弹出"Load Program(装载程序)"对话框,如图 4-30 所示。

要装载的文件是扩展名为.out 的输出文件,在对话框中,打开 Debug 文件夹,可以看到输出文件,双击输出文件或选择输出文件并单击"打开"按钮,CCS 就会自动打开反汇编窗口,并在反汇编窗口中显示文件的反汇编程序,如图 4-31 所示。

图 4-30　装载目标文件

图 4-31　打开反汇编窗口

反汇编窗口主要用来显示反汇编后的指令和调试所需的符号信息,包括反汇编指令、指令所存放的地址和相应的操作码(机器码)。在这个窗口中可以修改程序的起始地址,设置断点等。

如果在调试时既要看到 C 源代码的执行情况,又要看到汇编指令的执行情况,可以选择主菜单"View→Mixed Source/ASM",在源程序的编辑窗口就会看到,每一行源代码下面有相应的汇编代码。两个箭头分别指示源代码和汇编代码,如图 4-32 所示。

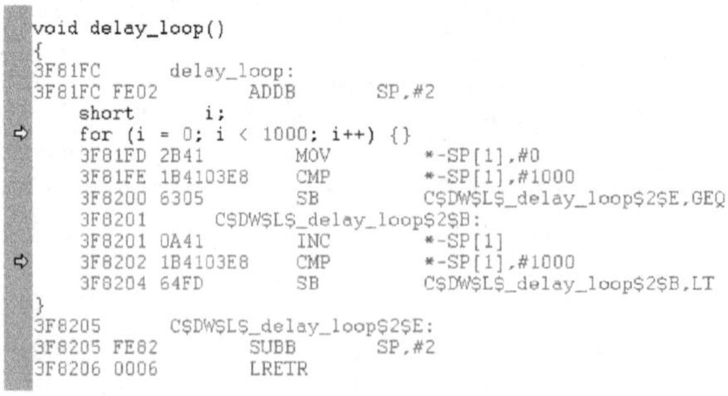

```
void delay_loop()
{
3F81FC        delay_loop:
3F81FC FE02        ADDB        SP,#2
     short    i;
     for (i = 0; i < 1000; i++) {}
3F81FD 2B41        MOV        *-SP[1],#0
3F81FE 1B4103E8        CMP        *-SP[1],#1000
3F8200 6305        SB        C$DW$L$_delay_loop$2$E,GEQ
3F8201        C$DW$L$_delay_loop$2$B:
3F8201 0A41        INC        *-SP[1]
3F8202 1B4103E8        CMP        *-SP[1],#1000
3F8204 64FD        SB        C$DW$L$_delay_loop$2$B,LT
}
3F8205        C$DW$L$_delay_loop$2$E:
3F8205 FE82        SUBB        SP,#2
3F8206 0006        LRETR
```

图 4-32　C 语言和汇编指令混合显示

用户也可以只装载符号信息,一般用于使用 ROM 的目标系统。选择主菜单"File→Load Symbol(装载符号)"命令,打开"Load Symbol Info(装载符号)"对话框;在装载符号对话框中,选择所要装载的文件。单击"打开"按钮,来自目标文件中的符号信息被装入目标系统。如果在调试程序的过程中程序被破坏，可以向目标系统重新装载文件，选择"File→Reload Program（重新装载程序）"命令来实现。

**2. 程序调试**

CCS 提供多种程序调试手段，如设置断点、单步执行、全程运行、对 CPU 复位等，在程序运行过程中可以查看内存表和寄存器。用户可以通过选择主菜单"Debug"下的子菜单进行调试，也可以通过调试工具条的不同按钮来进行调试。

（1）设置断点

设置断点是最常用的程序调试方法之一。程序在断点处暂停运行，用户可以查看程序状态、检查或修改存储器、查看调用堆栈等。CCS 3.3 版本的断点还包括了低版本中的探测点功能。设置断点的方法是：先把光标放在要设置断点的语句上，单击工具条的 🖑 按钮，在该语句前就会出现断点符号，如图 4-33 所示。

图 4-33　程序语句前的断点符号

要取消断点，可以把光标放在设置了断点的语句上，再次单击工具条的 🖑 按钮，该语句前的断点符号就会消失；或在断点管理窗口选中该断点，并单击 🔲 按钮将断点取消。要想取消所有断点，可以单击工具条的 🔲 按钮。设置断点时应当避免以下两种情形：将断点设置在属于分支或调用的语句上；将断点设置在块重复操作的倒数第一或第二条语句上。

单击工具栏中的 🔲 按钮，可以打开断点管理窗口。在断点管理窗口中会显示断点信息，并可以进行相关操作，如图 4-34 所示。

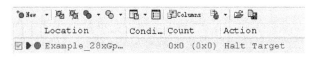

图 4-34　断点管理窗口

在断点管理窗口的"Action"一栏下可以选择在断点处的操作，如图 4-35 所示。低版本 CCS 中的探测点功能主要用来与外部文件的读/写相关联，即在探测点处从外部文件中读入数据或将计算的结果输出给外部文件，完成数据传输后自动恢复程序运行。在 CCS 3.3 中可以通过选择断点处的操作"Read Data from File"或"Write Data to File"来完成与外部文件的读/写关联。

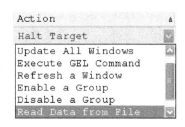

图 4-35　断点操作

（2）单步执行

单步执行分为"Step Into""Step Over"和"Step Out"几种操作，可以分别对汇编语言或 C 语言执行一条指令的操作。单步执行指令可以从主菜单"Debug"下选择，也可以在工具条单击相应的按钮（见调试工具条）。如果用"Step Into"执行一条子程序调用或中断指令，则进入子程序或中断语句的内部单步执行；如果用"Step Over"执行一条子程序调用或中断指令，则把调用的子程序当作一条指令来单步完成；"Step Out"操作可以从子程序中跳出，即从当前子程序的位置开始，自动执行后续的程序，直到返回到调用该子程序的指令为止。

（3）连续运行

CCS 提供多种连续运行模式，例如可以从当前位置连续运行到光标处停下，或者从当前位置连续运行到断点处停下，或者忽略所有断点自由运行，也可以在断点的支持下动画运行等。连续运行可以从主菜单"Debug"下选择"Run"，也可以在工具条单击相应的按钮（见调试工具条）。在连续运行时随时可以用暂停命令（"Debug→Halt"）让程序停止运行，以查看内存表和寄存器的数据。

从"Debug"菜单还可以执行 CPU 复位、回到主程序 main、重新开始等程序运行控制。

（4）观察数据

在程序运行期间，可以在屏幕上跟踪程序运行结果，帮助调试程序。方法之一是使用"Watch"窗口观察数据，选择主菜单"View→Watch Window"，在屏幕上打开"Watch"窗口，如图 4-36 所示，在"Name"栏连续两次单击（注意不是双击），在出现的栏中填入变量名称，可以看到这个变量的值等信息，也可以对变量进行修改。

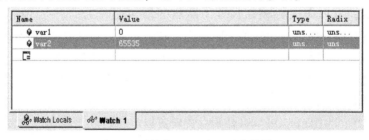

图 4-36　使用 Watch 窗口观察数据

观察数据的第二个方法是使用"Memory"窗口。选择主菜单"View→Memory"，在打开的窗口中输入存储器地址，选择数据格式和存储器空间（程序存储器、数据存储器、IO空间）后就能在窗口中看到存储器中的内容，并且可以修改其中的数据，如图 4-37 所示。CCS 允许同时打开多个存储器窗口。在 Memory 窗口可以进行数据块拷贝、填充等操作，通过菜单"Edit→Memory"进行。

用户也可以选择主菜单"View→Registers"，打开 CPU 寄存器和状态寄存器进行观察和修改。

（5）图形显示

CCS 开发环境提供了多种强大功能的图形显示工具，可以将内存中的数据以各种图形的方式显示给用户，帮助用户直观了解数据的意义。图形工具在数字信号处理中非常有用，可以从总体上分析处理前和处理后的数据，以观察程序运行的效果。

具体地说，CCS 的图形工具分为时域/频域图、星座图、眼图和图像显示。其中时域/频域图又包含单曲线图（Single Time）：对数据不加处理，直接绘制显示缓冲区数据的幅度-时间曲线；双曲线图（Dual Time）：在一幅图形中显示两条信号的幅度-时间曲线；FFT 幅度（FFT Magnitude）：对显示缓冲区数据进行 FFT 变换，显示幅度-频率曲线；复数 FFT（Complex FFT）：对复数数据的实部和虚部分别进行 FFT 变换，在一幅图形中显示两条幅度-频率曲线；FFT 幅度和相位（FFT Magnitude and Phase）：在一幅图形中显示幅度-频率曲线和相位-频率曲线；FFT 多帧显示（FFT Waterfall）：对显示缓冲区数据（实数）进行 FFT 变换，其幅度-频率曲线构成一帧，这些帧按时间顺序构成 FFT 多帧显示图。星座图（Constellation）

显示信号的相位分布；眼图（Eye Diagram）显示信号码间的干扰情况；图像（Image）显示 YUV 或 RGB 图像。

选择主菜单"View →Graph"中选择图形，会打开图形属性对话框如图 4-38 所示，适当地设置后就可以将指定存储器范围内的数据以图形方式显示在图形窗口中。

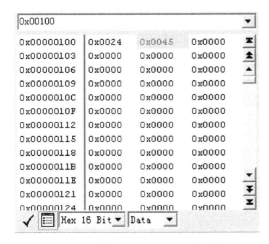

图 4-37　使用 Memory 窗口观察数据

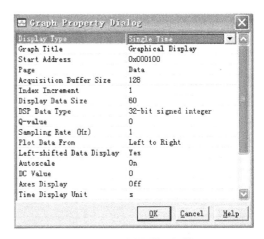

图 4-38　图形属性对话框

## 4.4　C 语言编程基础

DSP 系统软件开发包括算法确定、算法流程设计、源程序编写和调试验证等多个步骤，编写源程序可以采用汇编语言或 C 语言，也可以采用两者混合编程。C 语言程序代码具有很好的可读性和可移植性，开发效率高，通常用 C 语言构成程序主体。汇编语言具有很高的运行效率，常用于对实时性要求很高的场合，例如中断子程序等。汇编语言指令系统详见附录 C。

'28x 系列 DSP 支持通过汇编、C/C＋＋语言开发其软件。一般来说 C/C＋＋编译器与汇编编译器相比具有更高的编译效率，同时随着 C 编译器的发展，利用 C 编译器和 C 语言源文件所生成的目标代码，其执行的效率已经十分接近汇编语言程序。因此，相对于庞大、复杂的汇编语言系统来说，C 语言具有不可比拟的优势。在大多数应用场合下，使用 C 语言开发 DSP 软件程序更为适宜。

TMS320x28x 的 C/C＋＋编译器支持由美国国家标准学会定义的 ANSI C 语言标准。采用 C 语言编程具有代码的可读性与可移植性强、开发效率高的特点。虽然从理论上讲，汇编语言比 C 语言的代码效率高，但考虑到'28x 系列 DSP 的时钟频率高达 150MHz，Flash 存储器的容量可达 128K×16 位，CPU 的执行速度和存储器容量等均得到显著提高，因此，可优选考虑采用 C 语言编程，而仅对少许与特定硬件操作相关的语句或代码段才使用汇编语言实现。

### 4.4.1　数据类型

在 C 语言中，每个变量在使用之前必须定义其数据类型，而每个数据类型都有与之对应的类型名，这些类型名都是编译器的保留字。各种数据类型的长度、描述及范围见表4-1。

**表4-1 数据类型的长度、描述及范围**

| 数据类型 | 长度 | 描述 | 最小值 | 最大值 |
|---|---|---|---|---|
| char，signed char | 16bits | ASCII | -32768 | 32767 |
| unsigned char | 16bits | ASCII | 0 | 65535 |
| short | 16bits | 2s 补码 | -32768 | 32767 |
| unsigned short | 16bits | 二进制 | 0 | 65535 |
| int，signed int | 16bits | 2s 补码 | -32768 | 32767 |
| unsigned int | 16bits | 二进制 | 0 | 65535 |
| long，signed long | 32bits | 2s 补码 | -2147483648 | 2147483647 |
| unsigned long | 32bits | 二进制 | 0 | 4294967295 |
| enum | 16bits | 2s 补码 | -32768 | 32768 |
| float | 32bits | IEEE 32 - bit | $1.19209290e-38$ | $3.4028235e+38$ |
| double | 32bits | IEEE 32 - bit | $1.19209290e-38$ | $3.4028235e+38$ |
| long double | 32bits | IEEE 32 - bit | $1.19209290e-38$ | $3.4028235e+38$ |
| pointers | 16bits | 二进制 | 0 | 0xFFFF |
| far pointers | 22bits | 二进制 | 0 | 0x3FFFFF |

由于'28x 系列 DSP 中数据的最小长度为 16 位，因此所有的字符（char）型数据，包括有符号字符型（signed char）和无符号字符型（unsigned char），长度均为 16 位，即用一个字的长度表示。

数据类型的其他特点有：

1）所有的整型（char，short，int 以及对应的无符号类型）都是等效的，用 16 位二进制值表示。

2）长整型和无符号长整型用 32 位二进制值表示。

3）有符号数用 2s 补码符号表示。

4）char 是有符号数，等效于 int。

5）枚举类型 enum 代表 16 位值，在表达式中 enum 与 int 等效。

6）所有的浮点类型（float，double 及 long double）等效，表示成 IEEE 单精度格式。

## 4.4.2 头文件

头文件（扩展名为 . h）是 C 语言不可缺少的组成部分，是用户程序和函数库之间的纽带，它本身不含程序代码，只是起描述性作用，是一种包含功能函数、数据接口声明的载体文件，用户程序只要按照头文件中的接口声明来调用库功能，编译器就会从库中提取相应的代码。TI 公司提供头文件供用户使用，其中定义了 DSP 系统用到的寄存器映射地址，寄存器位定义和寄存器结构等内容。'28x 系列 DSP 头文件主要包含 DSP28 - Device. h 和各个外设头文件。

**1. DSP28 – Device. h**

在每个主程序中一般都会出现头文件 DSP28 – Device. h，这个头文件中包括了所有其他外设头文件以及对一些常量的定义等内容，例如外设头文件有

```
//Include All Peripheral Header Files：
#include "DSP281x_SysCtrl. h"          //系统控制/电源模式
#include "DSP281x_DevEmu. h"           //设备仿真寄存器
#include "DSP281x_Xintf. h"            //外部接口寄存器
#include "DSP281x_CpuTimers. h"        //32 位 CPU 定时器
#include "DSP281x_PieCtrl. h"          //PIE 控制寄存器
#include "DSP281x_PieVect. h"          //PIE 向量表
#include "DSP281x_Spi. h"              //SPI 寄存器
#include "DSP281x_Sci. h"              //SCI 寄存器
#include "DSP281x_Mcbsp. h"            //McBSP 寄存器
#include "DSP281x_ECan. h"             //增强 eCAN 寄存器
#include "DSP281x_Gpio. h"             //通过 I/O 寄存器
#include "DSP281x_Ev. h"               //事件管理器寄存器
#include "DSP281x_Adc. h"              //ADC 寄存器
#include "DSP281x_XIntrupt. h"         //外部中断
```

对常量的定义有

```
#define M_INT1      0x0001
#define M_INT2      0x0002
#define M_INT3      0x0004
#define M_INT4      0x0008
……
#define BIT0        0x0001
#define BIT1        0x0002
#define BIT2        0x0004
#define BIT3        0x0008
……
#define BIT15       0x8000
```

为了增加可移植性，头文件中还重定义了 16 位和 32 位有符号或无符号整型数的基本类型，例如：

```
#ifndef DSP28_DATA_TYPES
#define DSP28_DATA_TYPES
typedef int                 int16;
typedef long                int32;
typedef long long           int64;
typedef unsigned int        Uint16;
typedef unsigned long       Uint32;
```

```
typedef unsigned long long        Uint64;
typedef float                     float32;
typedef long double               float64;
#endif
```

除此之外，还定义了中断标志寄存器和中断使能寄存器，以及一些汇编指令在 C 语言中的重定义，例如：

```
extern cregister volatile unsigned int IFR;
extern cregister volatile unsigned int IER;
#define   EINT    asm("clrc INTM")
#define   DINT    asm("setc INTM")
#define   ERTM    asm("clrc DBGM")
#define   DRTM    asm("setc DBGM")
#define   EALLOW  asm("EALLOW")
#define   EDIS    asm("EDIS")
#define   ESTOP0  asm("ESTOP0")
```

### 2. 外设头文件

由于在 DSP28 - Device. h 头文件中已经包括了所有外设头文件，所以在主程序中不需要预定义外设头文件，但是在程序运行时，外设头文件也必须加载。在外设头文件中对外设寄存器进行了定义，使得程序既可以对整个寄存器进行读写操作又可以对其中的每一位进行操作。例如以下是 CPU 定时器控制寄存器 TCR 的位域定义：

```
//TCR 位定义
struct   TCR_BITS {          //位描述
  Uint16    rsvd1:4;         //3: 0   保留
  Uint16    TSS:1;           //4   定时器启动/停止
  Uint16    TRB:1;           //5   定时器重新加载
  Uint16    rsvd2:4;         //9: 6   保留
  Uint16    SOFT:1;          //10   仿真模式
  Uint16    FREE:1;          //11
  Uint16    rsvd3:2;         //12: 13   保留
  Uint16    TIE:1;           //14   输出使能
  Uint16    TIF:1;           //15   中断标志
};
```

结构定义中对每个成员进行类型说明，例如"Uint16 TIE：1；"表示 TIE 是一个无符号整型变量，冒号表示成员是不满 16 位的整型数据，这样的成员称作字段，冒号后面的数字 1 表示该字段占用的二进制长度为 1。编译器可将各个字段按顺序合并成一个字，当一个结构中的有效字段长度不足 16 位时，可以加入一些保留字段，以保证数据的完整性，如结构成员 rsvd1 ~ rsvd3 为保留位。

位域定义方法允许用户直接对寄存器的某些位进行操作，通过联合声明允许对各个位域或整个寄存器进行访问，例如：

```
union TCR_REG {
    Uint16              all;
    struct TCR_BITS     bit;
};
```

头文件根据定义的联合声明重新定义了 CPU 定时器中所有的寄存器结构，例如：

```
struct CPUTIMER_REGS {
    union TIM_GROUP TIM;        //定时器计数器寄存器
    union PRD_GROUP PRD;        //周期寄存器
    union TCR_REG    TCR;       //定时器控制寄存器
    Uint16           rsvd1;     //保留
    union TPR_REG    TPR;       //定时器预定标寄存器低位
    union TPRH_REG   TPRH;      //定时器预定标寄存器高位
};
```

外设寄存器按照其占用的存储器地址依次排列；保留的结构成员（如 rsvdl）仅用于占用存储器中的相应空间；Uint16 和 Uint32 是指无符号 16 位和 32 位数的类型定义。对于'28x 系列芯片，Uint16 和 Uint32 分别等效于 unsigned int 和 unsigned long。

在外设头文件中还包含对支持的变量、函数原型、外部定义和常用操作的定义。例如：

```
void InitCpuTimers(void);
#define StartCpuTimer0()   CpuTimer0Regs. TCR. bit. TSS = 0
#define ReloadCpuTimer0()  CpuTimer0Regs. TCR. bit. TRB = 1
```

## 4.4.3　编译预处理

预处理是 C 语言的重要特色之一。预处理并不是实现程序的功能，而是发布给 C 编译系统的信息，告诉编译器在对源程序编译前先做些什么。C 语言提供的预处理功能主要包括宏定义、文件包含及条件编译。

**1. 宏定义**

宏定义是指用一个指定的名字来代表一个常量表达式或字符串，符号常量的定义是最简单的形式，复杂形式可以是带参数的宏。宏定义的一般格式为

**#define 标识符 常量表达式**

例如：#define PI 3. 14159

#define 是宏定义命令，标识符 PI 是所定义的符号常量的名字，又称宏名，习惯上用大写字母表示，PI 代表常数 3. 14159，在后续源程序中，凡是出现"PI"的地方，预处理过程均以常数 3. 14159 代替。

通常#define 出现在源程序的首部，在使用宏名之前，一定要用#define 进行宏定义。宏定义的有效范围为定义点到该源文件结束。注意，宏定义不是 C 语句，不必在行末尾加分号。

**2. 文件包含**

文件包含是指一个程序文件将另一个指定文件的全部内容包含进来。一般格式为

**#include"被包含文件名"** 或

**#include** < **被包含文件名** >

其中，"被包含文件名"就是以 . h 为扩展名的头文件，例如：

#include < math. h >

#include" DSP281x_Device. h"

第一条文件包含语句的功能是将头文件 math. h 的全部内容嵌入到该预处理命令行处，使它成为源程序的一部分。文件包含预处理通常放在文件的开头，被包含的文件内容常常是一些公用的宏定义文件：

1）调用标准库函数（如数学函数）时，一定要在文件的开头用文件包含所要用到的库文件。

2）头文件只能是 ASCII 码文件，不能是目标代码文件。

3）一条#include 命令只能包含一个头文件，若要包含多个头文件，需要用多条#include 命令。

4）头文件包含可以嵌套，即被包含的头文件中可以再包含其他的头文件。

**3. 条件编译**

条件编译指在编译 C 源文件前，根据给定条件决定编译的范围。例如：

#ifdef 标识符

　　……//程序段一

#else

　　……//程序段二

#endif

上述条件编译语句是指如果标识符已被定义过，则对程序段一进行编译，否则对程序段二进行编译。

## 4. 4. 4　C 语言与汇编语言的混合编程

随着 DSP 功能不断增强，处理速度不断提高，寻址空间越来越大，目标程序的规模也越来越大，高级语言编程成为 DSP 开发的首选。在大多数情况下使用 C 语言可以提高软件开发效率，对于某些实时性要求很高的部分，用户可以用汇编语言进行优化，然后再通过汇编和链接生成目标代码。'28x 系列 DSP 提供了 C/C ++ 语言和汇编语言的开发工具，使得开发 DSP 软件更加方便和高效。在实际工程应用中往往采用 C 语言和汇编语言混合编程的方法，以达到最佳利用 DSP 芯片硬件资源的目的。C 语言和汇编语言混合编程主要有以下方法。

**1. 在 C 语言程序中直接嵌入汇编语句**

在 C 语言中嵌入汇编语言指令，以实现 C 语言无法实现的一些硬件控制功能，如全局中断的使能/屏蔽；或将用户程序中的一些关键语句或代码段采用汇编语句以优化代码执行效率。

'28x 系列 DSP 的 C/C ++ 编译器允许在 C 程序中嵌入汇编语言指令或伪指令，嵌入的汇编语句被直接链接到编译器产生的汇编语言输出文件中。在 C 程序中嵌入汇编语句的格式为

**asm("　汇编语句");**

括号中的字符串"　汇编语句"是指汇编指令，汇编指令前面必须要空一格，否则会被汇编器当作标号处理。以标识符 asm 声明的语句类似于名为 asm 的函数调用，编译器直接将引号中的文字全部复制到生成的汇编代码中，因此引号中的文字必须是合法的汇编语句。

asm 命令通常用来处理一些采用 C/C++语句较难实现的硬件操作，如 asm（"　NOP"）。下面给出了部分汇编指令的宏定义，在 C 程序中可以直接使用这些定义的标识符来代替汇编指令：

```
#define EINT        asm("  clrc INT")        //使能可屏蔽中断(清零 INTM)
#define DINT        asm("  setc INTM")       //禁止可屏蔽中断(置位 INTM)
#define EALLOW      asm("  EALLOW")          //使能对受保护的寄存器进行写操作
#define EDIS        asm("  EDIS")            //禁止对受保护的寄存器进行写操作
```

这种混合编程方式操作简单，但是汇编代码很可能破坏原来的 C 语言环境，从而导致不可预料的结果。因此只提倡在程序开始的系统初始化部分少量使用，如果要在 C 语言中嵌入实现某一完整功能的多句汇编语言时，不提倡采用这种方式。

**2. 独立的 C 语言和汇编语言模块接口**

C 语言和汇编语言混合编程的第二种方法是编写独立的 C 语言模块和汇编语言模块。在这种方式下需要注意无论采用汇编语言还是 C 语言编写模块，都要遵守有关函数调用和寄存器规则，保证汇编模块不破坏 C 语言的运行环境。C 语言程序可以访问汇编语言中的变量和调用函数，汇编程序也可以调用 C 语言函数或访问 C 语言程序中定义的变量，即可以相互访问各自定义的变量和函数。C 语言程序中调用汇编函数，在汇编语言中函数名称以程序标号的形式出现。程序标号用 .global 进行定义，在函数名称前面加下画线"_"。汇编函数也可以利用累加器给 C 语言程序传递返回值。汇编语言程序中调用 C 语言函数，被调用的 C 语言函数在 C 语言环境中需要用 extern 进行定义，在汇编程序中用 .ref 说明为外部标号，且函数名前面加下画线"_"。在调用 C 函数之前应手工编程将参数以逆序写入当前运行任务所使用的任务堆栈中，压栈之前堆栈指针可不进行调整。被调用的 C 语言函数即可正常访问调用者传递的参数，函数调用完毕后需要调整堆栈指针，清除函数调用中参数所占用的堆栈空间。C 语言函数的返回值可以通过访问累加器获得。在 C 语言环境中，对于字母大小写的区分是很严格的，因此在混合编程的过程中也应该严格遵守这一点。

**例 4-1**：以下程序实现 C 语言调用汇编函数。

汇编程序中：

```
        .global _div16
        .text
_div16: POP * XAR0
        ……
        PUSH  * XAR0
        RET
```

在 C 语言调用：

```
unsigned int div16(unsigned int x, unsigned int y)
```

```
void main( )
{......
x = div16( x,y)
}
```

**例 4-2**：C 语言和汇编语言混合编程

file：example. asm

===============================================================================

```
/ * * file：example1. c * /
extern unsigned int asmVariable；
extern void asmFunction( void)；
unsigned int cVariable；
void foo( void)
{
   asmFunction( )；
   asmVariable = 0x1234；
}
/ * * file：example2. asm * /
    . text
    . global _asmFunction
_asmFunction：
    mov #0, w0
    mov w0, _cVariable
    return
    . global _begin
_main：
    call _foo
    return
    . bass
    . global _asmVariable
    . align 2
_asmVariable：. space 2
. end
```

===============================================================================

example2. asm 中定义了链接应用程序需要使用的 asmFunction 和 asmVariable，同时还说明了如何调用 C 语言函数 foo( )，以及如何访问 C 语言定义的变量 cVariable。

在 C 语言文件 example1. c 中，使用了标准的 extern 关键字，声明了对汇编文件中定义符号的外部引用；注意汇编源文件中的 asmVariable 和_asmVariable 是一个 void( )函数，进行了相应声明。

在汇编文件 example2. asm 中，通过使用. global 汇编伪指令，使符号_asmFunction、_begin和_asmVariable 全局可见，并可被任何其他源文件访问。符号_main 被引用，但未进行声明，因此汇编器将其视为外部引用。

## 4.4.5　关键字

TMS320x28x 的 C/C++编译器除了支持标准的 const、register 及 volatile 关键字外，还支持 cregister、interrupt 关键字。

### 1. const

C/C++编译器支持 ANSI/ISO 标准的关键字 const，通过该关键字可以优化和控制存储空间的分配。const 关键字用来表明变量或数组的值是不变的。例如：

```
int * const p = &x;                        //定义了指向 int 型变量的常量指针 p
const int * q = &x;                        //定义了一个指向 int 型常量的指针 q
const int digits[ ] = {0, 1, 2, 3, 4, 5, 6, 7, 8, 9};    //将常量表分配到'28x 系列 DSP 的 Flash 中
```

### 2. volatile

编译用户程序时优化器会分析数据流，尽可能避免对存储器的直接读/写操作。因此，对存储器或外设寄存器进行访问时，需要使用 volatile 关键字，来说明所定义的变量可以被 DSP 系统中的其他硬件修改，而不是只能被 C 语言本身修改。用 volatile 关键字的变量被分配到未初始化模块，编译器不会在优化时修改引用 volatile 变量的语句。例如以下语句循环地对一个外设寄存器的地址进行读操作，直到读出的值等于 0xFF。

```
unsigned int  *  ctrl;
while(  *  ctrl !  = 0xFF);
```

*ctrl 指针所指向的地址内容在循环过程中不会发生变化，该循环语句会被编译器优化成对存储器执行一次读操作。如果定义 *ctrl 指针为 volatile 型变量，即

```
volatile unsigned int  *  ctrl;
```

则 *ctrl 指针指向一个硬件地址，比如 PIE 中断标志寄存器，该地址单元的内容可以被其他硬件修改。

### 3. cregister

cregister 关键字允许采用高级语言直接访问控制寄存器。当一个对象前加 cregister 标识符时，编译器会比较对象与 IER（中断使能寄存器）、IFR（中断标志寄存器）的名字是否相同，若相同，则编译器会产生对控制寄存器操作的代码；若不同，则编译器会提示一个错误。

cregister 关键字仅用于文件范围内，不能用于函数内的变量声明。此外，cregister 只能用于整型或指针变量，不能用于浮点、结构或联合等数据类型。在'28x 系列 DSP 的 C 语言中，cregister 仅限于声明寄存器 IER 和 IFR，在程序中采用如下格式进行声明：

**extern cregister volatile unsigned int IER;**
**extern cregister volatile unsigned int IFR;**

声明了这两个寄存器后，就可以对其进行操作，如：

```
IER = 0x100;
IER | = 0x100;
IFR | = 0x0004;
IFR & = 0x0800;
```

需要指出，对寄存器 IER，可以采用赋值语句或位运算操作；而对寄存器 IFR，只能用位运算符 |（位或）或 &（位与）对 IFR 进行置位或清零操作，否则编译器会给出以下错误信息：

>>> Illegal use of control register

**4. interrupt**

interrupt 关键字用来声明一个函数是中断服务程序。CPU 响应中断服务程序时需要遵守特定的规则，如函数调用前依次对相关寄存器进行入栈保护，返回时恢复寄存器的值。当一个函数采用 interrupt 声明后，编译器会自动为中断函数产生保护现场和恢复现场所需执行的操作。

对于采用 interrupt 声明的函数，其返回值应定义为 void 类型，且无参数调用。在中断函数内可以定义局部变量，并可以自由使用堆栈和全局变量，例如：

```
interrupt void int _handler( )
{
unsigned int flags;
……
}
```

 注意：C 初始化例程 c_int00 是 DSP 复位后的 C 程序入口点，被用作系统复位中断处理程序。这个特殊的中断服务程序用来初始化系统并调用 main( ) 函数，c_int00 是由编译器自动产生的。

## 4.4.6　C 语言程序框架

TI 公司提供 C 语言软件开发的源程序框架，其中包含有寄存器结构定义文件、外设头文件、器件的宏与类型定义等各种文件，用户通过使用外设头文件，可以很容易控制片内外设。用户也可以在 TI 公司提供的程序范例中选择有用的函数，删除不需要的函数，使得程序编写非常简便，结构清晰，易于修改和维护。程序的框架不需要进行大变动，开发者可以集中精力研究算法，加速项目或产品的开发进度。

下面以 CPU 定时器为例介绍 TI 公司官方提供的程序框架。完整的程序包括必要的头文件、主函数 main( ) 和中断服务子程序 cpu_timer0_isr( )，并附详细的注释。主函数 main( ) 提供了非常完整的编程步骤：第一步初始化系统控制，包括 PLL、WatchDog 和使能外设时钟，通过调用 InitSysCtrl( ) 可以实现；第二步初始化输入/输出端口，通过调用 InitGpio( ) 实现，如果系统不使用该端口，则可以跳过这一步；第三步清除所有中断并初始化 PIE 向量表，要注意'28x 系列 DSP 器件对中断分三级管理，即 CPU 级、PIE 级和外设级；第四步初始化外设，对系统要用到的外设，调用相应的子程序来完成，本例中用到 CPU 定时器，调用 InitCpuTimers( ) 进行初始化，并进行用户特定的设置，如设置周期等参数；第五步编写用户代码，完成用户所需的功能以及开中断，这里同样要注意到中断的三级管理。在中断服务程序中，插入用户代码，并注意手工清除中断标志，为下一次中断请求做好准备。读者可以参考和学习 TI 公司官方提供的程序代码，只要在合适的位置填入用户个人的指令代码，就可以完成程序的编写。

```
#include "DSP281x_Device. h"        //DSP281x Headerfile Include File
#include "DSP281x_Examples. h"      //DSP281x Examples Include File

//Prototype statements for functions found within this file.
interrupt void cpu_timer0_isr(void);

void main(void)
{
//第一步:初始化系统控制,包括 PLL,WatchDog,使能外设时钟
   InitSysCtrl();

//第二步:初始化输入/输出端口 GPIO:
   InitGpio();                      //若不需要可以跳过

//第三步:清除所有中断,初始化 PIE 中断向量表
   DINT;                            //禁止 CPU 中断
   InitPieCtrl();
   IER = 0x0000;
   IFR = 0x0000;
   InitPieVectTable();              //初始化 PIE 中断向量表

   EALLOW;                          //允许修改受 EALLOW 保护的寄存器
   PieVectTable. TINT0 = &cpu_timer0_isr;
   EDIS;                            //禁止修改受 EALLOW 保护的寄存器

//第四步:初始化外设
   InitCpuTimers();                 //例如 Cpu-Timers 0

//设置 CPU-Timer 0 每秒都中断,CPU 频率为 100MHz,周期为 1s
   ConfigCpuTimer(&CpuTimer0,100,1000000);
   StartCpuTimer0();

//第五步,用户代码,开中断 Step
......
   IER |= M_INT1;//使能中断 CPU INT1,对应于 CPU-Timer 0:

   PieCtrlRegs. PIEIER1. bit. INTx7 = 1;//使能 PIE 中的 TINT0
   EINT;                            //使能全局中断 INTM
   ERTM;                            //使能全局实时中断 DBGM
}

interrupt void cpu_timer0_isr(void)//中断服务程序
{
   CpuTimer0. InterruptCount ++ ;
   PieCtrlRegs. PIEACK. all = PIEACK_GROUP1;//允许接收更多的中断
}
```

## 4.5 链接命令文件 CMD

命令文件 CMD 是 DSP 运行程序必不可少的文件，用于指定 DSP 存储器的分配，如果 CMD 文件编写不正确，即使 DSP 源程序非常完美，编译全部通过，也不能将目标文件 (.obj) 链接成输出文件 (.out)。因为在 DSP 系统中存在大量不同类型的存储器，有的存储器是非易失性的，如各种 ROM，断电后仍能保存数据，但读写速度比较慢；有的存储器是易失性的，例如 RAM，断电后数据会丢失，但读写速度比较快。DSP 存储器既可以映射到程序空间又可以映射到数据空间，DSP 系统开发时要综合考虑数据保存、运行速度等因素，需要通过 CMD 文件对存储器进行分配和管理。在学习 DSP 过程中，可以使用例程自带的 CMD 文件，如果需要扩展存储器时，就要对存储器配置进行修改，因此有必要在理解 CMD 文件的基础上，进行修改和编写。

CMD 文件主要由两个伪指令构成，即 MEMORY 和 SECTIONS。其中 MEMORY 指令定义目标存储器的配置，SECTIONS 指令规定程序中各个段放在存储器的什么位置。

### 1. MEMORY 指令

MEMORY 指令的一般语法为

```
MEMORY
{
PAGE 0:name 1 [attr]:origin = constant,length = constant;
……
PAGE n:name n [attr]:origin = constant,length = constant;
}
```

其中 PAGE 对一个存储空间加以标记，页号最大可为 32767，通常 PAGE 0 为程序存储器，PAGE 1 以后为数据存储器，如果没有规定 PAGE，则链接器就当作 PAGE 0。name 是对一个存储区间的命名，是内部记号，不同 PAGE 上的存储区间可以取同样名字，相同 PAGE 上的名字不能相同，且地址不许重叠。attr 为任选项，有四个属性可以选择，分别是 R（可以读存储器）、W（可以写存储器）、X（可以装入可执行代码）和 I（可以对存储器初始化）。origin 规定存储区的起始地址，length 规定存储区的长度。

**例 4-3：** MEMORY 指令举例

```
MEMORY
{
PAGE 0:SLOW_MEM:origin = 0x00000C00, length = 0x00001000
PAGE 1:SCRATCH:origin = 0x00000060, length = 0x00000020
FAST_MEM:origin = 0x00000200, length = 0x00000200
}
```

以上 MEMORY 指令配置的存储器映射如图 4-39 所示。

### 2. SECTIONS 指令

SECTIONS 指令说明如何将输入段组合成输出段，并在可执行程序中定义输出段，指出输出段在存储器中的存放位置，并允许重新命名输出段。一般语法格式为

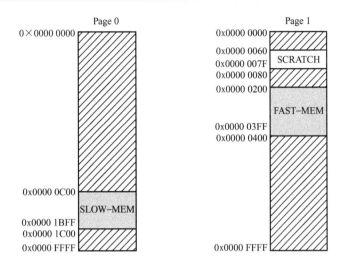

图 4-39　MEMORY 指令配置的存储器映射

```
SECTIONS
{
name :[property,property…]
name :[property,property…]
}
```

其中 name 是段名, property 是段的属性, 有以下几种属性可以选择:

- Load allocation: 定义将输出段加载到存储器的什么位置, 表达为 load = allocation, allocation是关于输出段地址的说明, 可以有多种表达方法, 如 load = 0 × 1000, 或 load > ROM 等。
- Run allocation: 定义输出段在存储器的什么位置开始运行, 表达为 run = allocation 或者 run > allocation。通常情况下加载地址和运行地址是相同的, 有时会将程序加载到 ROM, 而运行在 RAM 中, 以得到较快的运行速度, 这时可以用 SECTIONS 指令对段定位两次就行了。
- Input sections: 定义由哪些输入段组成输出段。
- Section type: 为输出段定义特殊形式的标志。
- Fill value: 对未初始化的空单元定义一个数值。

**例 4-4**: SECTIONS 指令举例:

```
SECTIONS
{
. text:load = SLOW_MEM, run = 0x00000800
. const:load = SLOW_MEM
. bss:load = FAST_MEM
. vectors:load = 0x0000FF80
{
t1. obj(. intvec1)
t2. obj(. intvec2)
endvec = . ;
```

```
    }
    . data:alpha:align = 16
    . data:beta:align = 16
    }
```

其中 . vectors 段由 t1. obj 的 intvec1 和 t2. obj 的 intvec2 组成; align 指段的起始地址边界对齐 16 位字。以上 SECTIONS 指令定义的段在存储器中的位置如图 4-40 所示。

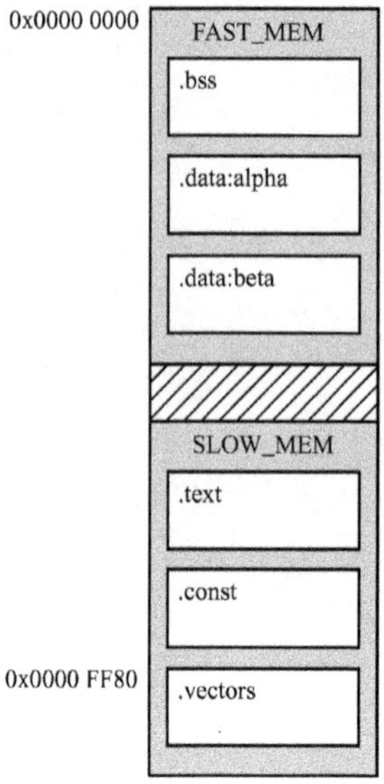

### 3. CMD 文件实例

以下给出 CCS 集成开发环境下 CMD 文件的一个实例, 供读者参考。

```
MEMORY
{
PAGE 0 :
    PRAMH0              : origin = 0x3f8000, length = 0x001000
    //该存储区块起始地址为 0x3f8000, 长度为 0x001000
    //用于存储程序, 并且命名为 PRAMH0
PAGE 1 :     :
    / * SARAM                  * /
    RAMM0               : origin = 0x000000, length = 0x000400
    //该存储区块用于存储数据, 并且
    //命名为 RAMM0
    RAMM1               : origin = 0x000400, length = 0x000400

    / * Peripheral Frame 0:    * /          //外设帧 Frame 0
    DEV_EMU             : origin = 0x000880, length = 0x000180
    FLASH_REGS          : origin = 0x000A80, length = 0x000060
    CSM                 : origin = 0x000AE0, length = 0x000010
    XINTF               : origin = 0x000B20, length = 0x000020
    CPU_TIMER0          : origin = 0x000C00, length = 0x000008
    CPU_TIMER1          : origin = 0x000C08, length = 0x000008
    CPU_TIMER2          : origin = 0x000C10, length = 0x000008
    PIE_CTRL            : origin = 0x000CE0, length = 0x000020
    PIE_VECT            : origin = 0x000D00, length = 0x000100

    / * Peripheral Frame 1:    * /          //外设帧 Frame 1
    ECAN_A              : origin = 0x006000, length = 0x000100
    ECAN_AMBOX          : origin = 0x006100, length = 0x000100

    / * Peripheral Frame 2:    * /          //外设帧 Frame 2
    SYSTEM              : origin = 0x007010, length = 0x000020
    SPI_A               : origin = 0x007040, length = 0x000010
    SCI_A               : origin = 0x007050, length = 0x000010
    XINTRUPT            : origin = 0x007070, length = 0x000010
    GPIOMUX             : origin = 0x0070C0, length = 0x000020
```

图 4-40　SECTIONS 指令定义的段

（图中内容）
0x0000 0000　FAST_MEM
.bss
.data:alpha
.data:beta
SLOW_MEM
.text
.const
0x0000 FF80　.vectors

```
    GPIODAT          : origin = 0x0070E0 , length = 0x000020
    ADC              : origin = 0x007100 , length = 0x000020
    EV_A             : origin = 0x007400 , length = 0x000040
    EV_B             : origin = 0x007500 , length = 0x000040
    SPI_B            : origin = 0x007740 , length = 0x000010
    SCI_B            : origin = 0x007750 , length = 0x000010
    MCBSP_A          : origin = 0x007800 , length = 0x000040


    / * CSM Password Locations      * /                        //代码安全密钥地址
    CSM_PWL          : origin = 0x3F7FF8 , length = 0x000008


    / * SARAM                           * /
    DRAMH0           : origin = 0x3f9000 , length = 0x001000
}


SECTIONS
{
    / * Allocate program areas : * /
    . reset      : > PRAMH0 ,      PAGE = 0                    //复位代码放置于该区块 PRAMH0
    . text       : > PRAMH0 ,      PAGE = 0                    //所有可以执行的代码和常量放置于
                                                               //该区块 PRAMH0
    . cinit      : > PRAMH0 ,      PAGE = 0                    //全局变量和静态变量的 C 语言初始
                                                               //化记录放置于该区块 PRAMH0


    / * Allocate data areas : * /
    . stack            : > RAMM1 ,      PAGE = 1
    . bss              : > DRAMH0 ,     PAGE = 1
    . ebss             : > DRAMH0 ,     PAGE = 1
    . const            : > DRAMH0 ,     PAGE = 1
    . econst           : > DRAMH0 ,     PAGE = 1
    . sysmem           : > DRAMH0 ,     PAGE = 1

    / * Allocate Peripheral Frame 0 Register Structures :      * /
    DevEmuRegsFile       : > DEV_EMU ,     PAGE = 1
    FlashRegsFile        : > FLASH_REGS ,  PAGE = 1
    CsmRegsFile          : > CSM ,         PAGE = 1
    XintfRegsFile        : > XINTF ,       PAGE = 1
    CpuTimer0RegsFile    : > CPU_TIMER0 ,  PAGE = 1
    CpuTimer1RegsFile    : > CPU_TIMER1 ,  PAGE = 1
    CpuTimer2RegsFile    : > CPU_TIMER2 ,  PAGE = 1
    PieCtrlRegsFile      : > PIE_CTRL ,    PAGE = 1
    PieVectTable         : > PIE_VECT ,    PAGE = 1


    / * Allocate Peripheral Frame 2 Register Structures :      * /
```

```
ECanaRegsFile        : > ECAN_A,        PAGE = 1
ECanaMboxesFile      : > ECAN_AMBOX     PAGE = 1


/ * Allocate Peripheral Frame 1 Register Structures：     * /
SysCtrlRegsFile      : > SYSTEM,        PAGE = 1
SpiaRegsFile         : > SPI_A,         PAGE = 1
SciaRegsFile         : > SCI_A,         PAGE = 1
XIntruptRegsFile     : > XINTRUPT,      PAGE = 1
GpioMuxRegsFile      : > GPIOMUX,       PAGE = 1
GpioDataRegsFile     : > GPIODAT        PAGE = 1
AdcRegsFile          : > ADC,           PAGE = 1
EvaRegsFile          : > EV_A,          PAGE = 1
EvbRegsFile          : > EV_B,          PAGE = 1
ScibRegsFile         : > SCI_B,         PAGE = 1
McbspaRegsFile       : > MCBSP_A,       PAGE = 1


/ * CSM Password Locations * /
CsmPwlFile           : > CSM_PWL,       PAGE = 1


}
```

# 4.6 DSP 软件开发实例

这一节将以 CCS 自带的例子介绍 CCS 软件从一个完整工程项目的编译、链接、程序装载，到文件输入数据和显示数据功能等。

**1. 仿真系统的连接**

如果有仿真器和开发板，先将仿真器、开发板和计算机连接好，双击 CCS 应用程序图标，或选择"开始→程序→Texas Instruments→Code Composer Studio 3.3→Code Composer Studio"命令打开 CCS 应用程序界面。单击菜单栏中的"Debug→Connect"，屏幕左下角的提示信息提示系统已经连接好，如图 4-41 所示。这样联机系统就可以和软件仿真一样进行程序装载了。

图 4-41 系统连接完成提示

**2. 打开一个工程项目**

执行主菜单"Project→Open"，在打开的对话框中找到".. \ CCS \ tutorial \ sim28xx \ sinewave"目录下的 sinewave. pjt 工程文件，双击文件名打开工程项目。在工程窗口中将所有带"＋"的文件夹展开，观察此项目中包含的文件，如图 4-42 所示。

**3. 查看源代码**

在工程窗口中双击"sine. c"，在打开的编辑窗口中可以查看源代码。

```
#include < stdio. h >
#include "Sine. h"


//定义增益控制变量
```

```
int gain = INITIALGAIN;

//声明并初始化 IO 缓冲器
BufferContents currentBuffer;

//定义函数
static void processing( );        //处理输入并生成输出
static void dataIO( );            //用探测点使用虚拟函数

void main( )
{
    puts("SineWave example started. \n");

    while(TRUE)//无限循环
    {
        /*使用探测点连接到主机文件读取输入数据。
          通过连接探测点定输出数据到图形 */
        dataIO( );

        /*应用增益到输入,获得输出    */
        processing( );
    }
}
```

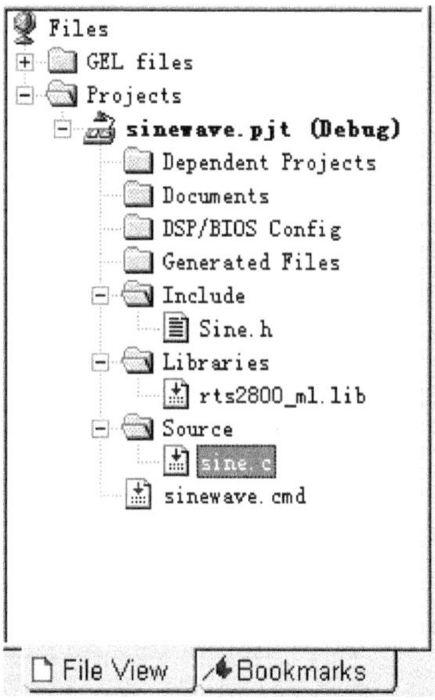

图 4-42　sinewave. pjt 的工程窗口

```
/*
 *功能:对输入信号处理变换产生输出信号
 *参数:BufferContents 结构包含输入/输出数组的大小 BUFFSIZE
 *返回值:无
 */
static void processing( )
{
    int size = BUFFSIZE;
    while(size -- ){
        currentBuffer. outpot[ size] = currentBuffer. input[ size] * gain;
    }
}

/*
 *功能:使用探测点读输入信号和写处理过的输出信号
 *参数:无
 *返回值:无
 */
static void dataIO( )
```

```
    {
        /＊运行数据输入输出＊/
        return;
    }
```

从以上程序可以看出，主程序显示一条提示信息后就进入一个死循环，不断调用 dataIO( )和 processing( )两个函数。dataIO( )函数不执行任何实质性操作，它没有使用 C 代码执行 I/O 操作，而是通过断点工具从文件中读取数据到结构体 currentBUFFER 的输入缓冲 input 中，供 processing( )函数使用。processing( )函数将结构体 currentBUFFER 输入缓冲 input 的数据与增益相乘，并将结果赋给结构体输出缓冲 out。

**4. 构建工程和调试程序**

选择主菜单"Project→Rebuild All（全部重新构建）"命令，或单击项目工具条中的全部重新构建按钮▦，对程序进行编译和链接。在屏幕下方打开的编译信息窗口可以看到编译的情况，如图 4-43 所示，并产生可执行的输出文件。

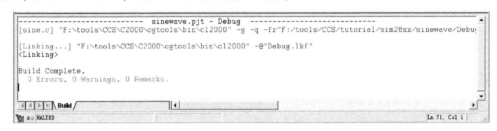

图 4-43    编译信息窗口

选择主菜单"File→Load Program（装载程序）"命令，在打开的对话框中选择"Debug"文件夹下的"sinewave. out"，双击文件名，系统自动打开反汇编窗口，显示汇编代码。可以在菜单"Window"下选择窗口排列方式，同时观察源代码和汇编代码；也可以选择菜单"View→Mixed Source/ASM"，在同一个窗口同时查看源代码和汇编代码。

单击工具栏❧按钮，运行程序，在屏幕上显示内容，如图 4-44 所示。

单击工具栏❧按钮，停止程序运行。在主函数 Main( )下的"DataIO( )"语句前设置断点，输入外部文件的数据，具体操作为：单击工具栏中的▣按钮，打开断点管理窗口，在"Action"一栏下选择"Read Data from File"，弹出读取数据对话框如图 4-45 所示。

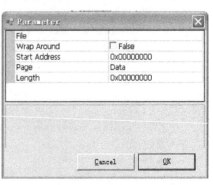

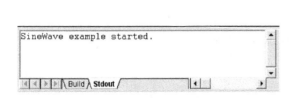

图 4-44    程序运行结果　　　　　　　　　　图 4-45    读取数据对话框

单击"File"一栏的右边，选择存放数据的文件，这里是".. \ CCS \ tutorial \ sim28xx \ sinewave"目录下的 sine. dat 文件；"Wrap Around"选项表示读取数据的循环特性，如果将 "Wrap Around"选中，每次在读到文件结尾处将自动从文件头开始重新读取数据；修改存放数据的起始地址"Start Adress"为 0X00000000，和数据长度"Length"为 100；"Page"选择为数据存储区"Data"就可以了。单击"OK"按钮，屏幕上出现浮动窗口如图 4-46 所示。

继续执行程序，程序自动在断点处暂停，并将 sine. dat 文件中的数据输入数据存储区。此时打开存储器窗口，将地址设置在 0X00000000 处，即可看到数据，如图 4-47 所示。

图 4-46　sine. dat 文件控制窗口

| 0x00000000 | 0x005E | 0x0062 | 0x0063 |
|---|---|---|---|
| 0x00000003 | 0x0062 | 0x005F | 0x0059 |
| 0x00000006 | 0x0051 | 0x0046 | 0x003B |
| 0x00000009 | 0x002D | 0x001F | 0x000F |
| 0x0000000C | 0x0000 | 0xFFF1 | 0xFFE2 |
| 0x0000000F | 0xFFD3 | 0xFFC6 | 0xFFBA |
| 0x00000012 | 0xFFB0 | 0xFFA8 | 0xFFA2 |
| 0x00000015 | 0xFF9E | 0xFF9D | 0xFF9E |

图 4-47　输入数据后的数据存储器窗口

在调试过程中可以统计代码运行时间，先选择主菜单"Profile→Clock→Enable"命令来使能 CLOCK 功能，然后选择主菜单"Profile→Clock→View"命令来显示时钟，如图 4-48 所示。

当单步执行程序时或运行程序遇到断点时，时钟工具都会显示数字，这个数字表示 CPU 的时钟周期数。在需要统计运行时间的代码起始语句和结束语句处分别设置断点，记下在这两处时钟显示的数字，相减所得的数据即是这一段代码的执行时间。双击时钟图标即可将显示归零。

图 4-48　时钟工具

**5. 图形显示**

图形显示可以将存储器的数据以图形方式表现。选择菜单"View→Graph→Time/Frequency"命令，系统弹出对话框，设置好数据的起始地址、缓冲器尺寸、显示数据长度等参数，如图 4-49 所示。

单击"OK"按钮，系统就会打开图形窗口并显示存储器里的数据，如图 4-50 所示。

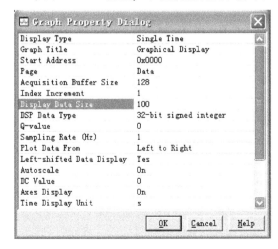

图 4-49　图形属性对话框

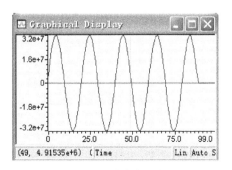

图 4-50　图形显示

### 6. 程序固化

仿真调试时程序是存放在 RAM 中的，调试结束后需要将程序下载到芯片内的 FLASH 里，因为 RAM 里的数据在断电后会丢失，而 FLASH 里的内容则不会丢失。因此先将工程项目中的"sinewave. cmd"移除，添加新的 cmd 文件，并重新构建工程。选择菜单"Tools→ F28XX On-Chip Flash Programmer"命令进行程序固化。在程序固化过程中，应避免目标芯片意外断电，否则会造成编程失败，甚至可能导致密钥区数据不可测而使芯片永久锁死。

## 本章重点小结

本章介绍了 DSP 软件开发流程、集成开发环境 CCS、DSP 工程项目开发、C 语言编程基础和链接命令文件 CMD 编写。在 TI 公司的 CCS 集成开发环境下能够方便地进行 DSP 工程项目的创建、编译、构建和调试等操作。随着 C 编译器的发展、器件主频的提高和内存性能的改善，C 语言得到越来越普遍的应用。本章介绍了在 C 语言编程中非常重要的数据类型、头文件、编译预处理和常用的关键字，TI 公司提供的头文件中包含了系统的寄存器映射、结构和位域定义以及常量等用户程序需要的功能。在实时性要求特别高的场合或设计复杂的系统程序时，可以采取 C 语言和汇编语言混合编程的方式进行 DSP 软件开发。本章介绍了混合编程的两种基本方法。CMD 文件用来指定 DSP 存储器分配，是 DSP 程序运行必不可少的文件。本章最后以 CPU 定时器为例，通过一个完整的 C 语言程序框架，介绍了 DSP 程序的结构和编写步骤，用户只要在此框架上插入个人代码，不必进行太多的改动即可完成程序的设计，可以轻松学会软件设计，加快程序开发进度。

## 习　　题

4-1　DSP 系统的软件设计需要经过哪些步骤才能在硬件电路中运行？

4-2　在计算机上安装 CCS 程序，并配置为软件仿真。

4-3　一个完整的工程项目必须包含哪些类型的文件？如何向新的工程项目中添加这些文件？

4-4　从 CCS 自带例程中选择一个项目打开，阅读其中源程序和 .cmd 文件。

4-5　在 CCS 环境中新建一个项目，添加必要的文件。

4-6　在题 4-3 的基础上，编辑源程序，实现八个 LED 的轮流点亮，每个 LED 亮 2s，相邻两灯间隔 1s 点亮。

4-7　对题 4-4 的源程序进行编译和构建。

4-8　对题 4-5 中经过编译和构建的项目进行单步执行，打开寄存器窗口和内存窗口，检查运行结果。

4-9　在编辑窗口中设置一些断点，然后全速运行程序，在断点处检查寄存器和内存窗口的显示结果。

4-10　编写程序，完成存储器指定范围内 100 个数据的平方和。

4-11　分析 DSP28-Device.h 头文件，介绍′28x 系列 DSP 有哪些外设？

4-12　阅读并分析′28x 系列 DSP 外设的头文件。

4-13　在 CPU 定时器程序框架内，设计 1kHz 方波发生器。

4-14　阅读并分析 TI 公司提供的外设例程，并设计能完成特定功能的程序。

4-15　应用 CCS 开发环境对 TMS320F2812 型 DSP 进行编程，其中 CMD 文件实现其存储空间的分配，请分析本章例程 SRAM.cmd 文件每一语句的作用。其中关于"PRAMH0: origin = 0x3f8000, length = 0x001000"是否可以修改为"PRAMH0: origin = 0x3f8000, length = 0x002000"？为什么？

# 第5章　通用输入/输出端口 GPIO

## 本章课程目标

本章介绍 DSP 的通用输入/输出端口 GPIO 模块，GPIO 是双向的输入/输出接口，可以与外围电路进行数据交换，实现对外围电路的控制，GPIO 模块具有复用功能。GPIO 模块常用于 DSP 系统与键盘、电机等设备的接口。

本章课程目标为：了解 GPIO 模块的结构和寄存器，能够根据系统要求正确设置 GPIO 寄存器，实现系统功能。

## 5.1　输入/输出端口概述

'28x 系列 DSP 芯片提供了多个通用输入/输出端口（GPIO），很多端口引脚为复用引脚，由复用功能选择寄存器 GPxMUX 选择具体功能，可以将引脚设定为片内外设的输入/输出引脚，也可以设定为通用输入/输出引脚（数字量 I/O 口）。

 例如：F2812 采用 176 引脚的 PGF 封装时，第 92 引脚在用作片内外设 I/O 端口时是 PWM1 输出引脚，而当作数字量 I/O 端口时，则是 GPIOA0。

GPIO 功能控制寄存器见表 5-1。

**表 5-1　GPIO 功能控制寄存器**

| 序号 | 寄存器名称 | 地址 | 大小 | 功能描述 |
|---|---|---|---|---|
| 1 | GPAMUX | 0x0000 70C0 | 16 bits | GPIOA 复用功能选择寄存器 |
| 2 | GPADIR | 0x0000 70C1 | 16 bits | GPIOA 方向控制寄存器 |
| 3 | GPAQUAL | 0x0000 70C2 | 16 bits | GPIOA 输入限定寄存器 |
| 4 | 保留 | 0x0000 70C03 | 16 bits | |
| 5 | GPBMUX | 0x0000 70C4 | 16 bits | GPIOB 复用功能选择寄存器 |
| 6 | GPBDIR | 0x0000 70C5 | 16 bits | GPIOB 方向控制寄存器 |
| 7 | GPBQUAL | 0x0000 70C6 | 16 bits | GPIOB 输入限定寄存器 |
| 8 | 保留 | 0x0000 70C7 ~ 0x0000 70CB | | |
| 9 | GPDMUX | 0x0000 70CC | 16 bits | GPIOD 复用功能选择寄存器 |
| 10 | GPDDIR | 0x0000 70CD | 16 bits | GPIOD 方向控制寄存器 |
| 11 | GPDQUAL | 0x0000 70CE | 16 bits | GPIOD 输入限定寄存器 |
| 12 | 保留 | 0x0000 70CF | 16 bits | |
| 13 | GPEMUX | 0x0000 70D0 | 16 bits | GPIOE 复用功能选择寄存器 |
| 14 | GPEDIR | 0x0000 70D1 | 16 bits | GPIOE 方向控制寄存器 |

（续）

| 序号 | 寄存器名称 | 地址 | 大小 | 功能描述 |
|---|---|---|---|---|
| 15 | GPEQUAL | 0x0000 70D2 | 16 bits | GPIOE 输入限定寄存器 |
| 16 | 保留 | 0x0000 70D3 | 16 bits | |
| 17 | GPFMUX | 0x0000 70D4 | 16 bits | GPIOF 复用功能选择寄存器 |
| 18 | GPFDIR | 0x0000 70D5 | 16 bits | GPIOF 方向控制寄存器 |
| 19 | 保留 | 0x0000 70D6 ~ 0x0000 70D7 | | |
| 20 | GPGMUX | 0x0000 70D8 | 16 bits | GPIOG 复用功能选择寄存器 |
| 21 | GPGDIR | 0x0000 70D9 | 16 bits | GPIOG 方向控制寄存器 |
| 22 | 保留 | 0x0000 70DA ~ 0x0000 70DF | | |

 注意：并非所有 I/O 引脚都支持对输入信号的限定操作！例如 GPIOF 和 GPIOG 端口的引脚就没有输入限定功能。

　　当 GPIO 引脚设定为通用输入/输出端口时，'28x 系列 DSP 将提供另外一些数据寄存器对相应的引脚进行操作和控制：GPxSET 寄存器设置每个引脚为高电平；GPxCLEAR 寄存器清除每个引脚信号；GPxTOGGLE 寄存器反转触发每个引脚信号；GPxDAT 寄存器读写每个引脚信号。GPIO 的数据寄存器见表 5-2 所示。

**表 5-2　GPIO 的数据寄存器**

| 名称 | 地址 | 大小 | 寄存器说明 |
|---|---|---|---|
| GPADAT | 0x0000 70E0 | 16 bits | GPIOA 数据寄存器 |
| GPASET | 0x0000 70E1 | 16 bits | GPIOA 置位寄存器 |
| GPACLEAR | 0x0000 70E2 | 16 bits | GPIOA 清除寄存器 |
| GPATOGGLE | 0x0000 70E3 | 16 bits | GPIOA 反转触发寄存器 |
| GPBDAT | 0x0000 70E4 | 16 bits | GPIOB 数据寄存器 |
| GPBSET | 0x0000 70E5 | 16 bits | GPIOB 置位寄存器 |
| GPBCLEAR | 0x0000 70E6 | 16 bits | GPIOB 清除寄存器 |
| GPBTOGGLE | 0x0000 70E7 | 16 bits | GPIOB 反转触发寄存器 |
| 保留 | 0x0000 70E8 ~ 0x0000 70EB | | |
| GPDDAT | 0x0000 70EC | 16 bits | GPIOD 数据寄存器 |
| GPDSET | 0x0000 70ED | 16 bits | GPIOD 置位寄存器 |
| GPDCLEAR | 0x0000 70EE | 16 bits | GPIOD 清除寄存器 |
| GPDTOGGLE | 0x0000 70EF | 16 bits | GPIOD 反转触发寄存器 |
| GPEDAT | 0x0000 70F0 | 16 bits | GPIOE 数据寄存器 |
| GPESET | 0x0000 70F1 | 16 bits | GPIOE 置位寄存器 |
| GPECLEAR | 0x0000 70F2 | 16 bits | GPIOE 清除寄存器 |
| GPETOGGLE | 0x0000 70F3 | 16 bits | GPIOE 反转触发寄存器 |
| GPFDAT | 0x0000 70F4 | 16 bits | GPIOF 数据寄存器 |

（续）

| 名称 | 地址 | 大小 | 寄存器说明 |
|------|------|------|-----------|
| GPFSET | 0x0000 70F5 | 16 bits | GPIOF 置位寄存器 |
| GPFCLEAR | 0x0000 70F6 | 16 bits | GPIOF 清除寄存器 |
| GPFTOGGLE | 0x0000 70F7 | 16 bits | GPIOF 反转触发寄存器 |
| GPGDAT | 0x0000 70F8 | 16 bits | GPIOG 数据寄存器 |
| GPGSET | 0x0000 70F9 | 16 bits | GPIOG 置位寄存器 |
| GPGCLEAR | 0x0000 70FA | 16 bits | GPIOG 清除寄存器 |
| GPGTOGGLE | 0x0000 70FB | 16 bits | GPIOG 反转触发寄存器 |
| 保留 | 0x0000 70FC ~ 0x0000 70FF | | |

　　TMS320F2812 的 GPIO 复用引脚结构如图 5-1 所示。从图中可以看出，无论是数字量 I/O 或是外设 I/O 都可以读取 GPIO 引脚的输入信号；而数字量 I/O 和外设 I/O 的输出路径是复用的。由于 I/O 引脚的输出与输入缓冲是连接在一起的，引脚上的任何信号会同时传输到数字量 I/O 和外设 I/O，因此，当一个引脚被设定为数字量 I/O 时，必须禁止相应的外设功能和中断功能，否则有可能会产生中断请求。无论 GPIO 引脚被设定为数字量 I/O 或外设 I/O，都可以通过 GPxDAT 寄存器读取相应引脚的状态。输入限定器允许外部信号通过不同的采样窗口进入 DSP 内部，有助于消除尖刺噪声。

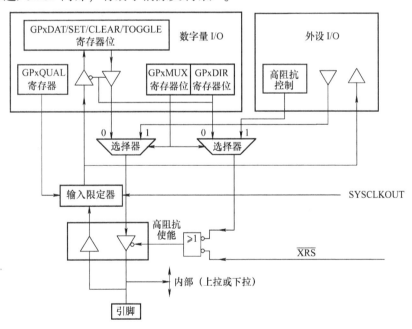

图 5-1　GPIO 复用引脚的结构示意图

　　☀　注意：如果一个引脚被设定为数字量 I/O，却没有禁止相应的外设功能，那么因为输入信号会同时进入数字量 I/O 和外设 I/O，外设会发出中断请求。如果外设中断是被允许的话，CPU 就可能响应中断，造成错误操作！

可以通过设置 GPxQUAL 寄存器配置输入限定器从而决定引脚量化采样周期。输入信号首先与内核时钟（SYSCLKOUT）同步，然后通过由 GPxQUAL 寄存器确定的量化采样周期进行采样后进入数字 I/O 口模块。数据进入片上外设模块可以由两种方式进行，即输入信号不限定或被限定，分别如图 5-2 和图 5-3 所示。输入信号不限定是指输入信号宽度不受限制；输入信号被限定是指只有宽度满足要求的信号才能输入。

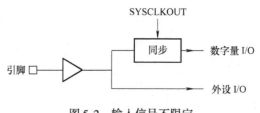

图 5-2　输入信号不限定

度满足要求的信号才能输入。输入信号限定时钟周期如图 5-4 所示，设 GPxQUAL 寄存器中 QUALPRD 的值为 $n$，则限定的采样周期为 $2n \times$ SYSCLKOUT 周期，输入信号应在（$5 \times$ QUALPRD $\times 2$）个 SYSCLKOUT 周期内保持稳定的值才能被识别，由于外部输入信号与 SYSCLKOUT 异步，因此，应至少保持 6 个采样周期才能被可靠地识别。图中输入信号 A 由于宽度没有达到输入限定器的要求而被忽略，不能输入到 I/O 模块。

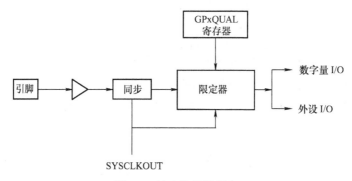

图 5-3　输入信号被限定

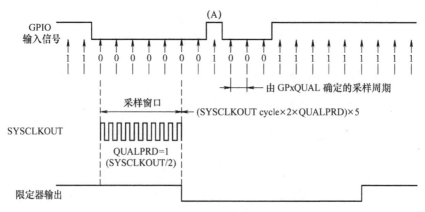

图 5-4　输入信号限定时钟周期

## 5.2　GPIO 寄存器

'28x 系列 DSP 的每个 GPIO 引脚都受复用功能控制寄存器和数据寄存器控制，其位的映

射对于所有 GPIO 控制寄存器来说都是相同的。下面分别列出 GPIO 的 A、B、D、E、F 和 G
端口的寄存器位和引脚的映射。

**1. GPIOA**

表 5-3 列出了 GPIOA 端口的引脚和 GPIO 控制寄存器位的映射，GPIOA 端口主要与事件
管理器 A 的引脚复用。

表 5-3　GPIOA 复用功能选择/方向控制寄存器的位定义

| 寄存器位 | 外设名称<br>（GPAMUX 位 =1） | GPIO 名称<br>（GPAMUX 位 =0） | GPAMUX/DIR 类型 | 复位值 | 是否输入限定 |
|---|---|---|---|---|---|
| 0 | PWM1（O） | GPIOA0 | R/W | 0 | 是 |
| 1 | PWM2（O） | GPIOA1 | R/W | 0 | 是 |
| 2 | PWM3（O） | GPIOA2 | R/W | 0 | 是 |
| 3 | PWM4（O） | GPIOA3 | R/W | 0 | 是 |
| 4 | PWM5（O） | GPIOA4 | R/W | 0 | 是 |
| 5 | PWM6（O） | GPIOA5 | R/W | 0 | 是 |
| 6 | T1PWM‐T1CMP（O） | GPIOA6 | R/W | 0 | 是 |
| 7 | T2PWM‐T2CMP（O） | GPIOA7 | R/W | 0 | 是 |
| 8 | CAP1‐QEP1（I） | GPIOA8 | R/W | 0 | 是 |
| 9 | CAP2‐QEP2（I） | GPIOA9 | R/W | 0 | 是 |
| 10 | CAP3‐QEP3（I） | GPIOA10 | R/W | 0 | 是 |
| 11 | TDIRA（I） | GPIOA11 | R/W | 0 | 是 |
| 12 | TCLKINA（I） | GPIOA12 | R/W | 0 | 是 |
| 13 | $\overline{\text{C1TRIP}}$（I） | GPIOA13 | R/W | 0 | 是 |
| 14 | $\overline{\text{C2TRIP}}$（I） | GPIOA14 | R/W | 0 | 是 |
| 15 | $\overline{\text{C3TRIP}}$（I） | GPIOA15 | R/W | 0 | 是 |

复用功能选择寄存器 GPAMUX 设置 GPIOA 为数字量 I/O 或外设 I/O，复位时所有
GPIOA 配置为数字量 I/O；方向寄存器 GPADIR 配置数字量 I/O 的输入/输出方向，当 GPA-
DIR 的某一位为 0 时，相应的 GPIOA 引脚设定为输入；当 GPADIR 的某一位为 1 时，相应的
GPIOA 引脚设定为输出，复位时所有 GPIO 引脚均设置为输入。数据寄存器 GPADAT 是可
读、可写寄存器。读此寄存器将返回相应引脚上限定后的输入信号值，写此寄存器将把值从
相应的 I/O 引脚输出。设置寄存器 GPASET 是只写寄存器（若读，则返回 0），若将某一位
写 1，将使相应的 I/O 引脚输出高电平，写 0 无效。清除寄存器 GPACLEAR 是只写寄存器，
若将某一位写 1，将使相应的 I/O 引脚输出低电平，写 0 无效。反转触发寄存器 GPATOG-
GLE 是只写寄存器，若将某一位写 1，将使相应 I/O 引脚上的信号取反输出，写 0 无效。

GPIOA 通过输入限定控制寄存器 GPAQUAL 来设置输入限定方法，GPAQUAL 寄存器如
图 5-5 所示。

GPIOA 输入限定控制寄存器（GPAQUAL）的功能定义见表 5-4。

图 5-5 GPIOA 输入限定控制寄存器 GPAQUAL

**表 5-4 GPIOA 输入限定控制寄存器 GPAQUAL 功能定义**

| 位 | 名 称 | 功能定义 |
|---|---|---|
| 7 ~ 0 | QUALPRO | 设置输入限定的采样周期<br>0x00：不限定，与 SYSCLKOUT 同步；<br>0x01：QUALPRD = 2 个 SYSCLKOUT 周期；<br>0x02：QUALPRD = 4 个 SYSCLKOUT 周期；<br>……<br>0Xff：QUALPRD = 510 个 SYSCLKOUT 周期。 |

### 2. GPIOB

表 5-5 列出了 GPIOB 端口的引脚和 GPIO 控制寄存器位的映射，GPIOB 端口主要与事件管理器 B 的引脚复用。

**表 5-5 GPIOB 复用功能选择/方向控制寄存器的位定义**

| 寄存器位 | 外设名称<br>（GPBMUX 位 = 1） | GPIO 名称<br>（GPBMUX 位 = 0） | GPBMUX/DIR 类型 | 复位值 | 是否输入限定 |
|---|---|---|---|---|---|
| 0 | PWM7（O） | GPIOB0 | R/W | 0 | 是 |
| 1 | PWM8（O） | GPIOB1 | R/W | 0 | 是 |
| 2 | PWM9（O） | GPIOB2 | R/W | 0 | 是 |
| 3 | PWM10（O） | GPIOB3 | R/W | 0 | 是 |
| 4 | PWM11（O） | GPIOB4 | R/W | 0 | 是 |
| 5 | PWM12（O） | GPIOB5 | R/W | 0 | 是 |
| 6 | T3PWM – T3CMP（O） | GPIOB6 | R/W | 0 | 是 |
| 7 | T4PWM – T4CMP（O） | GPIOB7 | R/W | 0 | 是 |
| 8 | CAP4 – QEP4（I） | GPIOB8 | R/W | 0 | 是 |
| 9 | CAP5 – QEP5（I） | GPIOB9 | R/W | 0 | 是 |
| 10 | CAP6 – QEP5（I） | GPIOB10 | R/W | 0 | 是 |
| 11 | TDIRB（I） | GPIOB11 | R/W | 0 | 是 |
| 12 | TCLKINB（I） | GPIOB12 | R/W | 0 | 是 |
| 13 | $\overline{C4TRIP}$（I） | GPIOB13 | R/W | 0 | 是 |
| 14 | $\overline{C5TRIP}$（I） | GPIOB14 | R/W | 0 | 是 |
| 15 | $\overline{C6TRIP}$（I） | GPIOB15 | R/W | 0 | 是 |

GPIOB 通过输入限定控制寄存器 GPBQUAL 来设置输入限定方法，寄存器 GPBQUAL 与寄存器 GPAQUAL 结构类似，不再另述。

### 3. GPIOD

表 5-6 列出了 GPIOD 端口的引脚和 GPIO 控制寄存器位的映射。

**表 5-6  GPIOD 复用功能选择/方向控制寄存器的位定义**

| 寄存器位 | 外设名称<br>（GPDMUX 位 = 1） | GPIO 名称<br>（GPDMUX 位 = 0） | GPDMUX/DIR 类型 | 复位值 | 是否输入限定 |
|---|---|---|---|---|---|
| 0 | $\overline{\text{T1CTRIP}} - \text{PDPINTA}$（I） | GPIOD0 | R/W | 0 | 是 |
| 1 | $\overline{\text{T2CTRIP}}$（I） | GPIOD1 | R/W | 0 | 是 |
| 2 ~ 4 | 保留 | 保留 | R – 0 | 0 | — |
| 5 | $\overline{\text{T3CTRIP}} - \text{PDPINTB}$（I） | GPIOD5 | R/W | 0 | 是 |
| 6 | $\overline{\text{T4CTRIP}}$（I） | GPIOD6 | R/W | 0 | 是 |
| 7 ~ 15 | 保留 | 保留 | R = 0 | 0 | — |

GPIOD 通过输入限定控制寄存器 GPDQUAL 来设置输入限定方法，寄存器 GPDQUAL 与寄存器 GPAQUAL 结构类似，不再另述。

### 4. GPIOE

表 5-7 列出了 GPIOE 端口的引脚和 GPIO 控制寄存器位的映射。

**表 5-7  GPIOE 复用功能选择/方向控制寄存器的位定义**

| 寄存器位 | 外设名称<br>（GPDMUX 位 = 1） | GPIO 名称<br>（GPDMUX 位 = 0） | GPEMUX/DIR 类型 | 复位值 | 是否输入限定 |
|---|---|---|---|---|---|
| 0 | XINT1 – $\overline{\text{XBIO}}$（I） | GPIOE0 | R/W | 0 | 是 |
| 1 | XINT2 – ADCSOC（I） | GPIOE1 | R/W | 0 | 是 |
| 2 | XNMI – XINT13（I） | GPIOE2 | R/W | 0 | 是 |
| 3 ~ 15 | 保留 | 保留 | R – 0 | 0 | — |

GPIOE 通过输入限定控制寄存器 GPEQUAL 来设置输入限定方法，寄存器 GPEQUAL 与寄存器 GPAQUAL 结构类似，不再另述。

### 5. GPIOF

表 5-8 列出了 GPIOF 端口的引脚和 GPIO 控制寄存器位的映射。GPIOF 端口主要与通信接口引脚复用。

**表 5-8  GPIOF 复用功能选择/方向控制寄存器的位定义**

| 寄存器位 | 外设名称<br>（GPDMUX 位 = 1） | GPIO 名称<br>（GPDMUX 位 = 0） | GPFMUX/DIR 类型 | 复位值 | 是否输入限定 |
|---|---|---|---|---|---|
| 0 | SPISIMO（O） | GPIOF0 | R/W | 0 | 否 |
| 1 | SPISOMI（I） | GPIOF1 | R/W | 0 | 否 |
| 2 | SPICLK（I/O） | GPIOF2 | R/W | 0 | 否 |
| 3 | SPISTE（I/O） | GPIOF3 | R/W | 0 | 否 |

（续）

| 寄存器位 | 外设名称<br>（GPDMUX 位 =1） | GPIO 名称<br>（GPDMUX 位 =0） | GPFMUX/DIR<br>类型 | 复位值 | 是否输入限定 |
|---|---|---|---|---|---|
| 4 | SCITXDA（O） | GPIOF4 | R/W | 0 | 否 |
| 5 | SCIRXDA（I） | GPIOF5 | R/W | 0 | 否 |
| 6 | CANTX（O） | GPIOF6 | R/W | 0 | 否 |
| 7 | CANRX（I） | GPIOF7 | R/W | 0 | 否 |
| 8 | MCLKX（I/O） | GPIOF8 | R/W | 0 | 否 |
| 9 | MCLKR（I/O） | GPIOF9 | R/W | 0 | 否 |
| 10 | MFSX（I/O） | GPIOF10 | R/W | 0 | 否 |
| 11 | MFSR（I/O） | GPIOF11 | R/W | 0 | 否 |
| 12 | MDX（O） | GPIOF12 | R/W | 0 | 否 |
| 13 | MDR（I） | GPIOF13 | R/W | 0 | 否 |
| 14 | XF（O） | GPIOF14 | R/W | 0 | 否 |
| 15 | 保留 | 保留 | R - 0 | 0 | — |

## 6. GPIOG

表 5-9 列出了 GPIOG 端口的引脚和 GPIO 控制寄存器位的映射。

**表 5-9　GPIOG 复用功能选择/方向控制寄存器的位定义**

| 寄存器位 | 外设名称<br>（GPDMUX 位 =1） | GPIO 名称<br>（GPDMUX 位 =0） | GPGMUX/DIR<br>类型 | 复位值 | 是否输入限定 |
|---|---|---|---|---|---|
| 0 | 保留 | GPIOG0 | R/W | 0 | |
| 1 | 保留 | GPIOG1 | R/W | 0 | |
| 2 | 保留 | GPIOG2 | R/W | 0 | |
| 3 | 保留 | GPIOG3 | R/W | 0 | |
| 4 | SCITXDB（O） | GPIOG4 | R/W | 0 | 否 |
| 5 | SCIRXDB（I） | GPIOG5 | R/W | 0 | 否 |
| 6 | 保留 | GPIOG6 | R/W | 0 | |
| 7 | 保留 | GPIOG7 | R/W | 0 | |
| 8 | 保留 | GPIOG8 | R/W | 0 | |
| 9 | 保留 | GPIOG9 | R/W | 0 | |
| 10 | 保留 | GPIOG10 | R/W | 0 | |
| 11 | 保留 | GPIOG11 | R/W | 0 | |
| 12 | 保留 | GPIOG12 | R/W | 0 | |
| 13 | 保留 | GPIOG13 | R/W | 0 | |
| 14 | 保留 | GPIOG14 | R/W | 0 | |
| 15 | 保留 | GPIOG15 | R/W | 0 | |

## 5.3　GPIO 应用实例——流水灯控制

### 1. 流水灯控制电路设计

DSP 的通用输入/输出端口用于流水灯控制的硬件电路如图 5-6 所示。将 8 个发光二极管 LED 连接至 DSP 的 GPIOA 端口，设置 GPIOA 为数字量 IO，方向为输出。当 GPIOA 引脚输出低电平时，连接的 LED 发光，当 GPIOA 引脚输出高电平时，则连接的 LED 熄灭。

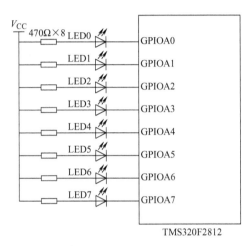

图 5-6　流水灯控制电路

### 2. 流水灯控制软件设计

流水灯的控制软件如下，实现对 LED 一亮一灭的控制。为帮助初学者建立良好的编程风格，程序编写采用了 TI 公司的例程格式。程序中对所有 GPIO 端口都进行了设置，可作为初学者设计程序提供参考，在实际工程应用中，可以根据具体的硬件电路，对不同的端口分别进行设置。程序提供了实现对 GPIO 取反输出的三种方法，分别利用了 GPxDAT、GPxDAT、GPxSET/GPxCLEAR、GPxTOGGLE 寄存器的功能，可供借鉴，但在编译时只选择其中之一进行。

```
//FILE：Example_281xGpioToggle. c
#include   "DSP281x_Device. h"
#include   "DSP281x_Examples. h"

//以下三个例子只选择一个进行编译，即只能有一个例子被设为1，其余应设为0
#define EXAMPLE1 1
#define EXAMPLE2 0
#define EXAMPLE3 0

//本例程用到的函数声明
void delay_loop(void);
void Gpio_select(void);
void Gpio_example1(void);              //利用 GPxDAT 寄存器对 I/O 引脚取反输出
```

```
void Gpio_example2(void);          //利用 GPxSET/GPxCLEAR 寄存器对 I/O 引脚取反输出
void Gpio_example3(void);          //利用 GPxTOGGLE 寄存器对 I/O 引脚取反输出

//主程序
void main(void)
{
  InitSysCtrl();                   //系统初始化:PLL、WatchDog、使能外设时钟
  Gpio_select();                   //GPIO 设置
  DINT;                            //清除所有中断,初始化 PIE 向量表,关闭 CPU 中断
  InitPieCtrl();                   //将 PIE 控制寄存器初始化为默认值,即所有 PIE
                                   //中断被关闭,所有中断标志清零
  IER = 0x0000;                    //关闭 CPU 中断,清除所有 CPU 中断标志
  IFR = 0x0000;
  InitPieVectTable();              //初始化 PIE 向量表,将指针指向 ISR(位于 DSP281x_
                                   //DefaultIsr. c 中)

#if EXAMPLE1                       //该例程使用 GPxDAT 寄存器反转触发 I/O 引脚
  Gpio_example1();
#endif

#if EXAMPLE2                       //该例程使用 GPxSET/GPxCLEAR 寄存器反转触发 I/O 引脚
  Gpio_example2();
#endif

#if EXAMPLE3                       //该例程使用 GPxTOGGLE 寄存器反转触发 I/O 引脚
  Gpio_example3();
#endif

}
void delay_loop()                  //延时子程序
{
  short   i;
  for (i = 0; i < 1000; i++) {}
}

void Gpio_example1(void)           //使用 GPxDAT 寄存器反转触发 I/O 引脚
{
  //当使用 GPxDAT 寄存器时,可能会丢失输入信号。如果端口有输入信号,可以使用
  //CLEAR/SET/TOGGLE 寄存器实现反转触发 I/O 引脚
  while(1)
{
  GpioDataRegs. GPADAT. all = 0xAAAA;
  delay_loop();
```

```
        GpioDataRegs. GPADAT. all = 0x5555;
        delay_loop( );
    }
}


    void Gpio_example2( void)               //使用 SET/CLEAR 寄存器反转触发 I/O 引脚
{
    while(1)
    {
      GpioDataRegs. GPASET. all = 0xAAAA;
      GpioDataRegs. GPACLEAR. all = 0x5555;
      delay_loop( );

      GpioDataRegs. GPACLEAR. all = 0xAAAA;
      GpioDataRegs. GPASET. all = 0x5555;
      delay_loop( );
    }
}


void Gpio_example3( void)                   //使用 TOGGLE 寄存器反转触发 I/O 引脚
{
    //先将端口设置成已知状态
    GpioDataRegs. GPASET. all = 0xAAAA;
    GpioDataRegs. GPACLEAR. all = 0x5555;
    //使用 TOGGLE 寄存器将引脚状态反转,被写 1 的位将使引脚状态反转,写 0 的位不改变引脚
    //状态
    while(1)
    {
    GpioDataRegs. GPATOGGLE. all = 0xFFFF;
    delay_loop( );
    }
}

void Gpio_select( void)
{

    Uint16 var1;
    Uint16 var2;
    Uint16 var3;

    var1 = 0x0000;                          //sets GPIO Muxs as I/Os
    var2 = 0xFFFF;                          //sets GPIO DIR as outputs
```

```
var3 = 0x0000;                    //sets the Input qualifier values

EALLOW;
GpioMuxRegs. GPAMUX. all = var1;   //将 GPIO 端口设置成数字量 I/O

GpioMuxRegs. GPADIR. all = var2;   //将 GPIO 端口设置为输出

GpioMuxRegs. GPAQUAL. all = var3;  //设置 GPIO 输入限定值
EDIS;


}
```

# 本章重点小结

　　本章介绍了'28x 系列 DSP 的通用数字输入/输出 GPIO 端口。GPIO 端口是复用功能引脚，通过 GPxMUX、GPxDIR、GPxQUAL 等复用功能控制寄存器以及 GPxDAT、GPxSET、GPxCLEAR 和 GPxTOGGLE 等 GPIO 数据寄存器对引脚的功能和操作进行控制。当端口被设定为数字量 I/O 时，必须要禁止相应的外设 I/O 功能，否则可能引起误操作。当引脚被设置为输入时，部分端口可以设置输入限定功能，能有效消除尖刺噪声，同时对输入信号宽度提出要求。本章对 GPIO 相关的寄存器做了详细介绍，对 GPIO 模块的使用给出了硬件电路和软件例程，可供初学者参考借鉴。

# 习　　题

5-1　如何将 GPIOA 定义为外设 I/O? 请对相应寄存器进行设置。

5-2　设计一段程序，使图 5-6 中的发光二极管轮流点亮。

5-3　设计一个霓虹灯控制系统，可以实现至少四种变换方案，由手动或自动控制。

5-4　设计 PWM 输出电路，可以用示波器观察引脚上的波形。

# 第6章 事件管理器 EV

## 本章课程目标

本章介绍脉冲宽度调制 PWM、脉冲捕获单元 CAP 和正交编码脉冲单元 QEP 等控制类外设的结构、原理和使用方法，这些单元具有强大的控制功能，特别适合运动控制和电机控制等应用。

本章课程目标为：了解通用定时器结构和工作原理、了解 PWM 单元结构、掌握 PWM 波形产生原理和方法、了解脉冲捕获单元和正交脉冲编码单元的工作原理和使用方法、了解事件管理器的结构和寄存器、能够根据要求实现系统控制功能。

TMS2000 系列 DSP 的控制类外设包括脉冲宽度调制、脉冲捕获单元和正交编码脉冲单元，能够产生多路互补的 PWM 信号或非互补的 PWM 信号，能测量输入脉冲的周期和占空比，根据光电编码器信号计算电机的旋转方向等信息，具有强大的控制功能。TMS320F2812 将控制类外设集成在两个事件管理器 EVA 和 EVB 中，EVA 和 EVB 具有相同的定时器、PWM 单元、脉冲捕获单元和正交编码脉冲单元，可用于多轴运动控制，例如在 H 桥电路中，各个桥的上臂和下臂需要由一对互补的 PWM 信号来控制，每个事件管理器能够控制 3 个桥，此外，每个事件管理器还能单独输出 2 路非互补的 PWM 信号。'28x 系列 DSP 其他器件的控制外设有增强型脉宽调制单元 ePWM、高分辨率脉宽调制单元 HRPWM、增强型的捕获单元 eCAP、高分辨率捕获单元 HRCAP 和增强型正交编码脉冲单元 eQEP 等，使用时需查阅相应器件手册。

## 6.1 事件管理器概述

'28x 系列 DSP 芯片内包含 EVA 和 EVB 两个事件管理器。每个事件管理器包含通用定时器 GP TIMER、脉冲宽度调制 PWM 单元、脉冲捕获单元 CAP 以及正交编码脉冲电路 QEP。事件管理器具有强大的控制功能，特别适合运动控制和电机控制等应用。例如 PWM 单元产生脉宽调制信号可以控制直流电机或步进电机的转速；捕获单元对光电编码器的输出信号进行测量可以计算电机的转速；正交编码脉冲电路根据编码器信号计算电机的旋转方向等信息。EVA 和 EVB 的定时器、比较单元和捕获单元的功能都相同，可以用于多轴运动控制。例如在 H 桥电路中，各个桥的上臂和下臂需要由一对互补的 PWM 信号来控制，每个 EV 能够控制 3 个桥。此外，每个 EV 还能单独输出 2 路非互补 PWM 信号。

### 6.1.1 事件管理器模块和信号

EVA 和 EVB 具有相同的结构和功能，只是名称不同。本章主要介绍 EVA 模块的结构和功能，这些描述也适用于 EVB 模块。表 6-1 列出了 EVA 和 EVB 的模块和信号。

表 6-1　事件管理器的模块和信号

| 事件管理器模块 | EVA | | EVB | |
|---|---|---|---|---|
| | 模块 | 信号 | 模块 | 信号 |
| GP 定时器 | 定时器 1 | T1PWM/T1CMP | 定时器 3 | T3PWM/T3CMP |
| | 定时器 2 | T2PWM/T2CMP | 定时器 4 | T4PWM/T4CMP |
| PWM 比较单元 | 比较器 1 | PWM1/2 | 比较器 4 | PWM7/8 |
| | 比较器 2 | PWM3/4 | 比较器 5 | PWM9/10 |
| | 比较器 3 | PWM5/6 | 比较器 6 | PWM11/12 |
| 捕获单元 | 捕获单元 1 | CAP1 | 捕获单元 4 | CAP4 |
| | 捕获单元 2 | CAP2 | 捕获单元 5 | CAP5 |
| | 捕获单元 3 | CAP3 | 捕获单元 6 | CAP6 |
| 正交编码脉冲通道<br>（QEP） | QEP | QEP1 | QEP | QEP3 |
| | | QEP2 | | QEP4 |
| | | QEPI1 | | QEPI2 |
| 外部定时器输入 | 定时器方向 | TDIRA | 定时器方向 | TDIRB |
| | 外部时钟 | TCLKINA | 外部时钟 | TCLKINB |
| 外部比较输出的<br>trip 输入 | 比较 | $\overline{C1TRIP}$ | 比较 | $\overline{C4TRIP}$ |
| | | $\overline{C2TRIP}$ | | $\overline{C5TRIP}$ |
| | | $\overline{C3TRIP}$ | | $\overline{C6TRIP}$ |
| 外部定时器比较<br>trip 输入 | | $\overline{T1CTRIP}/\overline{T2CTRIP}$ | | $\overline{T3CTRIP}/\overline{T4CTRIP}$ |
| 外部 trip 输入 | | $\overline{PDPINTA}$ ∗ | | $\overline{PDPINTB}$ ∗ |
| 外部 ADC SOC 触发<br>信号输出 | | EVASOC | | EVBSOC |

注：在 F240x 兼容模式下，$\overline{T1CTRIP}$/$\overline{PDPINTA}$ 引脚为 PDPINTA 功能，$\overline{T3CTRIP}$/$\overline{PDPINTB}$ 引脚为 PDPINTB 功能。

图 6-1 所示是事件管理器 EV 的接口电路框图。

事件管理器 EVA 与通用输入/输出端口 GPIOA 及 GPIOD 共用引脚；事件管理器 EVB 与通用输入/输出端口 GPIOB 及 GPIOD 共用引脚。事件管理器 EVA 使用 CAP1_QEP1 和 CAP2_QEP2 引脚作为捕获或正交编码脉冲的输入引脚；EVB 使用 CAP4_QEP3 和 CAP5_QEP4 引脚作为捕获或正交编码脉冲的输入引脚。通过编程，事件管理器的通用定时器可以工作在外部或内部 CPU 时钟，引脚 TCLKINA 和 TCLKINB 提供了两个外部时钟输入，引脚 TDIRA 和 TDIRB 可以设置通用定时器的增/减计数方向。事件管理器还可以根据内部事件自动启动片内的 A - D 转换。事件管理器的所有输入都由内部 CPU 协调同步，一次跳变脉冲宽度必须保持直到两个 CPU 时钟的上升沿后才会被事件管理器模块识别。

 注意：EV 的所有输入信号必须保持至少两个 CPU 时钟周期才能被识别！

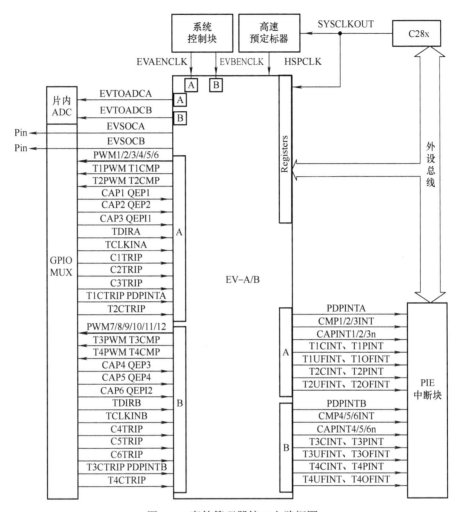

图 6-1 事件管理器接口电路框图

## 6.1.2 事件管理器结构

图 6-2 所示是事件管理器 EVA 的内部结构，EVB 的结构与之类似。以下介绍 EVA 模块的结构。

**1. 通用定时器**

每个 EV 模块都有两个通用定时器，对 EVA 来说是通用定时器 1 和 2，对 EVB 来说是通用定时器 3 和 4。每个通用定时器都有 4 个可读写的 16 位寄存器，分别是增/减计数寄存器 TxCNT（x = 1，2，3 或 4）、比较寄存器 TxCMPR、周期寄存器 TxPR 和控制寄存器 TxCON。每个通用定时器都可选择内部或外部输入时钟，有可编程的预定标器。通用定时器的控制和中断逻辑，可用于 4 个可屏蔽的中断：下溢、上溢、定时器比较和周期中断。通用定时器有一个可选择方向的输入引脚 TDIRx，可以选择增计数或减计数模式。

通用定时器可以独立工作，也可以与其他通用定时器同步工作。与之相关的比较寄存器可用作比较功能发生 PWM 波形。每个通用定时器可以工作在连续递增计数、定向递增/递

103

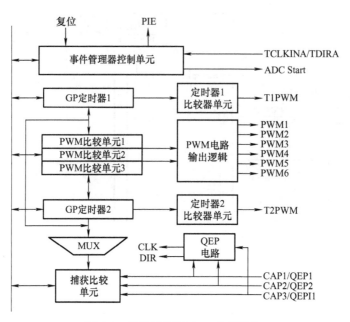

图 6-2  事件管理器 EVA 内部结构

减计数和连续递增/递减计数 3 种连续模式。通用定时器还为 EV 模块中的其他子模块提供时钟：例如通用定时器 1 为 EVA 模块所有的比较器和 PWM 电路提供时钟，通用定时器 2 或 1 为捕获单元和正交编码脉冲计数提供时钟。带双缓冲的周期寄存器和比较寄存器可以编程改变 PWM 的周期和脉冲宽度。

**2. PWM 比较器和 PWM 电路输出逻辑**

EVA/EVB 模块各有 3 个 PWM 比较器。EVA 模块的比较器都使用通用定时器 1 的时钟，通过可编程死区电路产生 6 路信号用于比较和 PWM 波形发生，这 6 路输出均可独立设置。其比较寄存器是双缓冲的，可以编程改变脉冲宽度。

每个 EV 模块可以同时产生多至 8 个 PWM 波形输出：3 对由 PWM 比较器和 PWM 电路产生，相互独立且带可编程死区控制，2 个相互独立的 PWM 输出由通用定时器比较器产生。

可编程死区发生电路包括 3 个 4 位的计数器和 1 个 16 位的比较寄存器。死区值可以编程到比较寄存器中，用于 3 个比较器的输出。每个比较器的死区发生电路可以独立地使能或禁止，死区发生电路为每个比较器的输出提供 2 个信号。EVA 模块死区发生器的输出状态可以由双缓冲的 ACTRA 寄存器来修改或设置。

**3. 捕获单元 CAP**

捕获单元能够记录不同事件或变化发生的时刻。当在捕获引脚 CAPx 上检测到所选的变化时，选定的通用定时器的计数值被捕获并储存至 2 级深度的 FIFO 堆栈中。捕获单元由 3 个捕获电路构成。

**4. 正交编码脉冲单元 QEP**

两个捕获引脚（EVA 的 CAP1/2，EVB 的 CAP4/5）可以用作正交编码脉冲电路接口，这些引脚与 CPU 完全同步。正交脉冲的方向或顺序都可以被检测，通用定时器在两个输入信号的上升沿和下降沿要增或减计数，因此 QEP 电路产生的信号频率为每个输入脉冲频率的 4 倍。

**5. 外部 A－D 转换的启动信号**

EVA 的输出启动 A－D 转换信号（SOC）可以被送至外部引脚 EVASOC，作为外部 ADC 接口。EVASOC 和 EVBSOC 分别与 $\overline{\text{T2CTRIP}}$ 和 $\overline{\text{T4CTRIP}}$ 复用。

## 6.1.3　事件管理器寄存器地址

事件管理器 EVA 和 EVB 的寄存器具有相同的位定义，表 6-2 列出了所有事件管理器的寄存器。EVA 寄存器的地址范围是 7400H～7431H，EVB 寄存器的地址范围是 7500H～7531H。EV 模块对地址的低 6 位解码，外设地址解码逻辑对地址的高 10 位解码。

表 6-2　EV 寄存器列表

| 序号 | 寄存器名称 | 地址 | 大小 | 功能描述 |
|---|---|---|---|---|
| | | | EVA | |
| 1 | GPTCONA | 0x0000 7400 | 16 bits | 通用定时器全局控制寄存器 A |
| 2 | T1CNT | 0x0000 7401 | 16 bits | 定时器 1 计数寄存器 |
| 3 | T1CMPR | 0x0000 7402 | 16 bits | 定时器 1 比较寄存器 |
| 4 | T1PR | 0x0000 7403 | 16 bits | 定时器 1 周期寄存器 |
| 5 | T1CON | 0x0000 7404 | 16 bits | 定时器 1 控制寄存器 |
| 6 | T2CNT | 0x0000 7405 | 16 bits | 定时器 2 计数寄存器 |
| 7 | T2CMPR | 0x0000 7406 | 16 bits | 定时器 2 比较寄存器 |
| 8 | T2PR | 0x0000 7407 | 16 bits | 定时器 2 周期寄存器 |
| 9 | T2CON | 0x0000 7408 | 16 bits | 定时器 2 控制寄存器 |
| 10 | EXTCONA | 0x0000 7409 | 16 bits | 扩展控制寄存器 A |
| 11 | COMCONA | 0x0000 7411 | 16 bits | 比较控制寄存器 A |
| 12 | ACTRA | 0x0000 7413 | 16 bits | 比较动作控制寄存器 A |
| 13 | DBTCONA | 0x0000 7415 | 16 bits | 死区时间控制寄存器 A |
| 14 | CMPR1 | 0x0000 7417 | 16 bits | 比较寄存器 1 |
| 15 | CMPR2 | 0x0000 7418 | 16 bits | 比较寄存器 2 |
| 16 | CMPR3 | 0x0000 7419 | 16 bits | 比较寄存器 3 |
| 17 | CAPCONA | 0x0000 7420 | 16 bits | 捕获单元控制寄存器 A |
| 18 | CAPFIFOA | 0x0000 7422 | 16 bits | 捕获单元 FIFO 状态寄存器 A |
| 19 | CAP1FIFO | 0x0000 7423 | 16 bits | 2 级深度 FIFO1 堆栈 |
| 20 | CAP2FIFO | 0x0000 7424 | 16 bits | 2 级深度 FIFO2 堆栈 |
| 21 | CAP3FIFO | 0x0000 7425 | 16 bits | 2 级深度 FIFO3 堆栈 |
| 22 | CAP1FBOT | 0x0000 7427 | 16 bits | FIFO1 栈底寄存器 |
| 23 | CAP2FBOT | 0x0000 7428 | 16 bits | FIFO2 栈底寄存器 |
| 24 | CAP3FBOT | 0x0000 7429 | 16 bits | FIFO3 栈底寄存器 |
| 25 | EVAIMRA | 0x0000 742C | 16 bits | EVA 中断屏蔽寄存器 A |

（续）

| 序号 | 寄存器名称 | 地址 | 大小 | 功能描述 |
|---|---|---|---|---|
| | | | EVA | |
| 26 | EVAIMRB | 0x0000 742D | 16 bits | EVA 中断屏蔽寄存器 B |
| 27 | EVAIMRC | 0x0000 742E | 16 bits | EVA 中断屏蔽寄存器 C |
| 28 | EVAIFRA | 0x0000 742F | 16 bits | EVA 中断标志寄存器 A |
| 29 | EVAIFRB | 0x0000 7430 | 16 bits | EVA 中断标志寄存器 B |
| 30 | EVAIFRC | 0x0000 7431 | 16 bits | EVA 中断标志寄存器 C |
| | | | EVB | |
| 31 | GPTCONB | 0x0000 7500 | 16 bits | 通用定时器全局控制寄存器 B |
| 32 | T3CNT | 0x0000 7501 | 16 bits | 定时器 3 计数寄存器 |
| 33 | T3CMPR | 0x0000 7502 | 16 bits | 定时器 3 比较寄存器 |
| 34 | T3PR | 0x0000 7503 | 16 bits | 定时器 3 周期寄存器 |
| 35 | T3CON | 0x0000 7504 | 16 bits | 定时器 3 控制寄存器 |
| 36 | T4CNT | 0x0000 7505 | 16 bits | 定时器 4 计数寄存器 |
| 37 | T4CMPR | 0x0000 7506 | 16 bits | 定时器 4 比较寄存器 |
| 38 | T4PR | 0x0000 7507 | 16 bits | 定时器 4 周期寄存器 |
| 39 | T4CON | 0x0000 7508 | 16 bits | 定时器 4 控制寄存器 |
| 40 | EXTCONB | 0x0000 7509 | 16 bits | 扩展控制寄存器 B |
| 41 | COMCONB | 0x0000 7511 | 16 bits | 比较控制寄存器 B |
| 42 | ACTRB | 0x0000 7513 | 16 bits | 比较动作控制寄存器 B |
| 43 | DBTCONB | 0x0000 7515 | 16 bits | 死区时间控制寄存器 B |
| 44 | CMPR4 | 0x0000 7517 | 16 bits | 比较寄存器 4 |
| 45 | CMPR5 | 0x0000 7518 | 16 bits | 比较寄存器 5 |
| 46 | CMPR6 | 0x0000 7519 | 16 bits | 比较寄存器 6 |
| 47 | CAPCONB | 0x0000 7520 | 16 bits | 捕获单元控制寄存器 B |
| 48 | CAPFIFOB | 0x0000 7522 | 16 bits | 捕获单元 FIFO 状态寄存器 B |
| 49 | CAP4FIFO | 0x0000 7523 | 16 bits | 2 级深度 FIFO4 堆栈 |
| 50 | CAP5FIFO | 0x0000 7524 | 16 bits | 2 级深度 FIFO5 堆栈 |
| 51 | CAP6FIFO | 0x0000 7525 | 16 bits | 2 级深度 FIFO6 堆栈 |
| 52 | CAP4FBOT | 0x0000 7527 | 16 bits | FIFO4 栈底寄存器 |
| 53 | CAP5FBOT | 0x0000 7528 | 16 bits | FIFO5 栈底寄存器 |
| 54 | CAP6FBOT | 0x0000 7529 | 16 bits | FIFO6 栈底寄存器 |
| 55 | EVBIMRA | 0x0000 752C | 16 bits | EVB 中断屏蔽寄存器 A |
| 56 | EVBIMRB | 0x0000 752D | 16 bits | EVB 中断屏蔽寄存器 B |
| 57 | EVBIMRC | 0x0000 752E | 16 bits | EVB 中断屏蔽寄存器 C |
| 58 | EVBIFRA | 0x0000 752F | 16 bits | EVB 中断标志寄存器 A |
| 59 | EVBIFRB | 0x0000 7530 | 16 bits | EVB 中断标志寄存器 B |
| 60 | EVBIFRC | 0x0000 7531 | 16 bits | EVB 中断标志寄存器 C |

## 6.2  通用定时器

每个事件管理器有两个通用定时器，这些定时器可以独立地提供时间基准，例如在控制系统中产生采样周期，为 QEP 电路和捕获电路提供时间基准，以及为比较单元和 PWM 电路提供时间基准来产生 PWM 输出。

### 6.2.1  通用定时器结构

通用定时器的结构如图 6-3 所示。

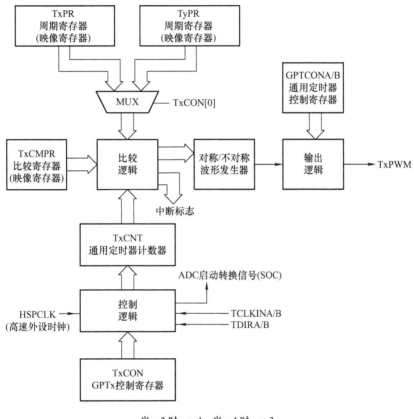

当 x=2 时，y=1；当 x=4 时，y=3

图 6-3  通用定时器结构（x = 2 或 x = 4）

**1. 通用定时器的输入信号和输出信号**

通用定时器可以采用 DSP 内部的外设时钟 HSPCLK 作为时钟输入，也可以采用外部时钟 TCLKINA/B 为时钟输入，TCLKINA/B 的最高频率不能超过 DSP 系统时钟频率的四分之一；当工作在增/减计数模式时，引脚 TDIRA/B 可以控制通用定时器的计数方向，当引脚为高电平时递增计数，当引脚为低电平时递减计数。通用定时器有 4 路比较输出 TxCMP，x = 1，2，3，4；通用定时器可以向 ADC 模块输出启动转换信号 SOC；产生下溢、上溢、比较匹配和周期匹配信号，可以提供给自身的比较逻辑和 EV 的比较单元；还能输出计数方向指示。

当通用定时器工作在递增/递减计数模式时，可以选择正交编码脉冲 QEP 电路产生输入时钟和计数方向信号。此时定时器的预定标电路不起作用，即预定标系数为 1。QEP 电路产生的时钟频率是每个 QEP 输入通道信号频率的 4 倍，因为每个输入信号的上升沿和下降沿都会被计数。QEP 电路输入的时钟频率不能超过系统时钟频率的 1/4。

**2. 通用定时器的寄存器功能**

通用定时器的控制寄存器 TxCON 决定通用定时器的操作模式，例如选择计数模式、时钟、预定标系数、比较寄存器的重装载条件、是否允许通用定时器的比较操作，通用定时器 2/4 使用哪一个周期寄存器等。通过适当设置 T2CON 寄存器，可以实现通用定时器 2 与通用定时器 1 的同步操作。将 T2CON 寄存器中的 T2SWT1 置 1，就由 T1CON 中的 TENABLE 位启动定时器 2，实现两个定时器同时启动；设置 T2CON 寄存器的 SELT1PR 位，可以指定通用定时器 2 使用通用定时器 1 的周期寄存器，这样就允许通用定时器之间的事件实现同步。因为每个定时器都从各自计数寄存器中的当前值开始计数操作，所以可以通过编程，启动一个通用定时器，延时确定的时间，然后再启动另一个定时器。控制寄存器还定义了在仿真挂起时的操作。当 DSP 的时钟被仿真器停止时（例如仿真器遇到断点），发生仿真挂起。通用定时器在仿真挂起时可以继续工作，也可以立即停止工作，或者完成当前计数周期后停止工作。

全局通用定时器控制寄存器 GPTCONA/B 规定了通用定时器针对不同事件采取的动作，并指明计数方向，当相应位的值为 1 时递增计数，为 0 时递减计数。寄存器 GPTCONA/B 还可以定义 ADC 的启动信号，由通用定时器的下溢、比较匹配或周期匹配等事件启动模数转换。这个特点使通用定时器事件与模数转换之间能够同步，而不需要 CPU 的干涉。

通用定时器比较寄存器 TxCMPR 中的值与通用定时器的计数值不断比较，当两者匹配时，根据 GPTCONA/B 的设置，相关的输出引脚发生跳变，相应的中断标志被置 1，如果中断未被屏蔽，则产生外设中断请求。通用定时器的比较操作和比较输出可以在任何一种定时器模式下工作。

通用定时器周期寄存器 TxPR 决定了定时器的计数周期。当定时器周期和计数值匹配时，根据计数器的模式不同，通用定时器复位到 0 或开始递减计数。

通用定时器的比较寄存器和周期寄存器是双缓冲的，即各有一个映像寄存器。在一个周期中的任意时刻，都可以修改映像寄存器。对于比较寄存器，TxCON 可以指定以下 3 种情况，将映像寄存器的值载入工作寄存器中：①写入映像寄存器的数据立即加载到工作寄存器；②通用定时器下溢，即计数值到 0 时加载；③下溢或周期匹配时加载。对于周期寄存器，仅当计数器 TxCNT 的值为 0 时，映像寄存器的值才被载入工作寄存器。

☀ 注意：比较寄存器和周期寄存器的双缓冲特点允许程序在一个周期的任何时候更新这两个寄存器，从而改变下一个定时周期 PWM 的周期值和脉冲宽度。对于 PWM 发生器来说，定时器周期值的快速变化意味着 PWM 载波频率的快速变化。

**3. 通用定时器的中断**

通用定时器在寄存器 EVAIRFA、EVAIFRB、EVBIFRA 和 EVBIFRB 中有 16 个中断标志，每个通用定时器能产生如下 4 个中断：上溢中断 TxOFINT、下溢中断 TxUFINT、比较匹配

TxCINT 和周期匹配 TxPINT。

当通用定时器的计数值达到 FFFFH 时，发生上溢事件；当计数值达到 0000H 时，发生下溢事件；当计数值与周期寄存器中的值相等时，发生周期匹配事件。在上溢、下溢和周期匹配事件发生后，过一个 CPU 时钟后，相应的中断标志位将被置位。当计数值与比较寄存器中的值相等时，发生比较匹配事件，如果比较操作被使能，则过一个 CPU 时钟周期后，比较匹配中断标志被置位。中断标志置位后，如果外设中断未被屏蔽，则会产生一个外设中断请求。

## 6.2.2　通用定时器的计数模式

每个通用定时器都支持 4 种计数模式，即停止/保持模式、连续递增计数模式、定向递增/递减计数模式和连续递增/递减计数模式。对 TxCON 寄存器中的 TMODE1 ~ TMODE0 位进行设置，选择不同的计数模式；设置 TxCON.6 即 TENABLE 位可以使能或禁止定时器的计数操作。当定时器被禁止时，定时器的计数器操作停止，预定标系数复位为 x/1；当定时器使能时，定时器根据选择的计数模式开始计数。

### 1. 停止/保持计数模式

在停止/保持计数模式下，通用定时器停止操作，并保持当前状态；定时器的计数器、比较输出和预定标计数器中的值都保持不变。

### 2. 连续递增计数模式

在连续递增模式下，通用定时器对定时器时钟进行计数，直到计数器的值与周期寄存器的值相等（匹配）。在匹配后的下一个输入时钟上升沿，计数值复位为 0，并开始下一个周期的递增计数，定时器的周期为（TxPR + 1）个定时器时钟周期，如图 6-4 所示。

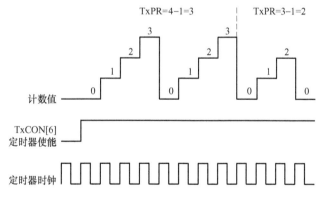

图 6-4　通用定时器连续递增计数模式（TxPR = 3 或 TxPR = 2）

定时器在周期匹配、下溢和上溢时将中断标志置位，若外设中断未被屏蔽，则发生中断请求。如果寄存器 GPTCONA/B 设置周期中断或下溢中断启动 ADC，则当相应中断标志置位时，会向 AD 转换模块发送一个启动转换信号 SOC。

通用定时器的初始值可以是 0 ~ FFFFH 之间的任意值。如果初始值比周期寄存器中的值大时，计数器将从初始值开始计数，一直递增到 FFFFH 后复位到 0，然后以 0 为初始值重新开始计数；如果初始值等于周期寄存器的值，则将周期中断标志置位，复位到 0，下溢中断标志置位，然后以 0 为初始值继续计数；如果初始值介于 0 和周期寄存器的值之间时，将递增计数到周期寄存器的值，然后将周期中断标志置位，复位到 0，下溢中断标志置位，以 0 为初始值继续计数。

在连续递增模式下，GPTCONA/B 寄存器中定时器方向指示位的值是 1，TDIRA/B 引脚的输入信号被忽略。连续递增计数模式特别适用于边沿触发或异步 PWM 波形产生等应用，也适用于电机和运动控制系统采样周期的产生。

### 3. 定向递增/递减计数模式

定向递增/递减计数模式将根据 TDIRA/B 引脚设定的计数方向对定时器时钟进行递增或递减计数。当 TDIRA/B 引脚输入保持高电平时，递增计数直到计数值等于周期寄存器的值或 FFFFH（计数初始值大于周期寄存器值），然后定时器复位到 0，继续递增计数。当 TDI-RA/B 引脚输入保持为低平电时，递减计数直到 0，然后定时器重新载入周期寄存器中的值并继续递减计数，如图 6-5 所示。

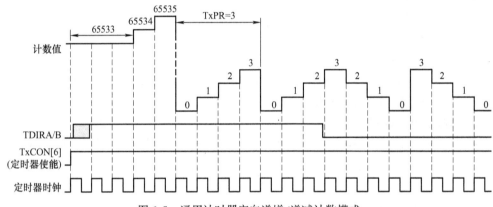

图 6-5    通用计时器定向递增/递减计数模式

定向递增/递减模式下，周期匹配、下溢和上溢的中断标志、中断请求和相关动作与连续递增模式下是一样的。如果 TDIRA/B 引脚信号有变化，要在完成当前计数周期后再过一个 CPU 时钟，才能改变定时器的计数方向。计数方向由寄存器 GPTCONA/B 中的相应位来指示：1 表示递增计数，0 表示递减计数。

通用定时器 2/4 的定向递增/递减计数模式还可以与 EV 模块中的 QEP 一起工作，QEP 电路为定时器提供计数时钟和计数方向。这种模式的操作也可以在电机/运动控制和电力电子应用中为外部事件定时。

### 4. 连续递增/递减计数模式

连续递增/递减计数模式与定向递增/递减计数模式基本相同，只是在连续递增/递减计数模式下，引脚 TDIRA/B 的状态不影响计数方向。当计数器的值递增达到周期寄存器的值或 FFFFH（计数初始值大于周期寄存器的值）时，定时器的计数方向从递增计数变为递减计数；当定时器的计数值递减到 0 时，定时器的方向从递减计数变为递增计数，如图 6-6 所示。

在连续递增/递减计数模式下，除了第一个周期以外，定时器的周期为（$2 \times$ TxPR）个定时器时钟周期。通用定时器的计数器初始值可以是 0 ~ FFFFH 之间的任意值。当初始值大于周期寄存器的值时，定时器先递增计数至 FFFFH 后复位到 0，然后以 0 为初始值继续操作；当初始值等于周期寄存器的值时，定时器先递减计数至 0，然后以 0 为初始值继续操

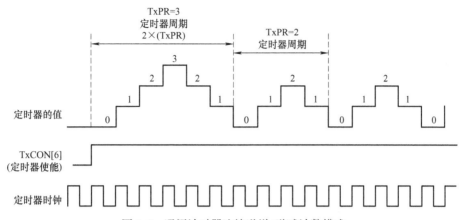

图 6-6　通用计时器连续递增/递减计数模式

作；当初始值介于 0 和周期寄存器的值之间时，定时器先递增计数到周期寄存器的值，然后递减计数至 0，并以 0 为初始值继续操作。连续递增/递减模式下，周期匹配、下溢和上溢的中断标志、中断请求和相关的动作与连续递增模式下是一样的。

连续递增/递减计数模式下，定时器的计数方向由寄存器 GPTCONA/B 中的相应位来指示：1 表示递增计数，0 表示递减计数。引脚 TDIRA/B 的状态被忽略。连续递增/递减计数模式特别适用于产生中心对称的 PWM 波形，这种波形在电机/运动控制和电力电子技术中广泛应用。

### 6.2.3　通用定时器的复位

当定时器复位时，所有定时器寄存器位（除 GPTCONA/B 中的计数方向位之外）都复位到 0，通用定时器的操作被禁止，所有的计数方向指示位置为 1。所有定时器中断标志复位到 0，所有定时器中断屏蔽位（除 $\overline{PDPINTx}$ 之外）都复位为 0，即除 $\overline{PDPINTx}$ 之外，所有定时器中断都被屏蔽。所有的定时器比较输出都置成高阻态。

## 6.3　脉宽调制单元 PWM

PWM（Pulse Width Modulation）信号是利用微处理器的数字输出来对模拟电路进行控制的一种非常有效的技术，广泛应用在测量、通信、功率控制与变换的许多领域中。TMS320'28x系列 DSP 有两个 PWM 单元，分别位于 EVA 和 EVB 模块中，包括 PWM 比较器和 PWM 输出电路，能提供互补的 PWM 信号，适用于电源变换和电机控制等应用场合。PWM 单元的特性包括：

- 16 位寄存器；
- 3 对 PWM 具有可编程宽范围的死区；
- 可以改变 PWM 载波频率；
- 可以在 PWM 周期内或 PWM 周期结束后改变 PWM 脉冲宽度；
- 脉冲方式发生电路，可编程产生对称/不对称 PWM 波形和 8 空间向量 PWM 波形；
- 使用自动重新装载的比较寄存器和周期寄存器，使 CPU 开销减到最小；

● 可屏蔽的外部电源和驱动保护中断 ($\overline{\text{PDPINTx}}$)；当 $\overline{\text{PDPINTx}}$ 引脚被拉低且该信号满足宽度要求时，PWM 引脚被驱动至高阻抗状态，$\overline{\text{PDPINTx}}$ 引脚的状态反映在寄存器 COM-CONx 的第 8 位。

## 6.3.1 PWM 信号

PWM 信号是一系列可变脉宽的脉冲信号，这些脉冲在固定长度的周期内展开，每个周期内有一个脉冲。这个固定长度的周期称为 PWM 载波周期，其倒数称为 PWM 载波频率。每个 PWM 脉冲的宽度根据调制信号的预定值确定。例如在电机控制系统中，PWM 信号用来控制功率开关器件的导通和关断时序，向电机绕组提供期望的电流和能量。提供给电机每一相绕组的相电流，其形式、频率及能量控制了电机的转速和转矩。调制信号的频率通常比 PWM 载波频率要低得多。

要产生一个 PWM 信号，需要有一个定时器重复地产生计数周期，这个计数周期必须与 PWM 载波周期相同；还需要一个比较寄存器来保持调制值，这个值不断地与定时器的计数值进行比较，当两个值相同（比较匹配）时，会在相应的输出引脚上产生一次跳变，当这两个值第二次匹配或计数周期结束时，输出引脚上会产生第二次跳变。通过这个方法，在输出引脚上就会产生一个宽度与比较寄存器的值成正比的脉冲。在每个计数周期都会重复地出现这个过程，比较寄存器的值（调制值）可以每次都不相同，这样就在输出引脚上产生了占空比可以调节的脉冲信号，即 PWM 信号。

## 6.3.2 PWM 比较单元

事件管理器 EVA 和 EVB 的 PWM 单元各有 3 个 PWM 比较器，每个比较器对应两路 PWM 输出。EVA 模块中，全比较器的时钟由通用定时器 1 提供；EVB 模块中，全比较器的时钟由通用定时器 3 提供。

EVA 模块的比较单元结构如图 6-7 所示。

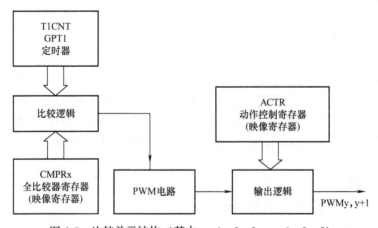

图 6-7  比较单元结构（其中 x = 1，2，3；y = 1，3，5）

EVA 模块中的比较单元包括 3 个 16 位的比较寄存器 CMPR1、CMPR2、CMPR3，各带一个映像寄存器；1 个 16 位的比较控制寄存器 COMCONA；1 个 16 位的动作控制寄存器

ACTRA，带有 1 个映像寄存器；6 路带三态输出的 PWM 引脚以及控制和中断逻辑。

　　EVA 模块比较单元的输入包括来自控制寄存器的控制信号，通用定时器 1 的时钟信号及下溢信号、周期匹配信号和复位信号。比较单元的输出信号是一个比较匹配信号，如果比较操作被使能，比较匹配信号将中断标志置位，并在对应的 PWM 引脚上产生跳变。

　　比较控制寄存器 COMCONA 设定比较操作是否被使能、比较输出是否被使能、比较寄存器值更新条件以及空间向量 SVPWM 是否被使能。

　　EVA 模块比较单元工作过程为：通用定时器 1 的计数值不断地与比较寄存器的值进行比较，当发生匹配时（即两个值相等），该比较单元的两个输出引脚发生跳变。ACTRA 寄存器定义在发生比较匹配时每个输出引脚为高有效电平或低有效电平。如果比较操作被使能，则发生匹配时，比较中断标志被置 1，中断未被屏蔽的话，就会产生外设中断请求。每个比较单元都有一个可屏蔽的中断标志位，分别位于寄存器 EVxIFRA 和 EVxIFRB 中。当发生复位时，所有与比较单元有关的寄存器都复位到 0，所有的比较输出引脚都置为高阻态。比较单元的输出可以被输出逻辑、死区单元和 SVPWM 逻辑改变。比较单元的运行要求寄存器按以下顺序设置：T1PR、ACTRA、CMPRx、COMCONA 和 T1CON。

　注意：比较单元中，发生比较匹配时输出引脚上的跳变时序、中断标志的设置和中断请求的产生都与通用定时器的比较操作是一样的。

### 6.3.3　PWM 电路

　　以 EVA 模块中的 PWM 电路为例，PWM 电路结构如图 6-8 所示。每个 PWM 单元由对称/不对称波形发生器、可编程死区单元 DBU、PWM 输出逻辑和空间向量 SVPWM 状态机组成。其中对称/不对称波形发生器与通用定时器中的波形发生器相同。'28x 系列 DSP 的片内 PWM 电路能够在电机控制和运动控制应用领域中将 CPU 开销和用户工作量降到最低程度。EVA 模块产生 PWM 波形时要涉及的寄存器主要有 T1CON、COMCONA、ACTRA 和 DBTCONA。

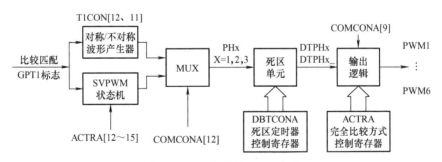

图 6-8　EVA 模块的 PWM 电路

**1. 可编程的死区单元**

　　在电机控制和电力电子的应用中，常将功率开关型器件（如大功率 MOS 管或晶闸管）的上下驱动臂串联起来控制，如图 6-9 所示。在控制过程中，同桥臂上的两个开关器件绝不能同时导通，否则会由于直流电压短路而造成严重后果，因此同一桥臂上的两个开关器件往往工作在互补导通模式，即当一个开关器件导通时，另一个开关器件必须截止。考虑到开关器件的开通和关断都需要一定的时间，且开通速度通常大于关断速度，因此在一个开关器件尚未完全关断进入截止状态之前，同桥臂上的另一个开关器件不能加开通信号，也就是从一个开关器件的关断信号（通常是下降沿）发出，到同桥臂另一个开关器件加开通信号（通常是上升沿）存在一段时间延迟，这个延迟时间通常称为死区，死区时间的长短由开关器件的开关特性以及在具体应用中的负载特征所决定。

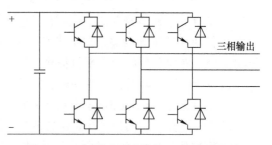

图 6-9　三相桥式逆变器的 PWM 控制电路

　　'28x 系列 DSP 的 PWM 电路提供死区控制单元，不需要 CPU 的干预，就可以产生带死区的 PWM 波形。EVA 模块的死区控制逻辑结构和波形如图 6-10 所示。

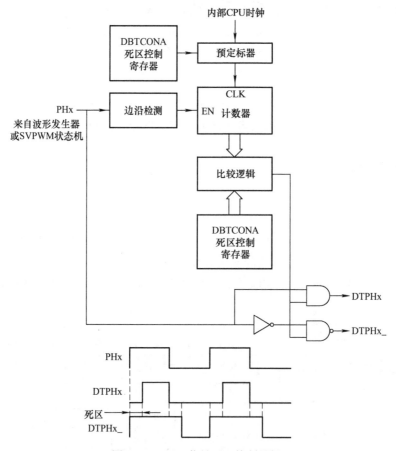

图 6-10　PWM 信号死区控制逻辑

　　由图 6-10 可见，EVA 模块可编程的死区单元包括 16 位的死区控制寄存器 DBTCONA，输入时钟预定标器，可对输入的 CPU 时钟进行分频，4 位的递减计数定时器以及比较逻辑。死区单元的输入信号有对称/不对称波形发生器输出的 PHx（x = 1，2，3），输出信号有 DTPHx，对于每个输入信号 PHx，产生两个输出信号 DTPHx 和 DTPHx_。当比较单元的死区及其输出未被使能时，这两个输出信号完全相同；当比较单元的死区被使能时，这两个信号的跳变沿被设置的时间间隔（即死区）分开。这个时间间隔的长短由 DBTCONA 寄存器来决定。假设 DBTCONA [11~8] 的值为 m，且 DBTCONA [4~2] 的值对应预定标因子为 x/p，则死区值为 (p×m) 个 CPU 时钟周期。

**例 6-1：** 当 CPU 时钟周期为 25ns 时，设置 DBTCONA 寄存器中的位组合，可得到表 6-3 所示的死区值（单位：μs）。

表 6-3 DBTCONA 寄存器中典型位组合对应的死区值

| DB3~DB0 (DBTCONA [11~8]) (m) | DBTPS2~0 (DBTCONA [4~2]) (p) | | | | | |
|---|---|---|---|---|---|---|
| | 110 (p=32) | 100 (p=16) | 011 (p=8) | 010 (p=4) | 001 (p=2) | 000 (p=1) |
| 0 | 0 | 0 | 0 | 0 | 0 | 0 |
| 1 | 0.8 | 0.4 | 0.2 | 0.1 | 0.05 | 0.025 |
| 2 | 1.6 | 0.8 | 0.4 | 0.2 | 0.1 | 0.05 |
| 3 | 2.4 | 1.2 | 0.6 | 0.3 | 0.15 | 0.075 |
| 4 | 3.2 | 1.6 | 0.8 | 0.4 | 0.2 | 0.1 |
| 5 | 4 | 2 | 1 | 0.5 | 0.25 | 0.125 |
| 6 | 4.8 | 2.4 | 1.2 | 0.6 | 0.3 | 0.15 |
| 7 | 5.6 | 2.8 | 1.4 | 0.7 | 0.35 | 0.175 |
| 8 | 6.4 | 3.2 | 1.6 | 0.8 | 0.4 | 0.2 |
| 9 | 7.2 | 3.6 | 1.8 | 0.9 | 0.45 | 0.225 |
| A | 8 | 4 | 2 | 1 | 0.5 | 0.25 |
| B | 8.8 | 4.4 | 2.2 | 1.1 | 0.55 | 0.275 |
| C | 9.6 | 4.8 | 2.4 | 1.2 | 0.6 | 0.3 |
| D | 10.4 | 5.2 | 2.6 | 1.3 | 0.65 | 0.325 |
| E | 11.2 | 5.6 | 2.8 | 1.4 | 0.7 | 0.35 |
| F | 12 | 6 | 3 | 1.5 | 0.75 | 0.375 |

**2. PWM 电路的输出逻辑**

发生比较匹配时输出引脚 PWMx 上的极性和动作由输出逻辑电路决定。每个 PWMx 输出可被定义为低电平有效、高电平有效、强制低或强制高四种状态。通过适当配置 ACTRA 寄存器的位来确定 PWMx 输出的极性和动作。输出逻辑电路如图 6-11 所示。

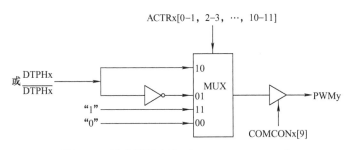

图 6-11 输出逻辑电路 (x = 1~3；y = 1~6)

当发生以下任意一种情况时，所有的 PWMx 输出引脚就被置为高阻态：

- 软件清除 COMCON［9］；
- 硬件电路将$\overline{PDPINTx}$拉低且$\overline{PDPINTx}$未被屏蔽；
- 发生任何复位事件。

# 6.4　PWM 波形的产生

在′28x 系列 DSP 器件上，PWM 信号可以由通用定时器产生两路非互补的 PWM 波形，也可以通过比较器和 PWM 电路产生六路互补的 PWM 信号。

## 6.4.1　通用定时器产生 PWM 波形

每个通用定时器都有一个对应的比较寄存器 TxCMPR 和一个 PWM 输出引脚 TxPWM。可以将 TxCON［1］位设置为 1，使能定时器的比较操作。通用定时器的计数值持续地与比较寄存器 TxCMPR 的值进行比较，当两者相等时，就发生比较匹配。比较匹配发生后再过 1 个 CPU 时钟周期，定时器的比较中断标志置位，并在 PWM 输出引脚 TxPWM 上将产生跳变，如果寄存器 GPTCONA/B 选择通用定时器的比较匹配作为 ADC 启动转换信号，则同时产生 ADC 启动转换信号 SOC，如果比较中断未被屏蔽，还将产生一个外设中断申请。

在 PWM 输出引脚 TxPWM 上可以产生对称或不对称的 PWM 波形，由对称/不对称波形发生器和输出逻辑控制，如图 6-3 所示，同时 TxPWM 引脚上的输出还受以下几个因素影响：①寄存器 GPTCONA/B 中相应位的定义；②定时器的计数模式；③连续递增/递减计数模式下的计数方向。

**1. 不对称 PWM 波形产生原理**

当通用定时器处于连续递增计数模式时，可以产生不对称波形，如图 6-12 所示。以 TxPWM 输出高电平有效为例，波形发生器的输出将根据以下顺序变化：计数操作启动时，引脚输出为 0，并一直保持，直到发生比较匹配；当发生比较匹配时，引脚跳变为 1，并一直保持 1，直到计数周期结束。当计数周期结束时，若新的比较值不是 0，则输出复位到 0，完成一个 PWM 周期。

如果计数周期开始时，比较值为 0，则整个计数周期 TxPWM 的输出都是 1（占空比 100%），如果下一周期中新的比较值是 0，则 TxPWM 的输出不会复位到 0；这一点非常重要，因为它允许产生占空比从 0% ~ 100% 的无扰 PWM 波形。如果比较值比周期值大，则整个计数周期 TxPWM 的输出都为 0（占空比 0%）；如果比较值与周期寄存器的值相同，则 TxPWM 的输出将在一个定时器时钟周期内保持为 1。

 **注意**：不对称 PWM 波形的一个特点是比较值的改变只影响 PWM 波形的单边。

**2. 对称 PWM 波形产生原理**

当通用定时器处于连续递增/递减计数模式时，可以在 TxPWM 引脚上产生对称波形，如图 6-13 所示。仍以 TxPWM 输出高电平有效为例，波形发生器的输出将根据以下顺序变化：计数操作启动时，引脚输出为 0 并保持，直到发生第一次比较匹配时，输出信号跳变，

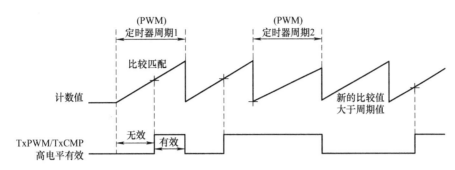

图 6-12 连续递增计数模式下的不对称 PWM 信号

"+"表示发生比较匹配

并保持 1 直到发生第二次比较匹配，TxPWM 输出信号再次跳变为 0，并保持到计数周期结束。如果没有发生第二次比较匹配，并且在下一周期，新的比较值不是 0，那么计数周期结束时，TxPWM 输出复位到 0。

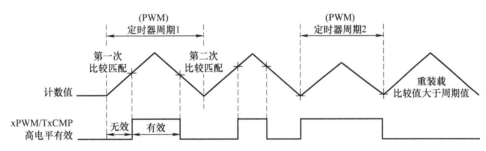

图 6-13 对称 PWM 信号产生波形图

"+"表示发生比较匹配

若比较值在计数周期开始时为 0，则 TxPWM 在计数周期开始就输出 1 并保持不变直到发生第二次比较匹配；若比较值在下半个计数周期为 0，则 TxPWM 输出在第一次跳变为 1 后一直保持直到计数周期结束，在这种情况下，若下一个计数周期中比较值仍然为 0，则输出不会复位到 0，这样可以产生占空比从 0%～100% 的 PWM 波形；如果在上半个计数周期，比较值大于等于周期值，那么引脚 TxPWM 上不会产生第一次跳变，但是在下半个计数周期，当发生比较匹配时，输出仍然会跳变，这种输出跳变的错误，能够在计数周期结束时得到纠正，因为输出会复位到 0，除非下一周期新的比较值为 0，即使是后一种情况，输出保持为 1，产生占空比为 100% 的 PWM 波，也能纠正前面发生的错误状态。

**3. PWM 输出逻辑**

输出逻辑进一步调整波形发生器的输出，产生最终能控制各种功率设备的 PWM 输出。通过适当设置 GPTCONA/B 寄存器的位，可以将 PWM 输出定义成高电平有效、低电平有效、强制高电平和强制低电平等状态。通用定时器的 PWM 输出将根据表 6-4（连续递增计数模式）或表 6-5（连续递增/递减计数模式）转换变化。

**表 6-4　连续递增计数模式下 PWM 输出转换**

| 周期内时刻 | 比较输出状态 |
|---|---|
| 发生比较匹配之前 | 无效电平 |
| 发生比较匹配时 | 设置为有效电平 |
| 发生周期匹配时 | 无效电平 |

**表 6-5　连续递增/递减计数模式下 PWM 输出转换**

| 周期内时刻 | 比较输出状态 |
|---|---|
| 发生第一次比较匹配之前 | 无效电平 |
| 发生第一次比较匹配时 | 设置为有效电平 |
| 发生第二次比较匹配时 | 设置为无效电平 |
| 发生第二次比较匹配之后 | 无效电平 |

当发生以下任何一种情形时，通用定时器的 PWM 输出将置于高阻态：

- 软件设置 GPTCONA/B ［6］为 0 时；
- $\overline{\text{PDPINTx}}$ 被拉低且未屏蔽时；
- 任何复位事件发生；
- 软件设置 TxCON ［1］为 0。

 注意：本节所述有关波形发生器和输出逻辑的原理同样适用于 EV 模块比较单元中的波形发生器和输出逻辑。

**4. 有效/无效时间的计算**

连续递增计数模式中，比较寄存器（TxCMPR）中的值代表了从计数周期开始到第一次比较匹配之间的时间，即无效时间。这个时间等于定时器时钟周期乘以比较寄存器的值，因此有效时间长度（PWM 脉冲宽度）为 $(TxPR - TxCMPR + 1) \times T_{clk}$，$T_{clk}$ 为定时器时钟周期。若 TxCMPR 的值为 0，则整个计数周期都为有效时间；若 TxCMPR 的值大于 TxPR，则有效时间长度为 0。

连续递增/递减模式中，比较寄存器在递增计数和递减计数时可以有不同的值，有效时间长度（PWM 脉冲宽度）为 $(TxPR - TxCMPR_{up} + TxPR - TxCMPR_{dn}) \times T_{clk}$，其中 $TxCMPR_{up}$ 是比较寄存器在递增计数时的值，$TxCMPR_{dn}$ 是比较寄存器在递减计数时的值。若 $TxCMPR_{up}$ 为 0，则在计数周期开始时，比较输出就有效，若 $TxCMPR_{dn}$ 也为 0，则比较输出保持有效直到计数周期结束；当 $TxCMPR_{up}$ 的值大于等于 TxPR 时，则比较输出的第一次跳变丢失，类似地，当 TxCMPRdn 的值大于等于 TxPR 时，第二次跳变也将丢失；若 $TxCMPR_{up}$ 和 TxCMPRdn 的值都不小于 TxPR，则在整个计数周期内，比较输出都是无效电平。

**5. 通用定时器产生 PWM 输出的步骤**

每个通用定时器都提供一个独立的 PWM 输出通道。当选择连续递增计数模式时，可产生不对称的 PWM 波形；当选择连续递增/递减计数模式时，可以产生对称的 PWM 波形。使用通用定时器产生 PWM 波形的步骤如下：

1）根据 PWM 载波周期设置 TxPR 的值；

2）设置 TxCON，选择计数模式、计数时钟源并启动操作；

3）将在线计算得到的 PWM 脉冲宽度（占空比）装载入 TxCMPR。

在连续递增计数模式下，将期望的 PWM 周期除以通用定时器时钟周期，并减去 1，得到的结果装入 TxPR；在连续递增/递减计数模式下，将期望的 PWM 周期除以 2 倍的定时器时钟周期，得到的值装入 TxPR。

在运行期间，比较寄存器的值不断更新，新的比较值决定新的占空比。

例**6-2**：试用通用定时器产生不同频率的 PWM 波

本例中将轮回地产生几种不同频率的 PWM 波。利用 CPU 定时器 0 产生 50ms 的定时中断，在每次 CPU 响应定时器 0 的中断服务程序中，装载下一个周期的值到通用定时器 1 的比较寄存器和周期寄存器中。

```
// *******************************************************
//主要功能:利用通用定时器 1 输出 PWM 波,CPU 定时器 0 产生 50ms 定时中断
// *******************************************************
# include" DSP281x_Device. h"
void Gpio_select( void) ;
void InitSystem( void) ;
void main( void)
{
    unsigned InterrupCount = 0;
    unsigned long time_stamp;
    int frequency[8] = {2219,1973,1776,1665,1480,1332,l184,1110};
//设置 8 种不同的频率值
    InitSystem( ) ;                          //系统初始化
    Gpio_select( ) ;                         //设置 GPIO 引脚功能
    InitPieCtrl( ) ;                         //初始化外设中断扩展单元
    InitPieVectTable( ) ;                    //初始化外设中断扩展向量表
    EALLOW;                                  //允许更改保护的寄存器
    PieVectTable. TINT0 = &cpu_timer0_isr;   //重新映射定时器 0 的中断入口
    EDIS;                                    //禁止更改保护的寄存器
    InitCpuTimers( ) ;
    ConfigCpuTimer( &CpuTimer0, 150, 50000) ; //配置 CPU 定时器 0,计数周期为 50ms:
                                             //CPU 工作频率 150MHz,50000μs 的中断周期
    PieCtrlRegs. PIEIERl. bit. INTx7 = 1;    //使能外设中断扩展的中断 TINT0
    EINT;                                    //使能全局中断 INTM
    ERTM;                                    //使能全局实时中断 DBGM
    //事件管理器 EVA 的时钟在系统初始化函数 InitSystem( )中已经被使能;
    EvaRegs. GPTCONA. bit. TCMPOE = 1;       //设置 T1PWM/T2PWM
    EwtRega. GPTCONA. bit. T1PIN = 1;        //T1PWM 输出低电平有效
    EvaRegs. T1CON. all = 0x17a2;            //T1 递增计数模式
    CpuTimer0Regs. TCR. bit. TSS = 0;
    i = 0;
    time_stamp = 0;
    while(1)
    {
        if( ( InterruptCount – time_stamp) > 10)
        {
            time_stamp = InterruptCount;
            if( i < 7)    EvaRegs. T1PR = frequency[ i ++ ];
```

**119**

```
        else        EvaRegs. T1PR = frequency[ 14 - i ++ ] ;
                EvaRegs. T1CMPR = EvaRegs. T1PR/2 ;
                EvaRegs. T1CON. bit. TENABLE = l ;
                if( i > = 14)    i = 0 ;
            }
        }
    }
//通用 I/O 选择
void Gpio_select( void)
{
    EALLOW;
    GpioMuxRegs. GPAMUX. bit. TIPWM_GPIOA6 = 1 ;//将 GPIOA6 引脚设置为 T1PWM
    EDIS;
}
//系统初始化
void InitSystem( void)
{
    EALLOW;
    Sysctrlregs. WDCR = IIDCR = 0x00E8 ;          //禁止看门狗
    Sysctrlregs. PLLCR. bit. DIV = 1010 ;         //设置系统锁相环倍频系数为 5
    Sysctrlregs. HISPCP. all = 0xl ;              //配置高速外设时钟预定标系数:除以 2
    Sysctrlregs. LOSPCP. all = 0x2 ;              //配置低速外设时钟预定标系数:除以 4
    Sysctrlregs. PCLKCR . bit. EVAENCLK = 1 ;     //使能 EVA 时钟
    EDIS;
}
//定时器 0 中断服务子程序
Interrupt void cpu_timer0_isr( void)
{
    InterruptCount ++ ;
    PieCtrlRegs. PIEACK. all = PIEACK_GROUP1 ;    //响应中断并允许接收更多中断
}
```

## 6.4.2  PWM 单元产生 PWM 波形

EVA 模块的每个比较单元都可以和通用定时器 1、可编程死区单元和 PWM 电路的输出逻辑一起，在专用的输出引脚上产生一对死区和输出极性都可编程的 PWM 信号，可以很方便地控制三相交流感应电机、直流电机和步进电机。每个比较单元都可以单独产生不对称或对称的 PWM 波形，也可以将 3 个比较单元结合使用，产生三相对称的空间向量 PWM 波形（SVPWM）。产生 PWM 波形对寄存器设置步骤如下：

- 设置和装载 ACTRx；
- 若要使能死区功能，需要设置和装载 DBTCONx；
- 初始化 CMPRx；

- 设置和装载 COMCONx；
- 设置和装载 T1CON（对 EVA）/T3CON（对 EVB），启动操作；
- 用在线计算得到的新值装载 CMPRx。

**1. 带死区不对称 PWM 波形**

不对称 PWM 信号的特点是调制脉冲不关于 PWM 周期中心对称，脉冲宽度只能从一侧开始变化，如图 6-14 所示。

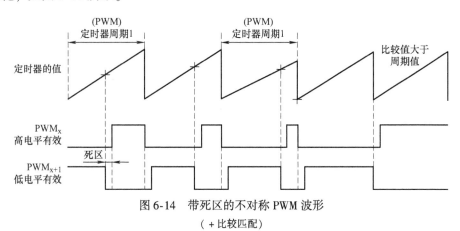

图 6-14　带死区的不对称 PWM 波形

（＋比较匹配）

产生不对称 PWM 信号需要将通用定时器 1（对 EVA）设置为连续递增计数模式，周期寄存器的值为 PWM 载波周期值减 1，通过软件将所需的死区时间值写入到寄存器 DBTCONx［11～8］，每个事件管理器中的 6 个 PWM 输出使用同一个死区值。通用定时器 1（EVA）启动后，比较寄存器在每个 PWM 周期都写入新的比较值，调整 PWM 输出脉冲的宽度，即占空比，从而控制开关器件的开通和关断时间。因为比较寄存器是带映像寄存器的，所以在 PWM 周期的任意时刻都可以将新的值写入其中，同样地，可以随时向周期寄存器和动作控制寄存器写入新的值，改变 PWM 的周期或强制改变 PWM 输出方式。

**2. 带死区对称 PWM 波形**

对称 PWM 波形关于 PWM 周期中心对称，与不对称 PWM 波形相比，其优点在于每个 PWM 周期的开始和结束处都有无效区域，如图 6-15 所示。当采用正弦波调制信号控制交流电机和直流电机时，对称 PWM 波形在相电流中引起的谐波更小。

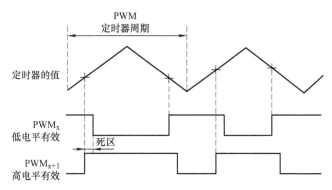

图 6-15　带死区的对称 PWM 波形

"＋"表示发生比较匹配

产生对称的 PWM 信号需要将通用定时器 1（EVA）设置为连续递增/递减计数模式。周期寄存器装入值为 PWM 载波周期的一半。每个对称 PWM 周期将产生 2 次比较匹配，一次匹配在前半周期的递增计数期间，另一次匹配在后半周期的递减计数期间。新装载的比较值将在周期匹配后生效。同样，可以在 PWM 周期内的任何时候装载新的比较值、周期值，也可以随时向周期寄存器和动作控制寄存器写入新的值，来改变 PWM 的周期或强制改变 PWM 输出方式。

**3. PWM 的双刷新模式**

'28x 系列 DSP 器件的 EV 模块支持 PWM 双刷新模式，即每个 PWM 脉冲的上升沿和下降沿的位置可以独立地调整。为了支持这种功能，比较寄存器允许在 PWM 周期的开始更新一个比较值，在 PWM 周期的中间更新另一个比较值。

# 6.5　脉冲捕获单元 CAP

捕获单元 CAP（Capture）能够捕获输入引脚上的跳变，从而测量输入脉冲的周期和占空比。通过捕获输入脉冲上升沿或下降沿时刻的计数器计数值，计算一个脉冲周期的两个上升沿或两个下降沿的计数值之差，就可以得到这个脉冲的周期。捕获单元具有如下特性：

- 一个 16 位捕获控制寄存器 CAPCONx；
- 一个 16 位捕获 FIFO 状态寄存器 CAPFIFOx；
- 可以选择通用定时器（对 EVA 模块可选 1 或 2，对 EVB 模块可选 3 或 4）作为时钟；
- 每个捕获单元都有 1 个 16 位 2 级深度的 FIFO 堆栈，以及 1 个捕获引脚（对 EVA 模块是 CAP1、CAP2、CAP3，对 EVB 模块是 CAP4、CAP5、CAP6）；
- 所有捕获引脚都与 CPU 时钟同步，为了有效捕获变化，输入信号必须保持 2 个 CPU 时钟周期的宽度；
- 用户可以定义要检测的变化模式，如上升沿、下降沿或两个跳变沿都检测。每个捕获单元各有 1 个可屏蔽的中断标志。

## 6.5.1　CAP 结构和特点

两个 EV 模块中共有 6 个捕获单元，其中 EVA 模块的捕获单元为 CAP1、CAP2 和 CAP3，EVB 模块的捕获单元为 CAP4、CAP5 和 CAP6。每个捕获单元都有一个相应的捕获输入引脚。EVA 模块中，每个捕获单元都可以选择通用定时器 2 或通用定时器 1 作为时间基准，CAP1 和 CAP2 必须选择同一个定时器作为时间基准；类似地，EVB 模块中的每个捕获单元可以选择通用定时器 4 或通用定时器 3 作为时间基准，CAP4 和 CAP5 必须选择同一个定时器作为时间基准。

当在捕获输入引脚 CAPx 上检测到跳变时，通用定时器的值被捕获并储存入相应的 2 级深度 FIFO 堆栈。EVA 模块的捕获单元结构如图 6-16 所示。

'28x 系列 DSP 器件的每个捕获单元都有 1 个 16 位的捕获控制寄存器（CAPCONx）、1 个 16 位的捕获 FIFO 状态寄存器（CAPFIFOx）、1 个 16 位 2 级深度的 FIFO 堆栈、1 个可屏蔽的中断标志位和 1 个施密特触发的捕获输入引脚 CAPx，其中 CAP1 和 CAP2、CAP4 和

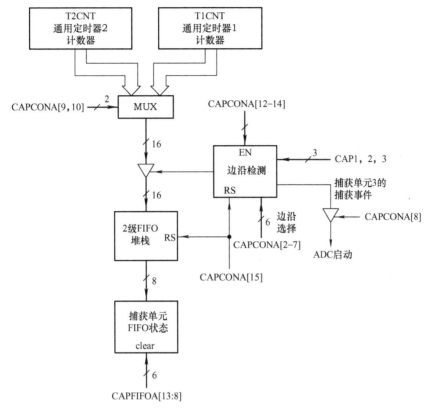

图 6-16　EVA 模块的捕获单元结构

CAP5 引脚还可以用作 QEP 电路的输入，用户可以设定跳变的探测方式（上升沿、下降沿或上升下降沿）。

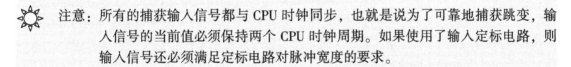 注意：所有的捕获输入信号都与 CPU 时钟同步，也就是说为了可靠地捕获跳变，输入信号的当前值必须保持两个 CPU 时钟周期。如果使用了输入定标电路，则输入信号还必须满足定标电路对脉冲宽度的要求。

## 6.5.2　CAP 操作

捕获单元被使能后，捕获输入引脚上特定的电平变换将所选的通用定时器当前计数值装入相应的 FIFO 堆栈。若 FIFO 堆栈中已经存储了 1 个或更多的有效值（CAPxFIFO 的位不等于 0），则将相应的中断标志置位，若中断未被屏蔽，就将产生一个外设中断请求。每次捕获到新的计数值存入 FIFO 堆栈时，捕获 FIFO 状态寄存器 CAPFIFOx 相应的位就进行调整，实时地反映 FIFO 堆栈的当前新状态。从输入引脚上发生跳变，到锁存计数值，需要 2 个 CPU 时钟周期，因此捕获引脚上的跳变信号应该保持 2 个 CPU 周期以上才能被检测到。复位时，所有捕获单元的寄存器都复位到 0。

### 1. 捕获单元时钟基准的选择

对于 EVA 模块，捕获单元 1 和 2 共用 1 个通用定时器，捕获单元 3 单独使用一个通用定时器，这样就允许两个通用定时器同时使用。捕获单元的操作不会影响任何通用定时器的操作，也不影响与通用定时器相关的比较 PWM 操作。

**2. 捕获单元的设置**

为使捕获单元能够正常工作，必须配置下列寄存器：

- 初始化 CAPFIFOx 寄存器，清除相应的状态位；
- 设置用于捕获操作的通用定时器工作模式；
- 设置通用定时器比较寄存器；如有必要，设置周期寄存器；
- 配置捕获单元控制寄存器 CAPCONx。

**3. 捕获单元 FIFO 堆栈的使用**

每个捕获单元都有一个专用的 2 级深度 FIFO 堆栈，栈顶寄存器为 CAPxFIFO（x = 1 ~ 6），栈底寄存器为 CAPxFBOT。栈顶寄存器是只读寄存器，它存放最早捕获到的计数值，因此读取堆栈时总是返回最早捕获到的计数值。当栈顶寄存器中的值被读走后，栈底寄存器中的新计数值（如果有）将被压入栈顶。

FIFO 栈底寄存器的值也可以被读取。对栈底寄存器 CAPxFBOT 的读访问可使 FIFO 的状态位改变，如果 FIFO 的状态位先前是 10 或 11，则会变为 01（表示有一次访问）；如果读取 CAPxFBOT 之前 FIFO 状态位已经是 01，则变为 00（表示空）。

（1）第一次捕获　捕获单元使能后，当输入引脚出现一次特定的跳变时，将发生第一次捕获。若 FIFO 堆栈原来为空，则通用定时器的计数值被写入到栈顶寄存器，同时相应的 FIFO 状态位置为 01（表示 FIFO 有值）。若在下一次捕获操作之前，读取了 FIFO 堆栈的值，则 FIFO 状态位被复位为 00（表示 FIFO 空）。

（2）第二次捕获　若在前一次捕获的计数值被读取之前产生了又一次捕获，则新捕获到的计数值将送至栈底寄存器，同时相应的寄存器状态被置为 10（表示 FIFO 满）。第二次捕获能使相应的捕获中断标志置位，若中断未被屏蔽，则产生一个外设中断请求。

（3）第三次捕获　如果发生捕获时，FIFO 堆栈中已经有 2 个计数值，则栈顶寄存器中的计数值将被弹出并丢弃，而栈底寄存器的值将被压入到栈顶寄存器中，新捕获到的计数值（第三次捕获的值）将压入到栈底寄存器中，并且 FIFO 的状态被设置为 11，表示 FIFO 中有 1 个或更多的计数值已被丢弃。第三次捕获使相应的捕获中断标志位置位，如果中断未被屏蔽，则产生一个外设中断请求。

**4. 捕获单元的中断**

当捕获单元的 FIFO 寄存器中已经有至少一个有效值（CAPxFIFO 位不等于 0）时，发生捕获事件将使中断标志置位，若中断未被屏蔽，则产生外设中断请求。因此可以使用中断，在中断服务程序中读取两个计数值。也可以不使用中断，通过查询中断标志位或堆栈状态位来确定是否发生了两次捕获事件，并读取捕获到的计数值。

# 6.6　正交编码脉冲单元 QEP

正交编码脉冲单元 QEP（Quadrature Encoded Pulse）用于测量电机等旋转机构的旋转方向、位置和转速。安装在电机等旋转机构轴上的光电编码器，径向刻有均匀的光槽，如图 6-17 所示。每旋转一周产生 n 个光脉冲，测量一定时间内的脉冲数量就可以获得电机转速。两个相同的圆形编码器正交安装，即相位相差 90°，产生两路脉冲输出，接入正交编码脉冲单元，根据这两路脉冲到达的先后，可以判断电机的旋转方向。

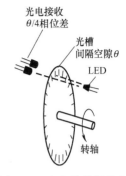

图 6-17 光电编码器示意图

## 6.6.1 QEP 电路结构和时钟

每个 EV 模块都有一个正交编码脉冲 QEP 电路。EVA 模块的 QEP 电路结构如图 6-18 所示。

QEP 电路的输入引脚与捕获单元的输入引脚复用。若 QEP 电路被使能，则复用引脚上的捕获功能将被禁止。QEP 电路可用于连接光电编码器，通过对引脚上的正交编码输入脉冲进行解码和计数来获得旋转机器的位置和速率等信息。

EVA 模块的 QEP 电路可以向通用定时器 2 提供时间基准。采用 QEP 电路作为时钟源时，通用定时器必须工作在定向递增/递减计数模式。

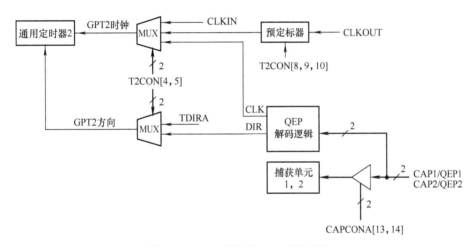

图 6-18 EVA 模块的 QEP 电路结构

## 6.6.2 QEP 解码和计数

正交编码脉冲是两个频率可变、相位差固定为 1/4 周期的脉冲序列。当电机轴上的光电编码器产生正交编码脉冲时，可以通过检测两路脉冲的先后次序，确定电机的转动方向；根据脉冲的个数和频率，确定电机的角位置和角速度。

QEP 电路的方向检测逻辑能确定两个输入脉冲序列的先后次序，并产生一个方向信号作为通用定时器 2（EVA 模块）的计数方向。若 QEP1（EVA 模块）引脚上的输入脉冲领先，则定时器就进行递增计数；相反，若 QEP2 引脚上的输入脉冲领先，则定时器进行递减计数。

两路正交编码输入脉冲信号的上升沿和下降沿都被 QEP 电路计数，因此 QEP 电路产生的时钟信号频率是每一路输入脉冲序列频率的 4 倍，这个正交时钟被用作通用定时器 2 的输入时钟。

**例 6-3**：电机光电编码器与 QEP 单元连接如图 6-19 所示，通用定时器 2 设置为计数模式，预定标系数为 1，则 QEP 电路产生的正交时钟和方向信号如图 6-20 所示。

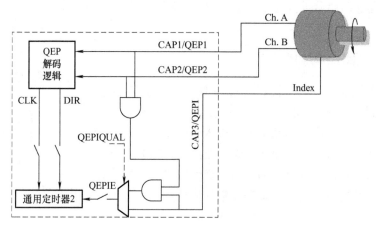

图 6-19　正交编码脉冲电路连接

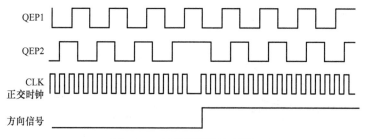

图 6-20　正交编码脉冲实例

EVA 模块中，通用定时器 2 总是从当前值开始计数。在使能 QEP 模式前，可以将所需的初始计数值装入到通用定时器的计数器中。当 QEP 电路被选作定时器输入时钟源时，定时器忽略引脚 TDIRA/B 和 TCLKINA/B 上的信号；通用定时器的周期匹配、比较匹配、下溢、上溢时仍将产生相应的中断标志和中断请求。

## 6.7　事件管理器中断

当 EV 模块中有中断产生时，EV 中断标志寄存器相应事件的中断标志位置为 1。如果标志位未被屏蔽，则外设中断扩展控制器 PIE 将产生一个外设中断申请。当 CPU 响应外设中断申请时，所有被置位且使能的中断中具有最高优先级的外设中断向量将被装载入 PIVR。

每组 EV 中断都有多个中断源，CPU 中断请求由 PIE 处理。中断响应的步骤为：

1）中断源。当 EV 中断发生时，EVxIFRA、EVxIFRB 或 EVxIFRC 寄存器中的相应标志位被置 1，并一直保持，直到用软件清零。

2）中断使能。EV 中断必须分别由中断屏蔽寄存器 EVxIMRA、EVxIMRB 和 EVxIMRC 使能或禁止，相应位置 1 使能中断（即不屏蔽），置 0 禁止中断。

3）PIE 请求。如果中断标志位和中断屏蔽位都已经置 1，则向 PIE 送出中断请求。PIE 逻辑记录所有的中断请求，并根据优先级产生 CPU 中断请求（INT1、INT2、INT3、INT4 或 INT5）。

4）CPU 响应。当接收到 INT1、INT2、INT3、INT4 或 INT5 中断请求时，CPU 中断标志

寄存器 IFR 的相应位将被置 1。如果相应的中断屏蔽寄存器位也为 1，而且 INTM 位为 0，则 CPU 认可中断，并向 PIE 送出确认信号，CPU 完成当前指令后就会跳转到中断向量地址。中断向量地址在 PIE 中断向量表中对应于 INT1.y、INT2.y、INT3.y、INT4.y 或 INT5.y。此时，相应的 IFR 位将被清零，INTM 位被置 1，禁止响应其他中断。中断响应由软件控制。

5）PIE 响应。PIE 逻辑接受 CPU 的确认中断信号后将 PIEIFR 位清除。

6）中断响应软件。在这个阶段，中断软件执行特定的中断代码，通常还应清除 EVxIFRA、EVxIFRB 或 EVxIFRC 中的相应中断标志位，中断返回前，程序应通过向相应的 PIEACKx 位写 1 来清除该位，从而重新使能中断，最后还要重新使能全局中断 INTM。

$\overline{\text{PDPINTx}}$ 是为诸如电源变换或电机驱动等系统安全运行提供的一种安全特性，当系统工作不正常，如发生过电压、过电流或过热等情形时，$\overline{\text{PDPINTx}}$ 将通知监控程序。若 $\overline{\text{PDPINTx}}$ 中断未被屏蔽，则当 $\overline{\text{PDPINTx}}$ 引脚被拉低时，所有的 PWM 输出引脚都立即变为高阻态，并且产生中断。EXTCONx 寄存器反映了 PWM、功率保护和 TRIP 功能等状态。

无论 $\overline{\text{PDPINTx}}$ 中断是否被屏蔽，只要 $\overline{\text{PDPINTx}}$ 引脚上输入低电平，中断标志都将置位。$\overline{\text{PDPINTx}}$ 引脚上的输入信号与 CPU 时钟同步，且要保持两个时钟的宽度，因此会引起两个时钟周期的延时。中断将在复位后才可以被使能，如果 $\overline{\text{PDPINTx}}$ 中断被禁止，则 PWM 引脚不会被置为高阻态。

 注意：外设寄存器中的中断标志必须在中断服务子程序中用软件写 "1" 将其清除。如果不能够成功地清除该位，将不能响应当前外设的下一个中断。

**例 6-4**：如图 6-21 所示，EV 模块通用定时器产生比较中断、周期中断和下溢中断的条件。

图中通用定时器工作在连续递增/递减计数模式，在定时器启动前将比较值 1 装载到 TxCMPR 寄存器，将周期值 1 装载到 TxPR 寄存器。在第 2 个定时器计数周期内将 TxCMPR 的值由比较值 1 改变成比较值 2，由于比较寄存器有映像寄存器，因此可以将比较寄存器进行重新装载，这样在第 2 个周期内改变的寄存器值，将在第 3 个周期使输出波形得到改变。

## 6.8 事件管理器的寄存器

事件管理器的寄存器的名称和地址参见表 6-2，EVA 模块和 EVB 模块结构相同，寄存器及其位定义也相同，只是名称和地址不同，以下主要介绍 EVA 模块各寄存器的位定义。

**1. 通用定时器全局控制寄存器**（GPTCONA/B）

通用定时器全局控制寄存器 GPTCONA/B 确定对不同定时器事件所采取的操作方式，并指明通用定时器的计数方向。GPTCONA 和 GPTCONB 功能相同，只是控制的定时器不同：GPTCONA 控制通用定时器 1 和 2，GPTCONB 控制通用定时器 3 和 4。全局控制寄存器 GPTCONA 各位的分布如图 6-22 所示。

通用定时器全局控制寄存器 GPTCONA 的功能意义见表 6-6。

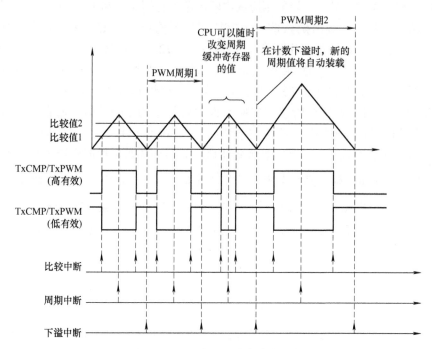

图 6-21　通用定时器中断条件示例

| 15 | 14 | 13 | 12 | 11 | 10 | 9 | 8 |
|---|---|---|---|---|---|---|---|
| Reserved | T2STAT | T1STAT | T2CTRIPE | T1CTRIPE | T2TOADC | | T1TOADC |

| 7 | 6 | 5 | 4 | 3 | 2 | 1 | 0 |
|---|---|---|---|---|---|---|---|
| T1TOADC | TCMPOE | T2CMPOE | T1CMPOE | T2PIN | | T1PIN | |

图 6-22　通用定时器全局控制寄存器（GPTCONA）

**表 6-6　通用定时器全局控制寄存器 A（GPTCONA）功能描述**

| 位 | 名　称 | 功能描述 |
|---|---|---|
| 14 | T2STAT | 通用定时器 2 的状态（只读）。0：递减计数；1：递增计数 |
| 13 | T1STAT | 通用定时器 1 的状态（只读）。0：递减计数；1：递增计数 |
| 12 | T2CTRIPE | $\overline{T2CTRIP}$使能位。使能或禁止通用定时器 2 的比较输出。只有当 EXTCON［0］=1 时，该位才能进行有效操作。<br><br>0：$\overline{T2CTRIP}$禁止，$\overline{T2CTRIP}$不影响 GPTCONA［5］、$\overline{PDPINTA}$标志以及比较输出；<br><br>1：$\overline{T2CTRIP}$使能，通用定时器 2 进入高阻状态，GPTCONA［5］清零，$\overline{PDPINTA}$标志置 1 |
| 11 | T1CTRIPE | $\overline{T1CTRIP}$使能位。使能或禁止通用定时器 1 的比较输出。只有当 EXTCON［0］=1 时，该位才能进行有效操作。<br><br>0：$\overline{T1CTRIP}$禁止，$\overline{T1CTRIP}$不影响 GPTCONA［4］、$\overline{PDPINTA}$标志以及比较输出；<br><br>1：$\overline{T1CTRIP}$使能，通用定时器 1 进入高阻状态，GPTCONA［4］清零，$\overline{PDPINTA}$标志置 1 |
| 10 ~ 9 | T2TOADC | 使用通用定时器 2 事件启动 ADC。<br>00：无事件启动 ADC；　　　　　　　　10：定时器 2 周期中断启动 ADC；<br>01：定时器 2 下溢中断启动 ADC；　　　11：定时器 2 比较中断启动 ADC |

（续）

| 位 | 名 称 | 功能描述 |
|---|---|---|
| 8 ~ 7 | T1TOADC | 使用通用定时器1事件启动 ADC。<br>00：无事件启动 ADC；    10：定时器1周期中断启动 ADC；<br>01：定时器1下溢中断启动 ADC；    11：定时器1比较中断启动 ADC |
| 6 | TCMPOE | 通用定时器的比较输出使能位。只用当 EXTCON [0] =1时，该位才能进行有效操作。当 $\overline{\text{PDPINTA}}$ 为低电平且 EVIMRA [0] =1时，该位被清零。<br>0：禁止定时器比较输出，TxPWM/TxCMP 为高阻态；<br>1：使能定时器比较输出，TxPWM/TxCMP 由各自的定时器比较逻辑驱动 |
| 5 | T2CMPOE | 通用定时器2的比较输出使能位。当 EXTCON [0] =1时，该位才能进行有效操作。当 $\overline{\text{T2CTRIP}}$ =0时，该位被清零。<br>0：禁止定时器2比较输出，T2PWM/T2CMP 为高阻态；<br>1：使能定时器2比较输出，T2PWM/T2CMP 由定时器2的比较逻辑驱动 |
| 4 | T1CMPOE | 通用定时器1的比较输出使能位。当 EXTCON [0] =1时，该位才能进行有效操作。当 $\overline{\text{T1CTRIP}}$ =0时，该位被清零。<br>0：禁止定时器1比较输出，T1PWM/T1CMP 为高阻态；<br>1：使能定时器1比较输出，T1PWM/T1CMP 由定时器1的比较逻辑驱动 |
| 3 ~ 2 | T2PIN | 通用定时器2比较输出的极性选择。<br>00：强制低；    10：高电平有效；<br>01：低电平有效；    11：强制高 |
| 1 ~ 0 | T1PIN | 通用定时器1比较输出的极性选择。<br>00：强制低；    10：高电平有效；<br>01：低电平有效；    11：强制高 |

## 2. 通用定时器控制寄存器（TxCON，其中 x 为 1，2，3，4）

通用定时器控制寄存器各位的分布如图6-23所示，功能描述见表6-7。

| 15 | 14 | 13 | 12 | 11 | 10 | 9 | 8 |
|---|---|---|---|---|---|---|---|
| FREE | SOFT | Reserved | TMODE1 | TMODE0 | TPS2 | TPS1 | TPS0 |

| 7 | 6 | 5 | 4 | 3 | 2 | 1 | 0 |
|---|---|---|---|---|---|---|---|
| T2SWT1 | TENABLE | TCLKS1 | TCLKS0 | TCLD1 | TCLD0 | TECMPR | SELT1PR |

图6-23　通用定时器控制寄存器 TxCON

**表6-7　通用定时器控制寄存器（TxCON）功能描述**

| 位 | 名称 | 功能描述 |
|---|---|---|
| 15 ~ 14 | FREE、SOFT | 仿真控制位<br>00：一旦仿真挂起，则立即停止；<br>01：一旦仿真挂起，则当前定时器周期结束后停止；<br>1X：仿真挂起不影响操作 |
| 13 | Reserved | 保留位。对保留位读操作将得到0，写操作无效 |

（续）

| 位 | 名称 | 功能描述 |
|---|---|---|
| 12 ~ 11 | TMODE1 ~ TMODE0 | 计数模式选择位<br>00：保持/停止模式；　　　　　10：连续递增计数模式；<br>01：连续递增/递减计数模式；　　11：定向递增/递减计数模式 |
| 10 ~ 8 | TPS2 ~ TPS0 | 输入时钟预定标因子<br>000：　X/1 ；　　　100：　　X/16<br>001：　X/2 ；　　　101：　　X/32<br>010：　X/4 ；　　　110：　　X/64<br>011：　X/8 ；　　　111：　　X/128　　（X = HSPCLK） |
| 7 | T2SWT1（EVA）/<br>T4SWT3（EVB） | T2SWT1 对应 EVA，通用定时器 2 由通用定时器 1 启动的使能位。在 T1CON 中该位保留<br>T4SWT3 对应 EVB，通用定时器 4 由通用定时器 3 启动的使能位。在 T3CON 中该位保留<br>0：定时器 2/4 使用自身的使能位（TENABLE）；<br>1：定时器 2/4 由 T1CON/T3CON 的使能位来使能，不使用自身的使能位 |
| 6 | TENABLE | 定时器的使能位<br>0：禁止定时器操作；<br>1：使能定时器操作 |
| 5 ~ 4 | TCLKS（1，0） | 时钟源选择位<br>00：内部时钟（例如 HSPCLK）；<br>01：外部时钟；<br>1X：保留 |
| 3 ~ 2 | TCLD（1，0） | 定时器比较寄存器重新装载条件位<br>00：计数值等于 0 时重新装载；　　　　　　　　　　　10：立即重新装载；<br>01：计数值等于 0 或等于周期寄存器的值时重新装载；　11：保留 |
| 1 | TECMPR | 定时器比较使能位<br>0：禁止定时器比较操作；<br>1：使能定时器比较操作 |
| 0 | SELT1PR/SELT3PR | 定时器周期寄存器选择位。SELT1PR 对应 EVA，当 T2CON 中该位等于 1 时，定时器 2 和定时器 1 都使用定时器 1 的周期寄存器，忽略定时器 2 的周期寄存器。在 T1CON 中该位保留。SELT3PR 对应 EVB，当 T4CON 中该位等于 1 时，定时器 4 和定时器 3 都使用定时器 3 的周期寄存器，忽略定时器 4 的周期寄存器。在 T3CON 中该位保留<br>0：定时器 2/4 使用自己的周期寄存器；<br>1：定时器 2/4 使用定时器 1/3 的周期寄存器 |

**3. 通用定时器计数寄存器**（TxCNT，其中 x 为 1，2，3，4）

TxCNT 寄存器保存定时器 x 的当前计数值。

**4. 通用定时器比较寄存器**（TxCMPR，其中 x 为 1，2，3，4）

TxCMPR 寄存器保存定时器 x 的比较值。

**5. 通用定时器周期寄存器**（TxPR，其中 x 为 1，2，3，4）

TxPR 寄存器保存定时器 x 的周期值。

### 6. 比较控制寄存器 COMCONA/B

比较控制寄存器 COMCONA 的各位分布如图 6-24 所示，功能描述见表 6-8。

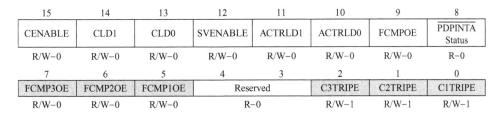

图 6-24　比较控制寄存器 COMCONA

**表 6-8　比较控制寄存器 COMCONA 功能描述**

| 位 | 名称 | 功能描述 |
| --- | --- | --- |
| 15 | CENABLE | 比较使能位<br>0：禁止比较操作；<br>1：使能比较操作 |
| 14~13 | CLD1~CLD0 | 比较器寄存器 CMPRx 重载条件位<br>00：当 T1CNT=0（下溢）时重载；<br>01：当 T1CNT=0 或 T1CNT=T1PR（下溢或周期匹配）时重载；<br>10：立即重载；<br>11：保留 |
| 12 | SVENABLE | 空间向量 PWM 模式使能位<br>0：禁止空间向量 PWM 模式；<br>1：使能空间向量 PWM 模式 |
| 11~10 | ACTRLD1~ACTRLD0 | 方式控制寄存器重载条件位<br>00：当 T1CNT=0（下溢）时重载；<br>01：当 T1CNT=0 或 T1CNT=T1PR（下溢或周期匹配）时重载；<br>10：立即重载；<br>11：保留 |
| 9 | FCMPOE | 全比较器输出使能位<br>该位有效时，可以同时使能或禁止所有的比较器输出。仅当 EXTCONA［0］=0 时该位有效。当 PDPINTA/T1CTRIP 为低且 EVAIFRB［0］=1 时该位复位到 0<br>0：禁止全比较器输出，PWM1/2/3/4/5/6 处于高阻态；<br>1：使能全比较器输出，PWM1/2/3/4/5/6 由相应的比较逻辑控制 |
| 8 | PDPINTA Status | PDPINTA 状态位，反映当前 PDPINTA 引脚的状态（只读） |
| 7 | FCMP3OE | 全比较器 3 输出使能位<br>0：禁止全比较器 3 输出，PWM5/6 处于高阻态；<br>1：使能全比较器 3 输出，PWM5/6 由 PWM 全比较 3 逻辑控制 |
| 6 | FCMP2OE | 全比较器 2 输出使能位<br>0：禁止全比较器 2 输出，PWM3/4 处于高阻态；<br>1：使能全比较器 2 输出，PWM3/4 由 PWM 全比较 2 逻辑控制 |

（续）

| 位 | 名称 | 功能描述 |
|---|---|---|
| 5 | FCMP1OE | 全比较器 1 输出使能位<br>0：禁止全比较器 1 输出，PWM1/2 处于高阻态；<br>1：使能全比较器 1 输出，PWM1/2 由 PWM 全比较 1 逻辑控制 |
| 3、4 | Reserved | 保留位。对保留位读操作将得到 0，写操作无效 |
| 2 | C3TRIPE | C3TRIP 使能位。激活该位可以使能或禁止全比较器 3 的输出关闭功能。只有当 EXTCONA（0）＝1 时，该位有效<br>0：禁止 C3TRIP；C3TRIP 状态不影响全比较器 3 的输出、COMCONA［7］和 PD-PINTA 标志（EVAIFRA［0］）<br>1：使能 C3TRIP，当 C3TRIP 为低时，完全比较器 3 的两个输出引脚置高阻态，COMCONA［7］复位为 0，并且 PDPINTA 的标志位置 1 |
| 1 | C2TRIPE | C2TRIP 使能位。激活该位可以使能或禁止全比较器 2 的输出关闭功能。只有当 EXTCONA（0）＝1 时，该位有效<br>0：禁止 C2TRIP；C2TRIP 状态不影响全比较器 2 的输出、COMCONA［6］和 PD-PINTA 标志（EVAIFRA［0］）<br>1：使能 C2TRIP，当 C2TRIP 为低时，完全比较器 2 的两个输出引脚置高阻态，COMCONA［6］复位为 0，并且 PDPINTA 的标志位置 1 |
| 0 | C1TRIPE | C1TRIP 使能位。激活该位可以使能或禁止全比较器 1 的输出关闭功能。只有当 EXTCONA（0）＝1 时，该位有效<br>0：禁止 C1TRIP；C1TRIP 状态不影响全比较器 1 的输出、COMCONA［5］和 PD-PINTA 标志（EVAIFRA［0］）<br>1：使能 C1TRIP，当 C1TRIP 为低时，完全比较器 1 的两个输出引脚置高阻态，COMCONA［5］复位为 0，并且 PDPINTA 的标志位置 1 |

### 7. 比较动作控制寄存器 ACTRA/B

若 COMCONA/B［15］位设置使能比较操作，则当比较事件发生时，由比较动作控制寄存器 ACTRA/B 控制比较输出引脚上发生的动作。ACTRA/B 带映像寄存器，即双缓冲寄存器，重装载的条件由 COMCONA/B［11～10］定义。比较动作控制寄存器 ACTRA 的各位分布如图 6-25 所示，功能描述见表 6-9。

| 15 | 14 | 13 | 12 | 11 | 10 | 9 | 8 |
|---|---|---|---|---|---|---|---|
| SVRDIR | D2 | D1 | D0 | CMP6ACT1 | CMP6ACT0 | CMP5ACT1 | CMP5ACT0 |

| 7 | 6 | 5 | 4 | 3 | 2 | 1 | 0 |
|---|---|---|---|---|---|---|---|
| CMP4ACT1 | CMP4ACT0 | CMP3ACT1 | CMP3ACT0 | CMP2ACT1 | CMP2ACT0 | CMP1ACT1 | CMP1ACT0 |

图 6-25 动作控制寄存器 ACTRA

**表 6-9　动作控制寄存器 ACTRA 功能描述**

| 位 | 名称 | 功能描述 |
|---|---|---|
| 15 | SVRDIR | 空间向量 PWM 旋转方向位，只有在产生 SVPWM 输出时使用。<br>0：正向（CCW）；<br>1：负向（CW） |

（续）

| 位 | 名称 | 功能描述 |
|---|---|---|
| 14 ~ 12 | D2 ~ D0 | 基本空间向量位，只有在产生 SVPWM 输出时使用 |
| 11 ~ 10 | CMP6ACT1 ~ CMP6ACT0 | 比较器输出引脚 6 的输出方式。<br>00：强制低电平；　　　10：高电平有效；<br>01：低电平有效；　　　11：强制高电平 |
| 9 ~ 8 | CMP5ACT1 ~ CMP5ACT0 | 比较器输出引脚 5 的输出方式，值定义同上 |
| 7 ~ 6 | CMP4ACT1 ~ CMP4ACT0 | 比较器输出引脚 4 的输出方式，值定义同上 |
| 5 ~ 4 | CMP3ACT1 ~ CMP3ACT0 | 比较器输出引脚 3 的输出方式，值定义同上 |
| 3 ~ 2 | CMP2ACT1 ~ CMP2ACT0 | 比较器输出引脚 2 的输出方式，值定义同上 |
| 1 ~ 0 | CMP1ACT1 ~ CMP1ACT0 | 比较器输出引脚 1 的输出方式，值定义同上 |

### 8. 死区控制寄存器 DBTCONA/B

EVA 模块的 3 个比较单元共用 1 个时钟预分频器和 1 个 4 位死区定时器。每个单元的死区可以独立地使能或禁止。死区时间 = 死区定时器周期 × 死区预定标系数 × CPU 时钟周期。EVA 模块的死区控制寄存器各位分布如图 6-26 所示，功能描述见表 6-10。

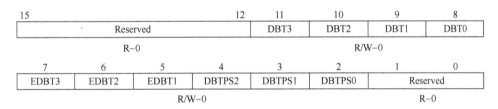

图 6-26　死区控制寄存器 DBTCONA

表 6-10　死区控制寄存器 DBTCONA 功能描述

| 位 | 名称 | 功能描述 |
|---|---|---|
| 11 ~ 8 | DBT3 ~ DBT0 | 死区定时器周期 |
| 7 | EDBT3 | 死区定时器 3 使能位（比较单元 3 的 PWM5 和 6）。0：禁止；1：使能 |
| 6 | EDBT2 | 死区定时器 2 使能位（比较单元 2 的 PWM3 和 4）。0：禁止；1：使能 |
| 5 | EDBT1 | 死区定时器 1 使能位（比较单元 1 的 PWM1 和 2）。0：禁止；1：使能 |
| 4 ~ 2 | DBPTS2 ~ DBPTS0 | 死区定时器预定标控制位<br>000：　x/1；　　　100：　x/16；<br>001：　x/2；　　　101：　x/32；<br>010：　x/4；　　　110：　x/64；<br>011：　x/8；　　　111：　x/128。<br>其中 x = 器件 CPU 时钟频率 |

### 9. EV 扩展控制寄存器 EXTCONA/B

EXTCONA/B 是扩展控制寄存器，用于使能和禁止 '28x 系列 DSP 器件所增加的特征，从而实现与 240x 系列 DSP 器件的兼容，新增加的特性在默认状态时是禁止的。EVA 扩展控制寄存器的各位分布如图 6-27 所示，功能描述见表 6-11。

| 15 | | | 4 | 3 | 2 | 1 | 0 |
|---|---|---|---|---|---|---|---|
| | Reserved | | | EVSOCE | QEPIE | QEPIQUAL | INDCOE |
| | R-0 | | | R/W-0 | R/W-0 | R/W-0 | R/W-0 |

图 6-27　EVA 扩展控制寄存器 EXTCONA

**表 6-11　EVA 扩展控制寄存器 EXTCONA**

| 位序 | 名称 | 功能描述 |
|---|---|---|
| 3 | EVSOCE | EVSOC 输出使能位。<br>　该位使能/禁止 EV 模块的 SOC（启动 AD 转换信号）输出，当该位被使能时，选定的 EV SOC 事件会产生一个宽度为 32×HSPCLK 的负脉冲（低有效）。该位不影响输入到 ADC 模块的 EVTOADC 信号。<br>　0：禁止$\overline{EVSOC}$输出；　1：使能$\overline{EVSOC}$输出 |
| 2 | QEPIE | QEP 索引使能位。<br>　0：禁止 CAP3_QEPI1 作为索引输入，CAP3_QEPI1 引脚上的跳变不影响 QEP 计数器；<br>　1：使能 CAP3_QEPI1 作为索引输入，当 CAP3_QEPI1 引脚上有上跳变信号，就会使配置为 QEP 计数器的定时器复位到 0 |
| 1 | QEPIQUAL | CAP3_QEPI1 索引限制模式位。该位打开或关闭 QEP 的索引限制器。<br>　0：CAP3_QEPI1 限制模式关闭，允许 CAP3_QEPI1 不受影响地通过限制器；<br>　1：CAP3_QEPI1 限制模式打开，只有当 CAP1_QEP1 和 CAP2_QEP2 都为高电平时才允许 CAP3_QEPI1 引脚的上跳变通过限制器，否则限制器输出保持低电平 |
| 0 | INDCOE | 独立比较输出使能模式位。<br>　0：禁止独立比较输出使能模式，GPTCONA(6) 同时使能/禁止定时器 1 和 2 的比较输出；COMCONA(9) 同时使能/禁止全比较单元 1、2 和 3 的输出；GPTCONA(12, 11, 5, 4) 和 COMCONA(7～5, 2～0) 保留；EVIFRA(0) 同时使能/禁止所有比较器的输出；EVIMR(0) 同时使能/禁止 PDP 中断和 PDPINT 信号通道；<br>　1：使能独立比较输出使能模式，比较输出分别由 GPTCONA(5, 4) 和 COMCONA(7～5) 使能/禁止；比较器输出的 trip 控制分别由 GPTCONA(12, 11) 和 COMCONA(2～0) 使能/禁止，GPTCONA(6) 和 COMCONA(9) 保留。当任何 trip 输入为低电平且使能时，EVIFRA [0] 被置位；EVIMRA(0) 只控制中断的使能/禁止 |

## 10. 捕获单元控制寄存器 CAPCONA/B

捕获单元控制寄存器 CAPCONA 的各位分布如图 6-28 所示，功能描述见表 6-12。

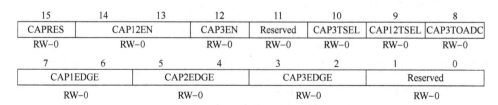

图 6-28　捕获单元控制寄存器 CAPCONA

表 6-12　捕获单元控制寄存器 CAPCONA

| 位 | 名称 | 功能描述 |
|---|---|---|
| 15 | CAPRES | 捕获单元复位。<br>0：复位，所有捕获单元的寄存器清零；<br>1：无操作 |
| 14 ~ 13 | CAP12EN | 捕获单元 1，2 的使能位。<br>00：禁止捕获单元 1 和 2，其 FIFO 堆栈保持原值；<br>01：使能捕获单元 1 和 2；<br>1X：保留 |
| 12 | CAP3EN | 捕获单元 3 使能控制。<br>0：禁止捕获单元 3，其 FIFO 堆栈保持原值；<br>1：使能捕获单元 3 |
| 11 | Reserved | 保留位。对保留位读操作将得到 0，写操作无效 |
| 10 | CAP3TSEL | 选择捕获单元 3 使用的通用定时器：<br>0：选择通用定时器 2；　　　　1：选择通用定时器 1 |
| 9 | CAP12TSEL | 选择捕获单元 1、2 使用的通用定时器：<br>0：选择通用定时器 2；　　　　1：选择通用定时器 1 |
| 8 | CAP3TOADC | 捕获单元 3 事件启动 ADC。<br>0：无操作；<br>1：当 CAP3INT 标志位置位时启动 ADC |
| 7 ~ 6 | CAP1EDGE | 捕获单元 1 的边沿检测控制。<br>00：不检测；　　　　10：检测下降沿；<br>01：检测上升沿；　　　11：检测上升沿和下降沿 |
| 5 ~ 4 | CAP2EDGE | 捕获单元 2 的边沿检测控制，同上 |
| 3 ~ 2 | CAP3EDGE | 捕获单元 3 的边沿检测控制，同上 |

## 11. 捕获单元 FIFO 状态寄存器 CAPFIFOA/B

捕获单元 FIFO 状态寄存器包含了 3 个捕获单元的 FIFO 堆栈状态位，这些状态位可读可写，且写操作具有优先权。例如当 "01" 被写入到 CAPnFIFO 位时，EV 模块就认为 FIFO 堆栈中已经有 1 个输入数据，那么 FIFO 以后每次得到一个新的值时，都会产生一个捕获中断请求。

EVA 模块的捕获单元 FIFO 状态寄存器 CAPFIFOA 各位分布如图 6-29 所示。

图 6-29　EVA 捕获单元寄存器 CAPFIFOA

捕获单元 FIFO 状态寄存器 CAPFIFOA 的功能描述见表 6-13。

表 6-13　捕获单元 FIFO 寄存器 CAPFIFOA

| 位序 | 名称 | 功能描述 |
|------|------|----------|
| 13~12 | CAP3FIFO | CAP3FIFO 寄存器的状态 |
| 11~10 | CAP2FIFO | CAP2FIFO 寄存器的状态 |
| 9~8 | CAP1FIFO | CAP1FIFO 寄存器的状态 |

CAPnFIFO 寄存器状态值定义为：

00：空；

01：有 1 个值；

10：有 2 个值；

11：已捕获多于 2 个值，并且已经有数据被丢弃。

**12. EV 中断标志寄存器**（EVxIFRy）（x = A，B；y = A，B，C）

中断标志寄存器都是 16 位的存储器映射寄存器，没有用到的位在软件读时都返回 0，对写没有影响。由于 EVxIFRy 是可读寄存器，因此当中断被屏蔽时，可以使用软件查询寄存器位来监测中断事件。

EVA 中断标志寄存器 A（EVAIFRA）如图 6-30 所示。

| 15 | | | | | 10 | 9 | 8 |
|----|----|----|----|----|------|------|------|
| Reserved | | | | | T1OFINT | T1UFINT | T1CINT |

| 7 | 6 | 5 | 4 | 3 | 2 | 1 | 0 |
|----|----|----|----|--------|--------|--------|---------|
| T1PINT | Reserved | | | CMP3INT | CMP2INT | CMP1INT | PDPINTA |

图 6-30　EVA 中断标志寄存器 A（EVAIFRA）

EVA 中断标志寄存器 A（EVAIFRA）的功能描述见表 6-14。当对这些位进行读操作时，0 表示标志位复位，1 表示标志位置 1；当进行写操作时：写 0 没有影响，写 1 复位标志。

表 6-14　EVA 中断标志寄存器 A

| 位 | 名称 | 功能描述 |
|----|------|----------|
| 10 | T1OFINT | 通用定时器 1 上溢中断标志 |
| 9 | T1UFINT | 通用定时器 1 下溢中断标志 |
| 8 | T1CINT | 通用定时器 1 比较中断标志 |
| 7 | T1PINT | 通用定时器 1 周期中断标志 |
| 3 | CMP3INT | 比较器 3 中断标志 |
| 2 | CMP2INT | 比较器 2 中断标志 |
| 1 | CMP1INT | 比较器 1 中断标志 |
| 0 | PDPINTA | 功率驱动保护中断标志 |

EVA 中断标志寄存器 B（EVAIFRB）如图 6-31 所示。

EVA 中断标志寄存器 B 的功能描述见表 6-15，操作同 EVAIFRA。

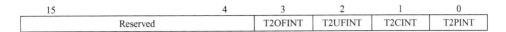

| 15 | 4 | 3 | 2 | 1 | 0 |
|---|---|---|---|---|---|
| Reserved | | T2OFINT | T2UFINT | T2CINT | T2PINT |

图 6-31　EVA 中断标志寄存器 B（EVAIFRB）

**表 6-15　EVA 中断标志寄存器 B**

| 位 | 名称 | 功能描述 |
|---|---|---|
| 3 | T2OFINT | 通用定时器 2 上溢中断标志 |
| 2 | T2UFINT | 通用定时器 2 下溢中断标志 |
| 1 | T2CINT | 通用定时器 2 比较中断标志 |
| 0 | T2PINT | 通用定时器 2 周期中断标志 |

EVA 中断标志寄存器 C（EVAIFRC）如图 6-32 所示。

| 15 | 3 | 2 | 1 | 0 |
|---|---|---|---|---|
| Reserved | | CAP3FINT | CAP2FINT | CAP1FINT |

图 6-32　EVA 中断标志寄存器 C（EVAIFRC）

EVA 中断标志寄存器 C 的功能描述见表 6-16。

**表 6-16　EVA 中断标志寄存器 C**

| 位 | 名称 | 功能描述 |
|---|---|---|
| 2 | CAP3FINT | 捕捉单元 3 中断标志 |
| 1 | CAP2FINT | 捕捉单元 2 中断标志 |
| 0 | CAP1FINT | 捕捉单元 1 中断标志 |

**13. EV 中断屏蔽寄存器 EVxIMRy**（x = A，B；y = A，B，C）

EV 中断屏蔽寄存器的结构与 EV 中断标志寄存器相同，可参见图 6-30 ~ 图 6-32。

# 6.9　事件管理器应用实例——SPWM 设计

## 6.9.1　SPWM 硬件电路设计

由于'28x 系列 DSP 器件的事件管理器单元具有通用定时器和专门的 PWM 电路，可以产生最多 8 路 PWM 信号，其中的 3 对 PWM 信号可以带死区控制功能。利用通用定时器的比较操作，在每个 PWM 周期，根据正弦波变化规律，改变比较寄存器的值，就可以产生脉冲宽度呈正弦变化规律的 PWM 波形，即 SPWM 波形，如图 6-33 所示，对图中输出的 PWM 波形进行傅里叶分解，可以得基波为正弦波。因此对通用定时器比较输出引脚上的 PWM 波进行滤波，就可以得到正弦波，如图 6-34 所示。DSP 产生正弦波的电路如图 6-35 所示。

137

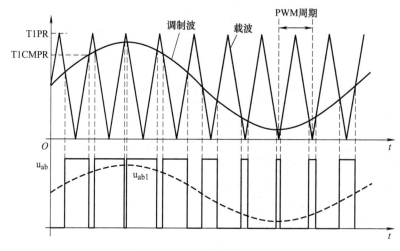

图 6-33　SPWM 波形产生原理

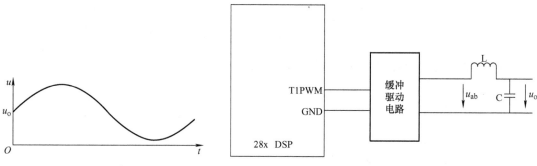

图 6-34　经滤波输出的正弦波　　　　图 6-35　DSP 产生正弦波电路

## 6.9.2　SPWM 软件设计

事件管理器 EV 模块产生 SPWM 信号时，可以采用查表的方式得到每个 PWM 周期的正弦波值，经过数据格式变换后存入比较寄存器中。在通用定时器 1 的比较中断服务子程序中，对比较寄存器的值进行更新。若定时器设置为连续递增模式，可以产生非对称的 PWM 信号。正弦波的频率值等于 PWM 本身的载波频率除以每个正弦波周期内包含的 PWM 周期数。例如 PWM 的载波频率为 50kHz，每个正弦波周期内包含的 PWM 周期数为 512 个，则输出的正弦波信号频率为 $f_{正弦波} = f_{PWM}/($ 每个正弦波周期内包含的 PWM 周期数 $) = (50000/512)\,Hz = 97.7\,Hz$。

如果查表时采用间隔取数，则可以调整正弦波频率。例如查表时每间隔 4 个数取 1 个，则正弦波频率提高 3 倍，即每个正弦波周期内取 128 个数值，输出正弦波信号的频率为 $f_{正弦波} = (50000/128)\,Hz = 390.6\,Hz$。

反之，如果事先已经确定正弦波信号的频率，以及每个正弦波周期所包含的 PWM 周期数，则可以求出 PWM 信号的周期。例如查表点数为 128，要求输出正弦信号的频率为 264Hz，则有：$f_{PWM} = f_{正弦波} \times 128 = 264 \times 128\,Hz = 33792\,Hz$，可以计算得到定时器的周期为

$$T1PR = \frac{f_{CPU}}{TPST1 \times HISCP \times f_{PWM}} = \frac{150MHz}{1 \times 2 \times 33792}Hz = 2219.46$$

式中，TPST1 和 HISCP 为分频系数。

利用事件管理器产生正弦波 PWM 例程如下：

```
// **********************************************************
//主要功能:在'28x 系列 DSP 的 T1PWM 引脚上输出产生正弦波 PWM
// **********************************************************
#include "DSP281x Device. h"
#include "IQmathLib. h"                    //数据格式转换
#pragma DATA SECTION( sine table,"IQmathTables")
Iq30 sine table[512];
//函数原型声明
Void Gpio_select( void);
Void InitSystem( void);
Interrupt void T1_Compare_isr( void);     //定时器 1 中断服务程序
Void main( void)
{
Static int index = 0;                     //初始化查表指针
InitSystem( );                            //初始化 DSP 内核寄存器
Gpio_select( );                           //设置 GPIO 引脚功能
InitPieCtrl( );                           //初始化外设中断扩展单元
InitPieVectTable( );                      //初始化外设中断扩展向量表
EALLOW;                                   //允许更改保护的寄存器
PieVectT1CINT = &T1_Compare_isr;          //重新映射定时器 1( TIMER1)的比较中断入口
RDIS;                                     //禁止更改保护的寄存器
PieCtrlRegs. PIEIER2. bit. INTx5 = 1;     //使能 T1 比较中断:PIE 组 2,中断 5
IER = 2;                                  //使能 CPU INT2,通用定时器 1 的比较中断连接到
                                          //该中断
EINT;                                     //使能全局中断 INTM
ERTM                                      //使能全局实时中断 DBGH

                                          //初始化 EVA 通用定时器 1( EVA 的时钟已经在
                                          //InitSysCtrl( )中使能)
EvaReg. GPTCONA. bit. TCMPOE = 1;
                                          //比较输出 T1PWM 或者 T2PWM 由各自的定时器比
                                          //较逻辑驱动
EvaReg. GPTCONA. bit. T1PIN = 1;          //比较输出低电平有效
EvaReg. T1CON. bit. FREE = 0;
EvaReg. T1CON. bit. SOFT = 0;             //仿真器操作挂起时,通用定时器立即停止
EvaReg. T1CON. bit. TMODE = 2;            //连续递增计数模式(不对称 PWM 波形)
EvaReg. T1CON. bit. TPS = 0;              //输入时钟预定标系数为 X/1,即 T1CLK 为 75MHz
EvaReg. T1CON. bit. TENABLE = 0;          //禁止定时器操作,等设置完毕后再启动
EvaReg. T1CON. bit. TCLKS10 = 0;          //使用内部时钟
```

**139**

```
    EvaReg. T1CON. bit. TCLD10 = 0;            //计数值等于 0 时,比较器重新装载
    EvaReg. T1CON. bit. TECMPR = 1;            //使能通用定时器的比较操作
    EvaReg. T1PR = 1500;                       //设置通用定时器 1 的周期
    EvaReg. T1CMPR = EvaReg. T1PR/2;           //设置通用定时器 1 比较寄存器
    EvaReg. EVAIMRA. bit. T1CINT = 1;          //设置通用定时器 1 计数器
    EvaReg. T1CON. bit. TENABLE = 1;           //启动通用定时器 1,开始产生 PWM 波
}


//通用 I/O 口选择
void Gpio_select(void)
{
    EALLOW;
    GpioMuxRegs. GPAMUX. bit. T1PWM_GPIOA6 = 1;
                                               //将 GPIOA6 设置 T1PWM 引脚
    EDIS;
}


//系统初始化
void InitSystem(void)
{
    EALLOW;
    SysCtrlRegs. WDCR = 0x0068;                //禁止看门狗
    SysCtrlRegs. PLLCR. bit. DIV = 10;         //配置处理器锁相环,倍频系数为 5,若晶振//频率
                                               //30MHz,则系统时钟为 150MHz
    for(i = 0; i < 5000; i ++ ){}              //延时,使得 PLL 初始化成功
    SysCtrlRegs. HISPCP. all = 0x1;            //配置高速外设时钟分频系数:除以 2,
                                               //即高速外设时钟频率 75MHz
    SysCtrlRegs. LOSPCP. all = 0x2;            //配置低速外设时钟分频系数:除以 4
    SysCtrlRegs. PCLKCR. bit. EVAENCLK = 1;    //使能 EVA 的时钟
    EDIS;
}


//CPU 定时器 1 中断服务子程序
interrupt void T1_Compare_isr (void)
{
    EvaRegs. T1CMPR = EvaRegs. T1PR – _IQsat( _IQ30mpy( sine_table[ index ] + _IQ30( 0. 9999), EvaR-
egs. T1PR/2), EvaRegs. T1PR,0);               //更新比较寄存器的值
    Index + = 4;                              //查表间隔每 4 个数据取 1 个
    If( index > 511) index = 0;
    EvaReg. EVAIFRA. bit. T1CINT = 1;         //复位定时器 1 比较中断标志
    PieCtrlRegs. PIEACK. all = PIEACK_GROUP2; //响应中断并允许从组 2 中接受更多的中断


}
```

# 本章重点小结

本章介绍了'28x 系列 DSP 器件的事件管理器，并给出结合硬件电路设计和软件设计方法及源程序的应用实例。本章以事件管理器 EVA 为主介绍了事件管理器的结构、原理、寄存器设置和使用方法，EVB 与 EVA 有相同的结构和寄存器设置。EVA 与通用输入/输出端口 GPIOA 和 GPIOD 共用引脚；EVB 与通用输入/输出端口 GPIOB 和 GPIOD 共用引脚。事件管理器的通用定时器具有计数和比较功能，可以独立或同步工作，产生上溢、下溢、比较匹配和周期匹配等中断请求，每个定时器都有连续递增计数、定向递增/递减计数和连续递增/递减计数 3 种计数模式，能产生独立的 PWM 波形（不带死区），也能作为其他 EV 子模块的时钟；EVA 和 EVB 各有 3 个 PWM 比较单元，每个比较单元都以通用定时器 1（EVA）或 3（EVB）作为时钟，与可编程的死区发生器和 PWM 电路一起，产生 2 路带可编程死区控制的 PWM 信号，因此每个 EV 模块各能同时产生 8 路 PWM 信号，其中 6 路由比较单元产生，2 路由通用定时器产生；捕获单元能够记录在捕获引脚 CAPx 上发生的上升沿、下降沿或两个跳变沿的变化及时刻；正交编码脉冲（QEP）电路检测正交脉冲的方向或顺序，产生的信号频率是每个输入脉冲信号频率的 4 倍。每个 EV 模块都能提供 1 个信号去启动 A – D 转换，即 EVASOC 或 EVBSOC；EV 模块通过功率驱动保护中断 $\overline{\text{PDPINTx}}$ 监控系统发生过电压或过电流等不安全情况，提供安全特性；每个 EV 模块的中断部分为 3 组，即 A、B 和 C 组，每组有响应的中断标志和中断使能寄存器，CPU 中断请求由 PIE 处理，在中断服务子程序中必须由软件写 "1" 清除相应的中断标志位，重新使能该中断；EVA 寄存器的地址范围是 7400H ~ 7431H，EVB 寄存器的地址范围是 7500H ~ 7531H，各个寄存器的位定义也有详细的介绍；本章还给出了关于事件管理器使用的典型例程，并介绍了相关硬件电路设计。

# 习　题

6 – 1　比较 CPU 定时器 0 与通用定时器的异同。

6 – 2　通用定时器可以选择哪些信号作为时钟源，如何设置相关寄存器？

6 – 3　通用定时器工作于连续递增模式的计数周期如何计算？工作于连续递增/递减模式的 PWM 周期如何计算？什么情况下工作于定向递增/递减模式？

6 – 4　通用定时器产生 PWM 信号时，输入/输出信号如何配置？寄存器的值如何修改？

6 – 5　事件管理器 A 可以产生哪些中断？中断响应条件和步骤如何？

6 – 6　设计一个三相异步交流电机的变频调速闭环控制系统。

6 – 7　设计三相逆变系统的主电路、控制系统和驱动电路。

# 第7章 模-数转换器 ADC

## 本章课程目标

本章介绍 DSP 的片上外设模数转换器 ADC，电路中的模拟信号只有通过 ADC 转换为数字信号后，才能由 DSP 器件进行处理。TMS320x28x 的 ADC 模块是一个 12 位分辨率带流水线结构的模-数转换器，其中的模拟电路包括前端模拟多路复用器（MUX）、采样/保持电路（S/H）、模-数转换内核、参考电压电路以及其他模拟辅助电路；数字电路部分包括可编程排序器、转换结果寄存器、与模拟电路的接口电路、与芯片外设总线的接口以及其他片上模块接口等。

本章课程目标为：了解 DSP 器件中 ADC 模块的组成和寄存器功能，能够通过设置寄存器，选择 ADC 的工作模式、中断方式、时钟频率和电源模式等，能够在工程实践中正确使用 ADC 模块。

## 7.1 ADC 模块概述

### 1. ADC 模块的结构

ADC 模块具有 16 个采样通道，可以配置为两个独立的 8 通道模块，分别服务于事件管理器 A 和 B；也可以将两个独立的 8 通道模块级联组成一个 16 通道模块。值得注意的是，尽管 ADC 模块具备 16 个采样通道和两个独立的采样保持电路（S/HA 和 S/HB），但其模-数转换内核只有一个。ADC 模块的结构如图 7-1 所示。

两个 8 通道模块能够自动排序，每个模块可以通过多路选择器（MUX）选择 8 通道中的任何一个通道进行 A－D 转换。当采用级联模式时，自动排序器变成 16 通道，可以选择 16 通道内的任意一个通道作为模拟信号源进行模-数转换。模-数转换一旦结束，转换结果就自动储存在 ADCRESULT 寄存器内。ADC 模块允许对同一个通道进行多次采样，也可以对多通道进行分时采样。

### 2. ADC 模块的特点

ADC 模块的特点主要有：

1）12 位模-数转换内核，内置双采样/保持器。

2）顺序采样模式或并行采样模式。

3）模拟输入电压范围：0~3V。

4）快速的转换时间，ADC 时钟可以配置为 25MHz，最高采样率 12.5MSPS。

5）16 通道模拟信号输入。

6）自动排序功能支持 16 通道自动转换，每次转换的通道由软件编程选择。

7）排序器可以工作在两个独立的 8 通道排序器模式，也可以工作在一个 16 通道级联排序器模式。

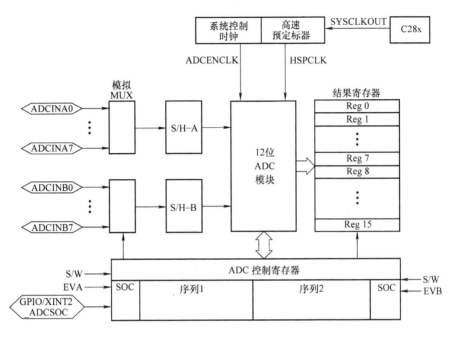

图 7-1  ADC 模块结构框图

8）16 个独立编址的转换结果寄存器用来保存 A – D 转换结果数据。A – D 转换结果数据为

$$数字值 = 4095 \times \frac{输入模拟电压值 – ADCLO}{3} \tag{7-1}$$

9）启动模-数转换的触发源 SOC（Start-of-Conversion）包括

- S/W——软件立即启动
- EVA——事件管理器 A（EVA 中有多个事件源可以启动 A – D 转换）
- EVB——事件管理器 B（EVB 中有多个事件源可以启动 A – D 转换）
- 外部引脚触发——ADCSOC

10）灵活的中断控制模式，允许每一个或每隔一个序列转换完成后产生中断请求。

11）排序器可以工作在启动/停止模式，允许 A – D 转换与多个按时间排序的触发源同步。

12）双排序器模式下，EVA 和 EVB 触发源可以独立地触发转换操作。

13）采样保持器（S/H）的时间窗口有独立的预定标控制。

☀ 注意：虽然'28x 系列 DSP 有多个输入通道和 2 个排序器，但芯片内只有一个 A – D 转换器。

**3. ADC 模块的寄存器地址**

ADC 模块的配置通过寄存器的设置来实现，结果也保存在寄存器中。表 7-1 列出了 A – ADC模块的寄存器。

表 7-1　ADC 寄存器列表

| 序号 | 寄存器名称 | 地址 | 大小 | 功能描述 |
|---|---|---|---|---|
| 1 | ADCTRL1 | 0x0000 7100 | 16 bits | ADC 控制寄存器 1 |
| 2 | ADCTRL2 | 0x0000 7101 | 16 bits | ADC 控制寄存器 2 |
| 3 | ADCMAXCONV | 0x0000 7102 | 16 bits | ADC 最大转换通道寄存器 |
| 4 | ADCCHSELSEQ1 | 0x0000 7103 | 16 bits | ADC 通道选择排序控制寄存器 1 |
| 5 | ADCCHSELSEQ2 | 0x0000 7104 | 16 bits | ADC 通道选择排序控制寄存器 2 |
| 6 | ADCCHSELSEQ3 | 0x0000 7105 | 16 bits | ADC 通道选择排序控制寄存器 3 |
| 7 | ADCCHSELSEQ4 | 0x0000 7106 | 16 bits | ADC 通道选择排序控制寄存器 4 |
| 8 | ADCASEQSR | 0x0000 7107 | 16 bits | ADC 自动排序状态寄存器 |
| 9 | ADCRESULT0 | 0x0000 7108 | 16 bits | ADC 转换结果缓冲寄存器 0 |
| 10 | ADCRESULT1 | 0x0000 7109 | 16 bits | ADC 转换结果缓冲寄存器 1 |
| 11 | ADCRESULT2 | 0x0000 710A | 16 bits | ADC 转换结果缓冲寄存器 2 |
| 12 | ADCRESULT3 | 0x0000 710B | 16 bits | ADC 转换结果缓冲寄存器 3 |
| 13 | ADCRESULT4 | 0x0000 710C | 16 bits | ADC 转换结果缓冲寄存器 4 |
| 14 | ADCRESULT5 | 0x0000 710D | 16 bits | ADC 转换结果缓冲寄存器 5 |
| 15 | ADCRESULT6 | 0x0000 710E | 16 bits | ADC 转换结果缓冲寄存器 6 |
| 16 | ADCRESULT7 | 0x0000 710F | 16 bits | ADC 转换结果缓冲寄存器 7 |
| 17 | ADCRESULT8 | 0x0000 7110 | 16 bits | ADC 转换结果缓冲寄存器 8 |
| 18 | ADCRESULT9 | 0x0000 7111 | 16 bits | ADC 转换结果缓冲寄存器 9 |
| 19 | ADCRESULT10 | 0x0000 7112 | 16 bits | ADC 转换结果缓冲寄存器 10 |
| 20 | ADCRESULT11 | 0x0000 7113 | 16 bits | ADC 转换结果缓冲寄存器 11 |
| 21 | ADCRESULT12 | 0x0000 7114 | 16 bits | ADC 转换结果缓冲寄存器 12 |
| 22 | ADCRESULT13 | 0x0000 7115 | 16 bits | ADC 转换结果缓冲寄存器 13 |
| 23 | ADCRESULT14 | 0x0000 7116 | 16 bits | ADC 转换结果缓冲寄存器 14 |
| 24 | ADCRESULT15 | 0x0000 7117 | 16 bits | ADC 转换结果缓冲寄存器 15 |
| 25 | ADCTRL3 | 0x0000 7118 | 16 bits | ADC 控制寄存器 3 |
| 26 | ADCST | 0x0000 7119 | 16 bits | ADC 状态寄存器 |
| 27 | 保留 | 0x0000 71LA ~ 0x0000 711F | | 保留 |

## 7.2　ADC 模块的工作原理

### 7.2.1　自动排序器

ADC 排序器有两个独立的 8 状态排序器（SEQ1 和 SEQ2），它们可以组成双排序器，如图 7-2 所示；也可以级联成一个 16 状态的单排序器（SEQ），即级联模式，如图 7-3 所示。这里的"状态"是指排序器可以执行的自动转换数目。

在这两种工作模式下，A - D 转换模块能够将一系列的转换请求自动排序，即每次收到

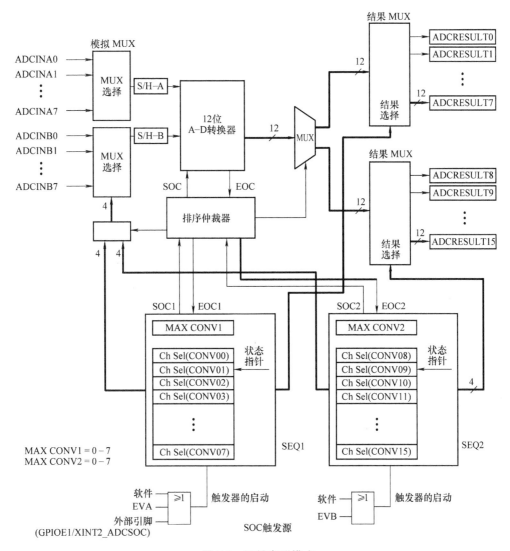

图 7-2 双排序器模式

启动转换信号（SOC）时，可以自动完成多路转换。每一次转换可以通过多路选择器选择 16 个输入通道中的任何一个通道进行转换。模–数转换结果被存储到对应的结果寄存器内（ADCRESULTn），第一个转换结果储存在 ADCRESULT0 内，第二个转换结果储存在 ADCRESULT1 内，以此类推。用户也可以对同一个通道进行多次采样，即"重复采样"，或"过采样"。通过"过采样"得到的采样结果比单次采样转换结果分辨率高。

在双排序器顺序采样模式下（两个 8 状态排序器），新的 SOC 信号（启动转换信号）只能在当前排序命令完成后才能得到响应。例如，假设当前 ADC 正在处理 SEQ2 的请求，此时一个 SEQ1 的 SOC 信号发生，那么在处理完 SEQ2 请求后会立即响应 SEQ1 的启动转换命令。如果 SEQ1 和 SEQ2 启动转换命令同时发生，那么 SEQ1 启动转换命令拥有优先执行权。

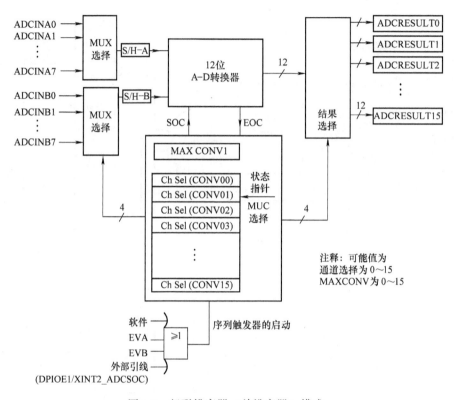

图 7-3　级联排序器（单排序器）模式

## 7.2.2　顺序采样方式和并行采样方式

ADC 可以工作在顺序采样方式和并行采样方式。顺序采样，顾名思义就是按照顺序一个通道一个通道进行采样，例如 ADCINA0，ADCINA1，…，ADCINA7，ADCINB0，ADCINB1，…，ADCINB7；而并行采样，是一对通道一对通道进行采样的，即 ADCINA0 和 ADCINB0 同时采样，ADCINA1 和 ADCINB1 同时采样，…，ADCINA7 和 ADCINB7 同时采样。

2812 的 A－D 模块有 16 个输入通道，可以通过编程来选择采样通道，即通过设置 ADC 输入通道选择序列控制寄存器 ADCCHSELSEQx（x = 1，2，3，4）来选择采样通道。每一个 ADCCHSELSEQx 寄存器都是 16 位的，被分成了 4 组功能位 CONVxx，每一组功能位占据寄存器的 4 位。在 A－D 转换的过程中，当前 CONVxx 定义了要进行采样和转换的引脚。

在顺序采样方式下，CONVxx 的 4 位均用来定义输入引脚，最高位为 0 时，说明采样的是 A 组，采样保持器用的是 S/H－A，最高位为 1 时，说明采样的是 B 组，采样保持器用的是 S/H－B。而低 3 位定义的是偏移量，决定了某一组内的特定引脚。例如，如果 CONVxx 的数值是 0101b，则说明选择的输入通道是 ADCINA5 引脚。如果 CONVxx 的数值是 1011b，则说明选择的输入通道是 ADCINB3 引脚。

在并行采样方式下，ADC 可以同时对两个通道进行采样转换，这两个通道分别来自 ADCINA0 ~ 7 和 ADCINB0 ~ 7，而且两个通道的编号必须相同。因为是一对一对进行采样的，S/H－A 和 S/H－B 会同时使用，所以，CONVxx 的最高位被舍弃，也就是说只有低 3 位的数据才是有效位。例如，如果 CONVxx 的数值为 0101b，则 S/H－A 对 ADCINA5 进行采样，S/H－B 对 ADCINB5 进行采样；如果 CONVxx 的数值是 1011b，则 S/H－A 对 ADCINA3 进行采样，S/H－B 对 ADCINB3 进行采样。转换的结果被储存在相邻的两个结果储存器中，例如 ADCINA3 通道的转换结果储存在 ADCRESULT0（假设排序器已初始化），则 ADCINB3 通道的转换结果储存在 ADCRESULT1，然后结果储存指针加 2，指向 ADCRESULT2。

✦ 注意：由于 DSP 内只有一个 ADC 转换内核，因此并不是真正意义上的同时转换，两者具有微小的时间差，一般场合下这个时间差是可以忽略的。

图 7-4 所示为顺序采样方式（Sequential Sampling Mode）的时序，其中 ACQ_PS（用于设置 SH 宽度）置为 0001B，即采样保持脉冲（SH）宽度为 2 个 ADC 周期。

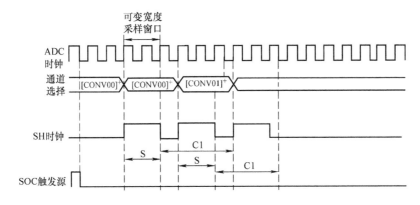

图 7-4　顺序采样模式（SMODE = 0）

注：CONVxx 寄存器包含了通道的地址：SEQ1 的是 CONV00；SEQ2 的是 CONV08；
S：采样窗的时间；C1：结果寄存器更新的时间。

图 7-5 所示为并行采样方式（Simultaneous Sampling Mode）的时序。图中 ACQ_PS 置为 0001B。此时 A－D 转换器内核被两个排序器（EVA 和 EVB）共享。

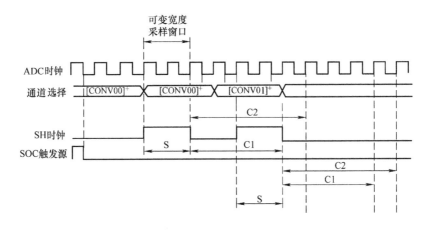

图 7-5　并行采样模式（SMODE = 1）

注：CONVxx 寄存器包含了通道的地址：CONV00 表示 A0/B0 通道；CONV01 表示 A1/B1 通道；
S：采样窗的时间；C1：Ax 通道结果寄存器刷新时间；C2：Bx 通道结果寄存器刷新时间。

注意：采样方式和排序器模式容易混淆！

在顺序采样时可以采用双排序器和级联排序器两种模式，在并行采样时也可以采用双排序器和级联排序器两种模式。

在顺序采样中，双排序和级联排序的工作方式基本相同，主要区别见表 7-2。

**表 7-2 顺序采样双排序和级联排序下排序器的比较**

| 特征 | 双排序<br>排序器#1（SEQ1） | 双排序<br>排序器#2（SEQ2） | 级联排序<br>排序器（SEQ） |
| --- | --- | --- | --- |
| 启动触发信号（SOC） | EVA，软件，外部引脚 | EVB，软件 | EVA，EVB，软件，外部引脚 |
| 自动转换最多通道数 | 8 | 8 | 16 |
| 转换结束自动停止 | 是 | 是 | 是 |
| 仲裁优先级 | 高 | 低 | 不可用 |
| ADC 转换结果寄存器位置分配 | 0～7 | 8～15 | 0～15 |
| ADCCHSELSEQn 位的分配 | CONV00～CONV07 | CONV08～CONV15 | CONV00～CONV15 |

双排序器 SEQ1、SEQ2 或级联排序器 SEQ 分别对应以下控制变量：SEQ1 指向 CONV00～CONV07；SEQ2 指向 CONV08～CONV15；级联 SEQ 指向 CONV00～CONV15。

顺序采样的模拟输入通道由 ADC 通道选择序列控制寄存器 ADCCHSELSEQn 中的 CONVxx 位确定，CONVxx 是 4 位的控制字段，可以确定 16 个转换通道，即 CONV00～CONV15。模拟通道可以以任何次序进行转换，对于同一通道，也可以进行多次转换。

**1. 并行采样双排序器模式**

并行采样双排序器模式初始化程序如下：

```
AdcRegs. ADCTRL3. bit. SMODE_SEL = 1 ;      //设置并行采样模式
AdcRegs. ADCTRL1. bit. SEQ_CASC = 0 ;       //设置双排序器模式
AdcRegs. ADCMAXCONV. all = 0x0033 ;         //排序器最大采样通道数为 4,共 8 个序列,
                                            //并行采样,共 16 路
AdcRegs. ADCCHSELSEQ1. bit. CONV00 = 0x0 ;  //采样 ADCINA0 和 ADCINB0
AdcRegs. ADCCHSELSEQ1. bit. CONV01 = 0x1 ;  //采样 ADCINA1 和 ADCINB1
AdcRegs. ADCCHSELSEQ1. bit. CONV02 = 0x2 ;  //采样 ADCINA2 和 ADCINB2
AdcRegs. ADCCHSELSEQ1. bit. CONV03 = 0x3 ;  //采样 ADCINA3 和 ADCINB3
AdcRegs. ADCCHSELSEQ3. bit. CONV08 = 0x4 ;  //采样 ADCINA4 和 ADCINB4
AdcRegs. ADCCHSELSEQ3. bit. CONV09 = 0x5 ;  //采样 ADCINA5 和 ADCINB5
AdcRegs. ADCCHSELSEQ3. bit. CONV10 = 0x6 ;  //采样 ADCINA6 和 ADCINB6
AdcRegs. ADCCHSELSEQ3. bit. CONV11 = 0x7 ;  //采样 ADCINA7 和 ADCINB7
```

若 SEQ1 和 SEQ2 两者都完成模-数转换，则结果将成对储存至如下的结果寄存器，如图 7-6 所示。

**2. 并行采样级联排序模式**

并行采样级联排序模式初始化程序如下：

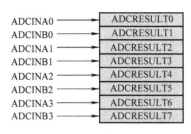

图 7-6　并行采样双排序器结果储存方式

| AdcRegs. ADCTRL3. bit. SMODE_SEL = 1; | //设置并行采样模式 |
| AdcRegs. ADCTRL1. bit. SEQ_CASC = 1; | //设置级联排序器模式 |
| AdcRegs. ADCMAXCONV. all = 0x0007; | //排序器最大采样通道数为 8,并行采样 |
| | //共 16 通道 |
| AdcRegs. ADCCHSELSEQ1. bit. CONV00 = 0x0; | //采样 ADCINA0 和 ADCINB0 |
| AdcRegs. ADCCHSELSEQ1. bit. CONV01 = 0x1; | //采样 ADCINA1 和 ADCINB1 |
| AdcRegs. ADCCHSELSEQ1. bit. CONV02 = 0x2; | //采样 ADCINA2 和 ADCINB2 |
| AdcRegs. ADCCHSELSEQ1. bit. CONV03 = 0x3; | //采样 ADCINA3 和 ADCINB3 |
| AdcRegs. ADCCHSELSEQ2. bit. CONV04 = 0x4; | //采样 ADCINA4 和 ADCINB4 |
| AdcRegs. ADCCHSELSEQ2. bit. CONV05 = 0x5; | //采样 ADCINA5 和 ADCINB5 |
| AdcRegs. ADCCHSELSEQ2. bit. CONV06 = 0x6; | //采样 ADCINA6 和 ADCINB6 |
| AdcRegs. ADCCHSELSEQ2. bit. CONV07 = 0x7; | //采样 ADCINA7 和 ADCINB7 |

当 SEQ 完成模–数转换，则结果将按顺序储存至结果寄存器，如图 7-7 所示。

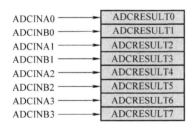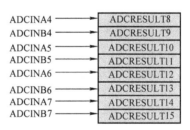

图 7-7　并行采样级联排序器结果存储方式

### 3. 顺序采样双排序器模式

顺序采样双排序器模式初始化程序如下：

| AdcRegs. ADCTRL1. bit. SEQ_CASC = 0; | //双排序器模式 |
| AdcRegs. ADCTRL3. bit. SMODE_SEL = 0; | //设置顺序采样模式 |
| AdcRegs. ADCMAXCONV. all = 0x0077; | //每个排序器最大采样通道数为 8, |
| | //共可采样 16 通道 |
| AdcRegs. ADCCHSELSEQ1. bit. CONV00 = 0x0; | //采样 ADCINA0 |
| AdcRegs. ADCCHSELSEQ1. bit. CONV01 = 0x1; | //采样 ADCINA1 |
| AdcRegs. ADCCHSELSEQ1. bit. CONV02 = 0x2; | //采样 ADCINA2 |
| AdcRegs. ADCCHSELSEQ1. bit. CONV03 = 0x3; | //采样 ADCINA3 |
| AdcRegs. ADCCHSELSEQ2. bit. CONV04 = 0x4; | //采样 ADCINA4 |

AdcRegs. ADCCHSELSEQ2. bit. CONV05 = 0x5；　　//采样 ADCINA5

AdcRegs. ADCCHSELSEQ2. bit. CONV06 = 0x6；　　//采样 ADCINA6

AdcRegs. ADCCHSELSEQ2. bit. CONV07 = 0x7；　　//采样 ADCINA7

AdcRegs. ADCCHSELSEQ3. bit. CONV08 = 0x8；　　//采样 ADCINB0

AdcRegs. ADCCHSELSEQ3. bit. CONV09 = 0x9；　　//采样 ADCINB1

AdcRegs. ADCCHSELSEQ3. bit. CONV10 = 0xA；　　//采样 ADCINB2

AdcRegs. ADCCHSELSEQ3. bit. CONV11 = 0xB；　　//采样 ADCINB3

AdcRegs. ADCCHSELSEQ4. bit. CONV12 = 0xC；　　//采样 ADCINB4

AdcRegs. ADCCHSELSEQ4. bit. CONV13 = 0xD；　　//采样 ADCINB5

AdcRegs. ADCCHSELSEQ4. bit. CONV14 = 0xE；　　//采样 ADCINB6

AdcRegs. ADCCHSELSEQ4. bit. CONV15 = 0xF；　　//采样 ADCINB7

如果 SEQ1 和 SEQ2 两者都已经完成了转换，则结果存储如图 7-8 所示。

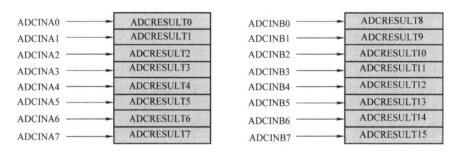

图 7-8　顺序采样双排序器结果存储方式

### 4. 顺序采样级联排序器模式

顺序采样级联排序器模式初始化程序如下：

AdcRegs. ADCTRL1. bit. SEQ_CASC = 1；　　　//级联模式

AdcRegs. ADCTRL3. bit. SMODE_SEL = 0；　　//设置顺序采样模式

AdcRegs. ADCMAXCONV. all = 0x000F；　　　//排序器最大采样通道数为 16,

　　　　　　　　　　　　　　　　　　　//每次采 1 个通道,共 16 通道

AdcRegs. ADCCHSELSEQ1. bit. CONV00 = 0x0；　　//采样 ADCINA0

AdcRegs. ADCCHSELSEQ1. bit. CONV01 = 0x1；　　//采样 ADCINA1

AdcRegs. ADCCHSELSEQ1. bit. CONV02 = 0x2；　　//采样 ADCINA2

AdcRegs. ADCCHSELSEQ1. bit. CONV03 = 0x3；　　//采样 ADCINA3

AdcRegs. ADCCHSELSEQ2. bit. CONV04 = 0x4；　　//采样 ADCINA4

AdcRegs. ADCCHSELSEQ2. bit. CONV05 = 0x5；　　//采样 ADCINA5

AdcRegs. ADCCHSELSEQ2. bit. CONV06 = 0x6；　　//采样 ADCINA6

AdcRegs. ADCCHSELSEQ2. bit. CONV07 = 0x7；　　//采样 ADCINA7

AdcRegs. ADCCHSELSEQ3. bit. CONV08 = 0x8；　　//采样 ADCINB0

AdcRegs. ADCCHSELSEQ3. bit. CONV09 = 0x9；　　//采样 ADCINB1

AdcRegs. ADCCHSELSEQ3. bit. CONV10 = 0xA；　　//采样 ADCINB2

AdcRegs. ADCCHSELSEQ3. bit. CONV11 = 0xB；　　//采样 ADCINB3

AdcRegs. ADCCHSELSEQ4. bit. CONV12 = 0xC；　　//采样 ADCINB4

AdcRegs. ADCCHSELSEQ4. bit. CONV13 = 0xD；　　//采样 ADCINB5

AdcRegs. ADCCHSELSEQ4. bit. CONV14 = 0xE；　//采样 ADCINB6

AdcRegs. ADCCHSELSEQ4. bit. CONV15 = 0xF；　//采样 ADCINB7

当 SEQ 转换完成，则结果存储如图 7-9 所示。

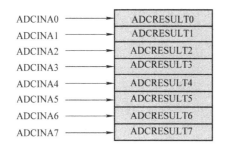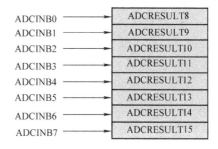

图 7-9　顺序采样级联排序器结果存储方式

### 7.2.3　ADC 工作模式

ADC 的任何一个排序器（SEQ1、SEQ2 或 SEQ）都可以工作在两种模式，即不中断自动排序连续模式和启动/停止模式。

**1. 连续模式**

不中断自动排序的连续模式流程如图 7-10 所示，以双排序器 SEQ1 和 SEQ2 为例，在一次排序过程中可以对最多 8 个通道的输入进行转换，转换的结果从低到高依次储存在结果寄存器中，其中 SEQ1 控制的转换结果储存在 ADCRE-SULT0 ~ ADCRESULT7 寄存器中，SEQ2 控制的转换结果储存在 ADCRESULT8 ~ ADCRESULT15 寄存器中。

一个序列中 A - D 转换的个数是由寄存器 ADCMAXCONV 中的位域 MAXCONVn 的值决定的，MAXCONVn 为 ADCMAXCONV 寄存器内的 3 位或 4 位（见图 7-18）。在启动一个转换序列时，MAXCONVn 的值装入寄存器 ADCASEQSR 的位域 SEQCNTRn 中，SEQ1 被置于 CONV00，SEQ2 被置于 CONV08。当转换开始按顺序进行时（CONV01，CONV02，…），SEQCNTRn 从装入值开始递减，直到减为 0，结束一个序列的转换，中断标志置 1。一个序列中完成 A - D 转换的个数是（MAXCONVn + 1）。

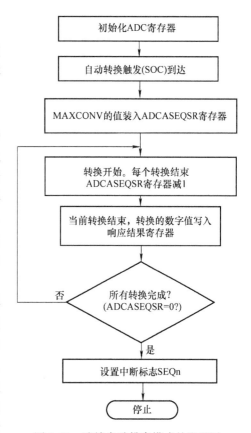

图 7-10　连续自动排序模式的流程图

当 SEQCNTRn 减为 0，结束一个序列的转换时，根据 A - D 控制寄存器 ADCTRL1 中 CONT_RUN 位的值，分成两种情况：

1）如果 CONT_RUN = 1，则 A - D 模块自动启动新一轮转换序列，即 MAXCONVn 的值

**151**

重新装入寄存器 SEQCNTRn 中，SEQ1 和 SEQ2 重新被置初始值。在这种情况下，为了避免转换结果被覆盖，用户必须在新一轮转换结果到来之前，把上一轮转换的结果取走。

2）若 CONT_RUN = 0，则排序器会停留在当前状态，即 SEQCNTRn 的值保持 0，SEQ1 和 SEQ2 也保持转换结束时的值。SEQCNTRn 的值到达 0 时，中断标志会被置 1，因此用户可以利用 A-D 控制器 ADCTRL2 中的 RST_SEQn 位，在中断服务程序中手动复位排序器，以便新的转换启动时，SEQCNTRn 可以重新装载 MAXCONVn 的值，并且 SEQ1 和 SEQ2 的状态重新被置为初始值。

例 7-1：使用 SEQ1 的双排序器模式进行 A-D 转换。假设 SEQ1 要完成 7 个通道的 A-D 转换（通道 2，3，2，3，6，7，12 经过自动排序后转换）。则 MAXCONV1 的值应设为 6，ADCCHSELSEQn 寄存器的设置见表 7-3。

**表 7-3 例 7-1 中 ADCCHSELSEQn 寄存器的设置值**

| Bits 15~12 | Bits 11~8 | Bits 7~4 | Bits 3~0 | |
|---|---|---|---|---|
| 0011 | 0010 | 0011 | 0010 | ADCCHSELSEQ1 |
| × | 1100 | 0111 | 0110 | ADCCHSELSEQ2 |
| × | × | × | × | ADCCHSELSEQ3 |
| × | × | × | × | ADCCHSELSEQ4 |

当排序器接收到启动转换信号 SOC 时，MAXCONV1 的值装入 SEQCNTRn，SEQ1 指向 CONV00。根据寄存器 ADCCHSELSEQn 预定的顺序对指定的通道进行转换（CONV00 为 2，CONV01 为 3，…，CONV06 为 12），每执行一次转换，SEQ CNTRn 的值自动减 1，直到减为 0。此时，若 CONT_RUN = 1，则转换排序自动再次启动（SEQCNTRn 重新装载，SEQ1 重新指向 CONV00）；若 CONT_RUN = 0，则排序停留在当前状态（SEQCNTRn 依旧为 0，SEQ1 依旧指向 CONV06）。

**2. 启动/停止模式**

在启动/停止模式，A-D 控制寄存器 ADCTRL1 中的 CONT_RUN 位必须被设置为 0，当排序器完成第一个序列转换后，可以在没有复位到初始状态的情况下被重新触发。CONT_RUN = 0 时，连续模式与启动/停止模式的区别在于：连续模式下必须通过中断服务程序将 A-D 相关寄存器的内容（如 SEQCNTRn、SEQ1 等）进行复位操作后，才能使排序器再次启动转换；而启动/停止模式下不需要将相关寄存器内容恢复初始值，就可以被 SOC 触发源再次启动转换。这种方式可在时间上与多个 SOC 触发源同步。

例 7-2：使用触发源 1（定时器下溢）启动 3 个自动转换，分别为 $I_1$，$I_2$ 和 $I_3$；使用触发源 2（定时器周期）启动 3 个自动转换，分别为 $V_1$、$V_2$ 和 $V_3$。触发源 1 和触发源 2 在时间上间隔 25μs，都由事件管理器 EVA 提供，如图 7-11 所

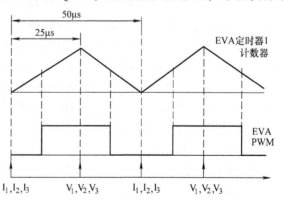

图 7-11 事件管理器触发启动排序器

示。只用 SEQ1 排序。(启动 A－D 转换的触发源可以是 EVA、外部引脚或软件的 SOC 信号, 见表 7-6, 本例中同一个触发源 EVA 产生两次请求)。

因为每次触发需要转换的次数为 3, 所以将 MAXCONV1 的值设置为 2, A－D 模块的输入通道选择序列寄存器 ADCCHSELSEQn 的设置见表 7-4。

**表 7-4　例 7-2 中 ADCCHSELSEQn 寄存器的设置**

| Bits 15 ~ 12 | Bits 11 ~ 8 | Bits 7 ~ 4 | Bits 3 ~ 0 | |
|:---:|:---:|:---:|:---:|:---|
| $V_1$ | $I_3$ | $I_2$ | $I_1$ | ADCCHSELSEQ1 |
| × | × | $V_3$ | $V_2$ | ADCCHSELSEQ2 |
| × | × | × | × | ADCCHSELSEQ3 |
| × | × | × | × | ADCCHSELSEQ4 |

完成复位和初始化后, SEQ1 等待第一个触发源信号。第一个触发源信号到来时, SEQ CNTRn 装载 2, 输入通道 CONV00 ($I_1$)、CONV01 ($I_2$) 和 CONV02 ($I_3$) 的信号被转换, 转换结束后, SEQ1 在当前状态 (指向 CONV03) 等待第二次触发源信号, 25μs 后第二次触发源信号到来, 输入通道 CONV03 ($V_1$)、CONV04 ($V_2$) 和 CONV05 ($V_3$) 的信号被转换。在双触发源的情况下, MAX CONV1 的值被自动载入 SEQCNTRn, 两次转换的个数相同。如果需要改变第二次触发时转换的个数, 用户必须在第二个触发源信号到来之前通过软件修改 MAX CONV1 的值, 否则 ADC 模块就重新使用当前的 MAX CONV1 的值。修改 MAX CONV1 的值可以在适当的时候由中断服务程序来完成。

当第二个自动转换过程结束时, ADC 的转换结果储存到相应的结果寄存器中, 见表 7-5。此时, SEQ1 在当前状态等待另一个触发源信号的到来, 用户可以通过软件复位 SEQ1, 使 SEQ1 指向 CONV00, 并重复同样的触发源 1、2 转换操作。

**表 7-5　ADC 结果寄存器的使用情况**

| 缓冲寄存器 | ADC 转换结果 |
|:---:|:---:|
| RESULT0 | $I_1$ |
| RESULT1 | $I_2$ |
| RESULT2 | $I_3$ |
| RESULT3 | $V_1$ |
| RESULT4 | $V_2$ |
| RESULT5 | $V_3$ |
| RESULT6 ~ RESULT15 | X |

## 7.2.4　输入触发源

每个排序器都有一套可以使能或禁止的触发源 SOC。SEQ1、SEQ2 和级联 SEQ 的有效输入触发源见表 7-6。

表 7-6　SEQ1、SEQ2 和 SEQ 的有效触发源

| SEQ1 | SEQ2 | SEQ |
|---|---|---|
| 软件触发 | 软件触发 | 软件触发 |
| 事件管理器 A（EVA SOC） | 事件管理器 B（EVB SOC） | 事件管理器 A（EVA SOC） |
| | | 事件管理器 B（EVB SOC） |
| 外部引脚 SOC | | 外部引脚 SOC |

只要排序器处于空闲状态，SOC 触发源就能启动一个自动转换序列。空闲状态是指在收到触发源信号之前，排序器指向初始状态（SEQ1 或 SEQ 指向 CONV00，SEQ2 指向 CONV08），或者是排序器已经完成了一个序列的转换，即 SEQCNTRn 为 0。

当一个转换序列正在进行期间，又收到一个 SOC 触发信号，则控制寄存器 ADCTRL2 中的 SOC SEQn 位被置 1，（该位在前一个转换序列开始时已被清零）。但如果此时又来一个 SOC 触发信号，则该信号将丢失，也就是说当 SOC SEQn 位被置 1 时，随后的触发将被忽略。一旦自动转换序列开始运行，则排序器不能中途停止或中断。程序必须等到排序结束（EOS）或者复位排序器，才能使排序器回到初始状态（SEQ1 或 SEQ 指向 CONV00，SEQ2 指向 CONV08）。

当排序器工作在级联方式时，SEQ2 的触发源信号被忽略，SEQ1 的触发有效，也就是说可以把级联方式看作 SEQ1 具有 16 个状态。

## 7.2.5　序列转换的中断操作

控制寄存器 ADCTRL2 中的中断模式使能控制位决定了排序器可以在两种工作模式下产生中断，中断方式 0 在每个序列结束时都发生中断请求，中断方式 1 每隔一个序列结束时发生中断请求。下面结合例子说明中断方式 0 和中断方式 1 在不同的工作条件下的使用。

> 注意：中断标志位在每次 SEQCNTR 减到 0 时被置位，且产生两次中断。

例 7-3：如图 7-12 所示，使用触发源 1（定时器下溢）启动自动转换 $I_1$、$I_2$；使用触发源 2（定时器周期）启动自动转换 $V_1$、$V_2$、$V_3$。触发源 1 和触发源 2 在时间上间隔 25μs，都由事件管理器 EVA 提供，可以有 3 种中断操作方式。

情形 1：第一个序列（$I_1$、$I_2$）和第二个序列（$V_1$、$V_2$、$V_3$）的采样次数不相等，采用中断方式 0 的操作如下：

1）对于转换序列 $I_1$ 和 $I_2$，排序器用 MAX CONVn = 1 进行初始化。

2）在每个序列转换结束的中断服务子程序 "a" 中，通过软件将 MAX CONVn 改为 2，对序列 $V_1$、$V_2$、$V_3$ 进行转换。

3）在每个序列转换结束的中断服务子程序 "b" 中，完成以下任务：

- 通过软件将 MAX CONVn 的值再次设置为 1，以便对 $I_1$ 和 $I_2$ 进行转换。
- 从 ADC 结果寄存器中读取 $I_1$、$I_2$、$V_1$、$V_2$、$V_3$ 的数值。
- 对排序器复位。

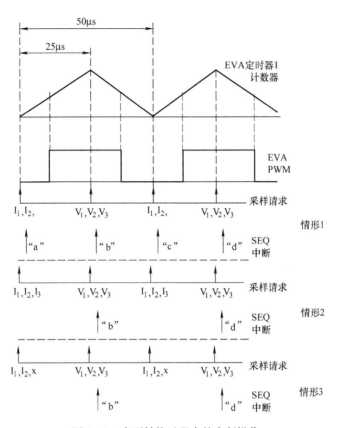

图 7-12　序列转换过程中的中断操作

4）重复 2）和 3）。每次 SEQ CNTRn 等于 0 时都产生中断。

情形 2：如果第一个序列和第二个序列的采样数相等，可以采用中断方式 1，即每隔一个序列结束时发生中断请求，操作如下：

1）对于转换 $I_1$、$I_2$ 和 $I_3$（或 $V_1$、$V_2$ 和 $V_3$），排序器将 MAX CONVn 初始化为 2。

2）在中断服务子程序 "b" 和 "d" 中，完成以下任务：

- 从 ADC 结果寄存器中读取 $I_1$、$I_2$、$I_3$、$V_1$、$V_2$、$V_3$ 的转换数值；
- 将排序器复位；
- 重复 2）操作。

在中断方式 1 中，每次 SEQCNTR 减到 0 时，中断标志位都被置 1，但是只有第二个序列（$V_1$、$V_2$ 和 $V_3$）转换之后才会产生 EOS 中断。

情形 3：对第一个序列进行变化（带空读 x），使之与第二个序列的采样数相等，此时可以采用中断方式 1 操作：

1）排序器将 MAX CONVn 初始化 2。

2）在中断服务子程序 "b" 和 "d" 中，完成以下任务：

- 从 ADC 结果寄存器读取 $I_1$、$I_2$、x 和 $V_1$、$V_2$、$V_3$ 的数值；
- 将排序器复位；
- 重复 2）操作。

注意：第三个 I 采样（x）是一个假采样，并没有真正要求采样。
可以充分利用中断方式 1 的特性，使中断服务子程序的开销和对 CPU 的干涉最小。

## 7.3 ADC 时钟预定标器

A-D 转换时间由 A-D 模块的时钟频率决定，ADC 采用高速外设时钟 HSPCLK，ADC 控制器寄存器 ADCTRL3 的 ADCCLKPS [3~0] 位对 HSPCLK 进行分频，此外，控制器寄存器 ADCTRL1 的 CPS 位再提供一个 2 分频，如图 7-13 所示。控制寄存器 ADCTRL1 中的 ACQ_PS [3~0] 位，可以扩展 SOC 脉冲宽度，SOC 脉冲宽度决定了采样保持 SH 窗口时间。

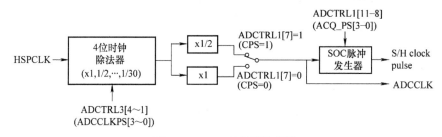

图 7-13　ADC 时钟预定标器

图 7-14 给出了 ADC 模块时钟的设置方法。

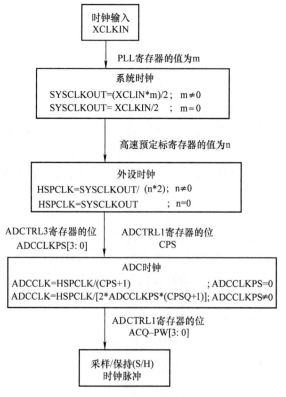

图 7-14　ADC 模块时钟设置

**例 7-4：** 本例给出了两种不同设置的 ADC 时钟，见表 7-7。

表 7-7　ADC 模块的时钟设置举例

| XCLKIN | PLLCR<br>[3：0] | HSPCLK | ADCTRL3<br>[4~1] | ADCTRL1<br>[7] | ADCCLK | ADCTRL1<br>[11~8] |
|---|---|---|---|---|---|---|
| | 0000B | HSPCP = 0 | ADCCLKPS = 0 | CPS = 0 | | ACQ_PS = 0 |
| 30MHz | 15MHz | 15MHz | 15MHz | 15MHz | 15MHz | S/H 脉冲宽度 = 1 |
| | 1010B | HSPCP = 3 | ADCCLKPS = 2 | CPS = 1 | | ACQ_PS = 15 |
| 30MHz | 150MHz | 150/（2×3）<br>= 25MHz | 25/（2×2）<br>= 6.25MHz | 6.25/（2×1）<br>= 3.125MHz | 3.125MHz | S/H 脉冲宽度<br>= 16 |

　**注意：** 不要把 ADC 的采样频率与转换时间混淆！
采样频率取决于启动 A－D 转换的频率。启动 A－D 转换可以通过软件启动、EV 的事件启动或外部引脚上的信号启动，例如 1ms 启动一次，采样频率为 1kHz；转换时间取决于 A－D 时钟频率，与采样频率无关。

## 7.4　ADC 电源操作

ADC 模块支持 3 种供电模式，通过控制寄存器 ADCTRL3 进行设置。这 3 种供电模式为：ADC 上电模式、ADC 掉电模式和 ADC 关闭模式，当 ADC 模块关闭时，不对 ADC 模块供电，可以减小系统的功耗。寄存器相关位的设置见表 7-8。

表 7-8　ADC 供电模式的设置

| 供电模式 | ADCRFDN | ADCBGDN | ADCPWDN |
|---|---|---|---|
| ADC 上电模式 | 1 | 1 | 1 |
| ADC 掉电模式 | 1 | 1 | 0 |
| ADC 关闭模式 | 0 | 0 | 0 |
| 保留 | 1 | 0 | × |
| 保留 | 0 | 1 | × |

ADC 模块复位后进入关断状态。如果要给 ADC 模块上电，需采用下列上电顺序：

1）如果使用外部参考电源，必须在内部参考电源上电之前，用控制寄存器 ADCTRL3 的第 8 位使能外部参考模式。这样可以避免内部参考信号（ADCREFP 和 ADCREFM）驱动外部参考电源的情况。

2）先给 ADC 内部参考电源电路供电至少 5ms，然后再给 ADC 模块的其他模拟电路供电。

3）ADC 模块完全供电后，必须再等待 20μs 之后，才能执行第一次模−数转换。

在对 ADC 模块断电时，可以同时清除控制寄存器 ADCTRL3 中的 3 位，即 ADCRFDN 、ADCBGDN 和 ADCPWDN 位。ADC 的供电模式必须通过软件控制，且独立于器件的电源模式。

为了可靠地执行模-数转换操作，必须保证准确的上电顺序！

## 7.5　ADC 寄存器

### 1. ADC 控制寄存器 1

ADC 控制寄存器 1（ADCTRL1）的地址为 0X0000 7100H，各位的分布如图 7-15 所示，功能描述见表 7-9。

在系统复位时，ADC 模块也被复位。若要在其他时间复位 ADC 模块，可以向 RESET 位（ADCTRL1. 14）写 1 来完成，经过 2 个时钟周期延迟后，再向 ADCTRL1 寄存器相关位写入适当的值。例如：

```
MOV ADCTRL1,#01xxxxxxxxxxxxxxb ;复位 ADC(RESET = 1)
NOP                            ;向 ADCTRL1 写数时,提供必要的延时
MOV ADCTRL1,#00xxxxxxxxxxxxxxb ;按用户的要求值配置,如默认配置,此句不需要。
```

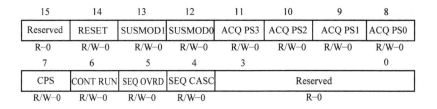

图 7-15　ADC 控制寄存器 1 的各位分布

**表 7-9　ADCTRL1 的功能描述**

| 位 | 名称 | 功 能 描 述 |
|---|---|---|
| 14 | RESET | ADC 模块软件复位位，控制整个 ADC 模块的主动复位<br>0：没有影响<br>1：复位整个 ADC 模块，然后自动清零 |
| 13 ~ 12 | SUSMOD1 ~ 0 | 仿真挂起方式位，决定当出现仿真挂起（例如调试器遇到断点）时发生的事件：<br>00：方式 0，忽略仿真挂起<br>01：方式 1，完成当前的排序、锁存最后结果且更新状态机后，排序器和其他逻辑停止<br>10：方式 2，完成当前的转换、锁存最后结果且更新状态机后，排序器和其他逻辑停止<br>11：方式 3，在仿真挂起时，排序器和其他逻辑立即停止 |
| 11 ~ 8 | ACQ_PS3 ~ 0 | 采样保持窗口宽度，设置 SOC 脉冲宽度，决定采样开关关闭时间段。SOC 脉冲的宽度是 ADCLK 周期乘以（ADCTRL1 [11 ~ 8] +1）倍 |

（续）

| 位 | 名称 | 功能描述 |
|---|---|---|
| 7 | CPS | 内核时钟预定标器位。作用于高速外设时钟 HSPCLK<br>0：ADCCLK = Fclk/1<br>1：ADCCLK = Fclk/2<br>其中，CLK 是指 HSPCLK 经过（ADCCLKPS3~0）分频后的时钟 |
| 6 | CONTRUN | 连续运行位，决定排序器运行在连续方式还是启动/停止方式<br>0：启动/停止方式。到达 EOS 后，排序器停止。除非复位排序器，否则在下一个 SOC 触发时，排序器将从上次结束时的状态启动<br>1：连续转换方式。到达 EOS 后，排序器从状态 CONV00（对于 SEQ1 和级联方式）或 CONV08（对于 SEQ2）开始 |
| 5 | SEQOVRD | 排序器覆盖功能位。在连续运行方式下，为排序器提供更多的灵活性，即在 MAXCONVn 设置值转换完成以后不返回至 0<br>0：禁止，允许排序器在 MAXCONVn 的设置值转换完成后返回至 0<br>1：使能，排序器在 MAXCONVn 的设置值转换完成后不返回，只在该排序器的结束处返回 |
| 4 | SEQCASC | 级联排序器工作模式位<br>0：双排序器模式。SEQ1 和 SEQ2 作为两个 8 状态排序器操作<br>1：级联模式。SEQ1 和 SEQ2 作为一个单 16 状态排序器操作（SEQ） |

## 2. ADC 控制寄存器 2

ADC 控制寄存器 2（ADCTRL2）的地址为 0X0000 7101H，各位的分布如图 7-16 所示，功能描述见表 7-10。

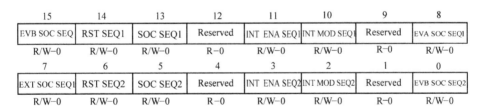

| 15 | 14 | 13 | 12 | 11 | 10 | 9 | 8 |
|---|---|---|---|---|---|---|---|
| EVB SOC SEQ | RST SEQ1 | SOC SEQ1 | Reserved | INT ENA SEQ1 | INT MOD SEQ1 | Reserved | EVA SOC SEQ1 |
| R/W-0 | R/W-0 | R/W-0 | R-0 | R/W-0 | R/W-0 | R-0 | R/W-0 |
| 7 | 6 | 5 | 4 | 3 | 2 | 1 | 0 |
| EXT SOC SEQ1 | RST SEQ2 | SOC SEQ2 | Reserved | INT ENA SEQ2 | INT MOD SEQ2 | Reserved | EVB SOC SEQ2 |
| R/W-0 | R/W-0 | R/W-0 | R-0 | R/W-0 | R/W-0 | R-0 | R/W-0 |

图 7-16　ADC 控制寄存器 2 的各位分布

**表 7-10　ADCTRL2 的功能描述**

| 位 | 名称 | 功能描述 |
|---|---|---|
| 15 | EVB SOC SEQ | 级联方式排序器的 EVB SOC 使能位，只在 SEQ 级联方式下有效<br>0：不起作用<br>1：允许级联排序器 SEQ 被事件管理器 B 的信号启动。可以对事件管理器编程，在各种事件中启动转换 |
| 14 | RST SEQ1 | SEQ1 的复位位<br>0：无操作<br>1：立即将 SEQ1 复位为 CONV00 |

（续）

| 位 | 名称 | 功 能 描 述 |
|---|---|---|
| 13 | SOC SEQ1 | SEQ1 的启动转换（SOC）触发位<br>0：清除即将发生的 SOC 触发请求；若排序器已经启动，则该位自动清 0<br>1：软件触发，从当前停止的位置启动 SEQ1（例如空闲模式）<br>可被下列触发置 1：<br>● S/W：通过软件向该位写 1<br>● EVA：事件管理器 A<br>● EVB：事件管理器 B（仅在级联方式）<br>● EXT：外部引脚（例如 ADCSOC 引脚）<br>注意：RST SEQ1 位（ADCTRL2.14）和 SOC SEQ1 位（ADCTRL2.13）位不能在同一条指令中置位，因为这样只能复位排序器，但不能启动排序。正确的操作顺序是先置位 RST SEQ1，在下一条指令中置位 SOC SEQ1，才能确保排序器复位和启动一个新的排序。此操作顺序还适用于 RST SEQ2 位（ADCTRL2.6）和 SOC SEQ2 位（ADCTRL2.5） |
| 11 | INT ENA SEQ1 | SEQ1 中断使能位。使能由 INT SEQ1 向 CPU 发出的中断请求<br>0：INT SEQ1 的中断请求无效<br>1：INT SEQ1 的中断请求使能 |
| 10 | INT MOD SEQ1 | SEQ1 中断模式位，选择 SEQ1 中断模式。在 SEQ1 转换序列结束时，影响 INT SEQ1 的设置<br>0：中断方式 0，在每个 SEQ1 序列结束时将 INT SEQ1 置位<br>1：中断方式 1，每隔一个 SEQ1 序列结束时将 INT SEQ1 置位 |
| 9 | Reserved | 保留。读返回 0，写没有影响 |
| 8 | EVA SOC SEQ1 | 对 SEQ1，事件管理器 EVA 的 SOC 屏蔽位<br>0：不能通过 EVA 触发源启动 SEQ1<br>1：允许 EVA 触发源启动 SEQ1 或 SEQ。可对 EVA 编程，使各种事件都能启动转换 |
| 7 | EXT SOC SEQ1 | 对 SEQ1，外部信号启动转换位<br>0：不动作<br>1：允许来自 ADCSOC 引脚的信号启动 ADC 自动转换序列 |
| 6 | RST SEQ2 | 排序器 SEQ2 复位位<br>0：不动作<br>1：立即把 SEQ2 复位到初始状态，例如在 CONV08 等待触发源。终止当前正在进行的转换序列 |
| 5 | SOC SEQ2 | SEQ2 的启动转换（SOC）触发位。仅适用于双排序器模式，在级联方式中此位被忽略<br>0：清除即将发生的 SOC 触发请求；若排序器已经启动，则该位自动清 0<br>1：从当前停止的位置启动 SEQ2（例如空闲模式）<br>此位可被下列触发置 1：<br>● S/W：通过软件向该位写 1<br>● EVB：事件管理器 B |
| 3 | INT ENA SEQ2 | SEQ2 中断使能位。使能或禁止由 INT SEQ2 向 CPU 发出的中断请求<br>0：INT SEQ2 的中断请求无效<br>1：INT SEQ2 的中断请求使能 |

（续）

| 位 | 名称 | 功　能　描　述 |
|---|---|---|
| 2 | INT MOD SEQ2 | SEQ2 中断模式位，选择 SEQ2 中断模式。在 SEQ2 转换序列结束时，影响 INT SEQ2 的设置<br>0：中断方式 0，在每个 SEQ2 序列结束时将 INT SEQ2 置位<br>1：中断方式 1，在每隔一个 SEQ2 序列结束时将 INT SEQ2 置位 |
| 0 | EVB SOC SEQ2 | 对 SEQ2，事件管理器 B 的 SOC 屏蔽位<br>0：不能通过 EVB 触发源启动 SEQ2<br>1：允许 EVB 触发源启动 SEQ2。可对事件管理器编程，使各种事件都能启动转换 |

### 3. ADC 控制寄存器 3

ADC 控制寄存器 3（ADCTRL3）的地址为 0X0000 7118H，各位的分布如图 7-17 所示，功能描述见表 7-11。

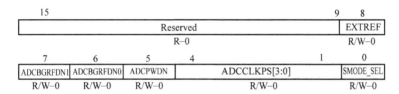

图 7-17　ADC 控制寄存器 3 的各位分布

表 7-11　ADCTRL3 的功能描述

| 位 | 名称 | 功　能　描　述 |
|---|---|---|
| 8 | EXTREF | 使能引脚 ADCREFM 和 ADCREFP 作为参考电压源输入<br>0：ADCREFP（2V）和 ADCREFM（1V）引脚作为内部参考电源的输出<br>1：ADCREFP（2V）和 ADCREFM（1V）引脚作为外部参考电源的输入 |
| 7~6 | ADCBGRFDN1~0 | ADC 带隙和参考电源掉电位。控制模拟内核的带隙和参考电路的上电和掉电<br>00：带隙和参考电路掉电；11：带隙和参考电路上电 |
| 5 | ADCPWDN | ADC 掉电位。控制模拟内核除带隙和参考电路以外所有模拟电路的上电和掉电<br>0：除能带隙和参考电路外，模拟内核中所有的模拟电路都掉电<br>1：模拟内核中的模拟电路上电 |
| 4~1 | ADCCLKPS3~0 | 内核时钟分频器。将′28x 系列 DSP 的高速外设时钟 HSPCLK 分频，A－D 模块的时钟 ADCLK 与分频系数关系如下：<br>ADCCLKPS3~0　内核时钟分频器　　　　　　　ADCLK<br>0000　　　　　0　　　　　　HSPCLK／（ADCTRL1［7］+1）<br>0001　　　　　1　　　　　　HSPCLK／［2×（ADCTRL1［7］+1）］<br>0010　　　　　2　　　　　　HSPCLK／［4×（ADCTRL1［7］+1）］<br>⋮<br>1111　　　　　15　　　　　HSPCLK／［30×（ADCTRL1［7］+1）］ |
| 0 | SMODE SEL | 采样方式选择。选择顺序采样方式或者并行采样方式<br>0：顺序采样方式<br>1：并行采样方式 |

**4. 最大转换通道寄存器**

最大转换通道寄存器（ADCMAXCONV）的地址为 0X0000 7002H，各位的分布如图 7-18 所示。

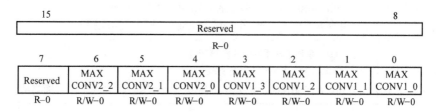

图 7-18 最大转换通道寄存器的各位分布

最大转换通道寄存器 ADCMAXCONV 定义了自动转换中最多的通道数，根据排序器的工作模式而变化。ADCMAXCONV 各位的功能描述见表 7-12。

表 7-12 ADCMAXCONV 的功能描述

| 位 | 名称 | 功 能 描 述 |
|---|---|---|
| 6 ~ 0 | MAXCONVn | 定义自动转换过程中执行的最大转换数。该字段及其操作随排序器模式（双/级联）而变化<br>对于 SEQ1，使用位 MAXCONV1 [2 ~ 0]；<br>对于 SEQ2，使用位 MAXCONV2 [2 ~ 0]；<br>对于 SEQ，使用位 MAXCONV1 [3 ~ 0]。<br>自动转换总是从初始状态开始，并在条件允许的情况下持续到结束，按顺序填充结果缓冲器。排序器可以编程为任何处于 1 与（MAXCONVn + 1）之间的转换数 |

例如需要进行 5 个 A - D 转换，则将 MAXCONVn 设为 4。当采用双排序器模式下的 SEQ1 或级联模式时，排序器依次指向 CONV00 ~ CONV04，5 个转换结果存放在转换结果缓冲器的 00 ~ 04；当采用双排序器模式下的 SEQ2 时，排序器依次指向 CONV08 ~ CONV12，5 个转换结果存放在转换结果缓冲器的 08 ~ 12。在双排序器模式下如果 MAXCONV1 的值大于 7（例如 2 个独立的 8 通道排序器），那么 SEQCNTRn 超过 7 时仍然继续计数，MAXCONV1 的值与转换个数之间的关系见表 7-13。

表 7-13 MAXCONV1 的值与 A - D 转换个数之间的关系

| MAXCONV1_3 ~ 0 | 转换个数 |
|---|---|
| 0000 | 1 |
| 0001 | 2 |
| ⋮ | ⋮ |
| 1110 | 15 |
| 1111 | 16 |

**5. 自动排序状态寄存器**

自动序列状态寄存器（ADCASEQSR）的地址是 0X0000 7007H，各位的分布如图 7-19 所示。

ADCASEQSR 各位的功能描述见表 7-14。

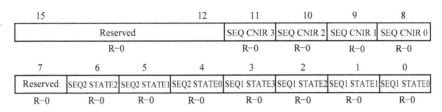

图 7-19 自动排序状态寄存器的各位分布

**表 7-14 ADCASEQSR 各位的功能描述**

| 位 | 名称 | 功 能 描 述 |
|---|---|---|
| 11~8 | SEQCNTR3~0 | 排序器计数状态位，由 SEQ1、SEQ2 和级联排序器使用。在级联方式下与 SEQ2 无关。在启动一个序列转换时，SEQCNTR3~0 被初始化为 MAXCONV 内的值。在自动转换序列中，每个转换完成后，SEQCNTR3~0 的值减 1。在递减计数过程中，随时可以读取 SEQCNTRn 位的值，以检查排序器的状态。此值与 SEQ1、SEQ2 的忙标志位一起，唯一标识了任何时刻正在进行的排序操作进程或状态。SEQCNTRn 的值与剩余的转换个数之间关系如下：<br><br>SEQCNTRn（只读） 剩余的转换个数<br> 0000 1 或 0，取决于忙标志位的值<br> 0001 2<br> 0010 3<br> ⋮ ⋮<br> 1110 15<br> 1111 16 |
| 6~0 | SEQ2STATE2~0 和 SEQ1STATE3~0 | SEQ2STATE2~0 和 SEQ1STATE3~0 分别是 SEQ2 和 SEQ1 的指针，保留作为 TI 测试芯片用 |

### 6. ADC 状态和标志寄存器

ADC 状态和标志寄存器（ADCST）的地址是 0X0000 7019H，各位的分布如图 7-20 所示。

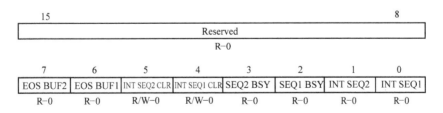

图 7-20 ADC 状态和标志寄存器的各位分布

ADCST 各位的功能描述见表 7-15。

**表 7-15 ADCST 各位的功能描述**

| 位 | 名称 | 功 能 描 述 |
|---|---|---|
| 7 | EOS BUF2 | SEQ2 的序列缓冲器结束标志位。在中断方式 0 中，该位不用，并且一直保持 0 值。在中断方式 1 中，每一个 SEQ2 序列结束时该位取反 |

（续）

| 位 | 名称 | 功能描述 |
|---|---|---|
| 6 | EOS BUF1 | SEQ1 的序列缓冲器结束标志位。在中断方式 0 中，该位不用，并且一直保持 0 值。在中断方式 1 中，每一个 SEQ1 序列结束时该位取反 |
| 5 | INT SEQ2 CLR | 中断清除位，读该位总是返回 0<br>写 0：不动作<br>写 1：清除 SEQ2 中断标志位 1NT SEQ2，不影响 EOS BUF2 位 |
| 4 | INT SEQ1 CLR | 中断清除位。读该位总是返回 0<br>写 0：不动作<br>写 1：清除 SEQ1 中断标志位 1NT SEQ1 |
| 3 | SEQ2 BSY | SEQ2 忙状态位。写该位无效<br>0：SEQ2 处于空闲状态，等待触发源<br>1：SEQ2 正忙 |
| 2 | SEQ1 BSY | SEQ1 忙状态位，写该位无效<br>0：SEQ1 处于空闲状态，等待触发源<br>1：SEQ1 正忙 |
| 1 | INT SEQ2 | SEQ2 中断标志位，写无效<br>0：无 SEQ2 中断事件<br>1：发生 SEQ2 中断事件 |
| 0 | INT SEQ1 | SEQ1 中断标志位，写无效<br>0：无 SEQ1 中断事件<br>1：发生 SEQ1 中断事件 |

### 7. ADC 输入通道选择序列控制寄存器

ADC 输入通道选择序列控制寄存器 ADCCHSELSEQ1 ~ ADCCHSELSEQ4 的地址是 0x0000 7003H ~ 0x0000 7006H，位的分布如图 7-21 ~ 图 7-24 所示。

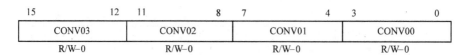

图 7-21 ADC 输入通道选择序列控制寄存器的各位分布（一）

图 7-22 ADC 输入通道选择序列控制寄存器的各位分布（二）

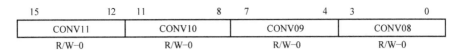

图 7-23　ADC 输入通道选择序列控制寄存器的各位分布（三）

图 7-24　ADC 输入通道选择序列控制寄存器的各位分布（四）

对于自动转换，4 位 CONVnn 可以选择 16 个模拟输入通道中的一路。表 7-16 列出了 CONVnn 位值和 ADC 输入通道选择的关系。

表 7-16　CONVnn 位值和 ADC 输入通道选择的关系

| CONVnn 位值 | 选择的 ADC 输入通道 |
| --- | --- |
| 0000 | ADCINA0 |
| 0001 | ADCINA1 |
| 0010 | ADCINA2 |
| 0011 | ADCINA3 |
| 0100 | ADCINA4 |
| 0101 | ADCINA5 |
| 0110 | ADCINA6 |
| 0111 | ADCINA7 |
| 1000 | ADCINB0 |
| 1001 | ADCINB1 |
| 1010 | ADCINB2 |
| 1011 | ADCINB3 |
| 1100 | ADCINB4 |
| 1101 | ADCINB5 |
| 1110 | ADCINB6 |
| 1111 | ADCINB7 |

**8. ADC 转换结果缓冲寄存器**

ADC 转换结果缓冲寄存器（ADCRESULT0 ~ ADCRESULT15）的地址是 0x0000 7008H ~ 0x0000 7017H。各位的分布如图 7-25 所示。在级联排序器方式中，寄存器 ADCRESULT8 ~ ADCRESULT15 用来存放第 9 ~ 16 个通道的转换结果。转换结果缓冲寄存器存放数据时左对齐，复位时所有位清零。

| 15 | 14 | 13 | 12 | 11 | 10 | 9 | 8 |
| --- | --- | --- | --- | --- | --- | --- | --- |
| D11 | D10 | D9 | D8 | D7 | D6 | D5 | D4 |
| R–0 | R–0 | R–0 | R–0 | R–0 | R–0 | R–0 | R–0 |

| 7 | 6 | 5 | 4 | 3 | 2 | 1 | 0 |
| --- | --- | --- | --- | --- | --- | --- | --- |
| D3 | D2 | D1 | D0 | Reserved | Reserved | Reserved | Reserved |
| R–0 | R–0 | R–0 | R–0 | R–0 | R–0 | R–0 | R–0 |

图 7-25　ADC 转换结果缓冲寄存器的各位分布

## 7.6 ADC 应用举例

由于'28x 系列 DSP 的输入信号电压不能高于 3.3V，因此模拟信号需要经过调理后才能进入 DSP 的 A－D 转换输入端口，图 7-26 所示电路可以作为对一般直流和低频信号进行采样的驱动电路。

运放电路构成电压跟随器，作为输入模拟信号的驱动电路和缓冲器，提供稳定的输出阻抗，并且保护模数转换器（ADC）的输入。图中运放采用 MCP604，单电源 3.3V 供电。电阻 $R_{IN}$ 和 $C_{IN}$ 形成低通滤波。对于没有使用的 ADC 输入引脚，都要连接模拟地，否则由于这些引脚具有高阻抗，会带来一些噪声信号，通过多路复用电路影响其他的输入引脚。当 ADC 不使用时，应禁止 ADC 时钟，可以减小功耗。

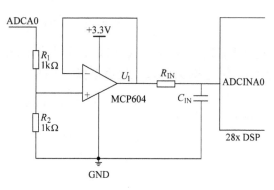

图 7-26 ADC 接口电路

 注意：要达到预期的 A－D 转换精度，合理的 PCB 布线是非常重要的。ADC 模拟信号入口的布线不能太靠近数字信号线，以减少模拟通道的各种开关噪声耦合，达到提高转换精度的目的。

以下例程中，信号从 ADCINA0 输入，转换结果数据存放于 SampleTable。排序器（SEQ）工作在顺序采样级联模式，采样频率 8.3MHz。

```
#include "DSP281x_Device.h"
#include "DSP281x_Examples.h"
                                    //设置 ADC 启动参数
#define ADC_MODCLK 0x3             //HSPCLK = SYSCLKOUT/(2 * ADC_MODCLK2) =
                                    //150/(2 * 3) = 25MHz
#define ADC_CKPS   0x0            //ADC module clock = HSPCLK/1 = 25MHz/(1) = 25MHz
#define ADC_SHCLK  0x1            //S/H width in ADC module periods = 2 * ADC cycle
#define AVG        1000           //设置采样平均值
#define ZOFFSET    0x00           //设置零点偏移
#define BUF_SIZE   1024           //设置缓存区大小

Uint16 SampleTable[BUF_SIZE];     //全局变量
main()                            //主程序
{
    Uint16 i;
    Uint16 array_index;
    InitSysCtrl();                //初始化系统控制
    EALLOW;                       //设置时钟
```

```
SysCtrlRegs. HISPCP. all = ADC_MODCLK;
                                        //HSPCLK = SYSCLKOUT/ADC_MODCLK
EDIS;

EALLOW;                                 //初始化 GPIO,使能 XF 引脚输出
GpioMuxRegs. GPFMUX. bit. XF_GPIOF14 = 1;
EDIS;

DINT;                                   //清除所有中断,初始化 PIE 向量表
InitPieCtrl( );
IER = 0x0000;
IFR = 0x0000;
InitPieVectTable( );

InitAdc( );                             //初始化外设,即 ADC
AdcRegs. ADCTRL1. bit. ACQ_PS = ADC_SHCLK;
 //顺序采样,采样频率 = 1/[(2 + ACQ_PS) * ADC clock(ns)] = 1/(3 * 40ns) = 8.3MHz
AdcRegs. ADCTRL3. bit. ADCCLKPS = ADC_CKPS;
AdcRegs. ADCTRL1. bit. SEQ_CASC = 1;        //级联模式
AdcRegs. ADCCHSELSEQ1. bit. CONV00 = 0x0;
AdcRegs. ADCTRL1. bit. CONT_RUN = 1;        //设置为连续模式
AdcRegs. ADCTRL1. bit. SEQ_OVRD = 1;        //使能排序器覆盖功能
AdcRegs. ADCCHSELSEQ1. all = 0x0;           //初始化 ADC 通道选择寄存器,选择ADCINA0
AdcRegs. ADCCHSELSEQ2. all = 0x0;
AdcRegs. ADCCHSELSEQ3. all = 0x0;
AdcRegs. ADCCHSELSEQ4. all = 0x0;
AdcRegs. ADCMAXCONV. bit. MAX_CONV1 = 0x7;  //转换并保存 8 个通道信号
                                            //以下为用户定义代码,使能中断
for (i = 0; i < BUF_SIZE; i ++ )            //清除 SampleTable 存储空间
{
  SampleTable[i] = 0;
}

AdcRegs. ADCTRL2. all = 0x2000;             //启动 SEQ
while(1)
{
  array_index = 0;                          //将 A - D 转换的数据取出并保存至
                                            //SampleTable
  for (i = 0; i < (BUF_SIZE/16); i ++ )
  {
    while (AdcRegs. ADCST. bit. INT_SEQ1 = = 0){}       //等待中断
    AdcRegs. ADCST. bit. INT_SEQ1_CLR = 1;             //清中断
    SampleTable[array_index ++ ] = ((AdcRegs. ADCRESULT0));
```

**167**

```
        SampleTable[array_index ++] = ((AdcRegs. ADCRESULT1));
        SampleTable[array_index ++] = ((AdcRegs. ADCRESULT2));
        SampleTable[array_index ++] = ((AdcRegs. ADCRESULT3));
        SampleTable[array_index ++] = ((AdcRegs. ADCRESULT4));
        SampleTable[array_index ++] = ((AdcRegs. ADCRESULT5));
        SampleTable[array_index ++] = ((AdcRegs. ADCRESULT6));
        SampleTable[array_index ++] = ((AdcRegs. ADCRESULT7));

        while (AdcRegs. ADCST. bit. INT_SEQ1 == 0){}          //等待中断
        AdcRegs. ADCST. bit. INT_SEQ1_CLR = 1;                //清中断
        SampleTable[array_index ++] = ((AdcRegs. ADCRESULT8));
        SampleTable[array_index ++] = ((AdcRegs. ADCRESULT9));
        SampleTable[array_index ++] = ((AdcRegs. ADCRESULT10));
        SampleTable[array_index ++] = ((AdcRegs. ADCRESULT11));
        SampleTable[array_index ++] = ((AdcRegs. ADCRESULT12));
        SampleTable[array_index ++] = ((AdcRegs. ADCRESULT13));
        SampleTable[array_index ++] = ((AdcRegs. ADCRESULT14));
        SampleTable[array_index ++] = ((AdcRegs. ADCRESULT15));
    }
}
```

# 本章重点小结

　　本章介绍了'28x 系列 DSP 的模-数转换器（ADC）模块结构特点、工作原理和使用方法。'28x 系列 DSP 的 ADC 模块是一个 12 位分辨率流水线结构的模-数转换器，有 16 个采样输入通道，可以设置为双排序器模式和级联排序器方式，每种方式都可以采用顺序采样和并行采样模式，给出了 4 种组合的初始化程序例子；介绍了 ADC 模块自动排序的连续模式和启动/停止模式，ADC 启动转换触发源，两种不同的中断方式，ADC 时钟的产生方法，电源管理模式等；详细介绍了 ADC 模块所有寄存器的结构及位的定义，最后通过应用实例给出 ADC 模块使用的硬件电路参考设计和软件例程，可供初学者参考。

# 习　　题

7-1　编写程序，将 ADC 模块设置为顺序采样级联排序器模式。

7-2　举例说明在不中断自动排序方式下，连续运行模式与启动/停止模式的应用。

7-3　若 DSP 输入时钟为 30MHz，如何将 ADC 时钟配置为 25MHz？

7-4　编写程序，在每次 EVA 定时器下溢时启动转换，监测系统电源电压和电流。

7-5　设计 ADC 电路，对系统电源电压和电流进行监测。

7-6　DSP 系统电路设计时，ADC 模块的设计应注意哪些方面？

# 第8章 串行外设接口 SPI

## 本章课程目标

本章介绍串行外设接口 SPI 的工作方式、DSP 片上外设 SPI 模块的结构和工作原理，SPI 的寄存器功能，并通过应用实例介绍 SPI 的硬件和软件设计方法。

本章的课程目标为：理解串行外设接口 SPI 的工作模式，了解 TMS320x28x 系列 DSP 的片上外设 SPI 的结构和工作原理，能够正确使用 SPI 中断、设置 SPI 数据格式、计算 SPI 波特率、选择时钟模式、SPI 复位初始化、设置 FIFO 操作等，能够进行 SPI 设计。

## 8.1 串行外设接口概述

串行外设接口（Serial Peripheral Interface，SPI）是一个高速的同步串行输入/输出接口，其通信速率和通信数据长度都是可编程的。SPI 接口通常用于 DSP 与外设之间的通信，例如 CPU 与移位寄存器、LCD 显示驱动器、A－D 转换器等外围设备之间的通信，或与其他 CPU 之间的通信。SPI 的主从工作模式支持多机通信。其中一个 SPI 接口设备必须设置成主机（Master）模式，其他 SPI 接口设置为从机（Slave）模式。整个 SPI 通信网络的时钟由主设备总线时钟提供。SPI 接口一般使用四根信号线，见表 8-1，有的 SPI 芯片还带有中断信号线 INT。

SPI 通信以主从方式工作，通信网络中有一个主设备和多个从设备，当从机的片选信号 CS 为低时，该从机被选中，可以参加通信，片选信号使得在同一总线上连接多个 SPI 设备成为可能；主设备从 SIMO 信号线上发送数据，选中的从机通过 SIMO 信号线接收数据；或者选中的从机从 SOMI 信号线上发送数据，主机从 SOMI 线上接收数据。SPI 通信的数据在 SCK 时钟驱动下一位一位地传输，SCK 信号线只由主机控制，从机不能控制时钟信号线。SPI 通信网络的主从工作模式如图 8-1 所示。

**表 8-1　SPI 接口信号线**

| 信号线 | 功能 |
|---|---|
| SCK | 串行时钟 |
| SOMI | 主机输入/从机输出 |
| SIMO | 主机输出/从机输入 |
| CS | 从机选择线（低电平有效） |

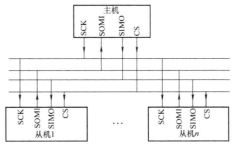

图 8-1　SPI 的主从工作模式示意图

在点对点的通信中，SPI 接口不需要进行寻址操作，且为全双工通信，因此简单高效。SPI 是一个环形总线结构，在时钟信号 SCK 的控制下，两个双向移位寄存器进行数据交换，在时钟的上升沿发送数据，在下降沿接收数据，数据从最高位开始发送，因为是全双工通信，所以主机和从机的 SPI 接口同时发送和接收数据，如图 8-2 所示。

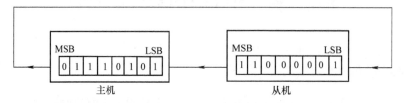

图 8-2 SPI 设备通信链路

## 8.2 ′28x 系列 DSP 的 SPI 模块

′28x 系列 DSP 器件具有增强型 SPI 模块，F2812 器件中 SPI 与 CPU 的接口如图 8-3 所示。

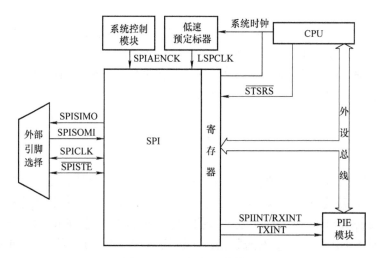

图 8-3 SPI 与 CPU 的接口

从图中可知，′28x 系列 SPI 接口有 4 个外部引脚，分别是 SPISOMI、SPISIMO、SPICLK 和 $\overline{\text{SPISTE}}$。其中 SPISOMI 是 SPI 从机模式输出/主机模式输入引脚，即当 DSP 的 SPI 设备作为从设备时是输出引脚，作为主设备时是输入引脚；SPISIMO 是 SPI 从机模式输入/主机模式输出引脚，即当 DSP 的 SPI 设备作为从设备时是输入引脚，作为主设备时是输出引脚；SPICLK 是 SPI 串行时钟引脚；$\overline{\text{SPISTE}}$ 是 SPI 从设备的发送使能引脚。SPI 模块的 4 个外部引脚与 GPIOF0 ~ GPIOF3 引脚复用。

**1. SPI 模块结构**

无论′28x 系列 DSP 工作在主机或从机模式，都可以选择标准 SPI 模式和增强的 FIFO 缓冲模式。在标准 SPI 模式下不使用内部缓冲寄存器，SPI 仅仅通过移位寄存器实现数据交换，即通过 SPIDAT 寄存器移入或移出数据。在 FIFO 缓冲模式下，SPI 使能内部的缓冲寄存器。此时，在发送数据帧的过程中先将 16 位数据发送到发送缓冲寄存器 SPITXBUF，读取数据帧时直接从 SPIRXBUF 读取接收到的数据帧。SPI 模块在从机模式下的基本控制结构如图 8-4 所示。

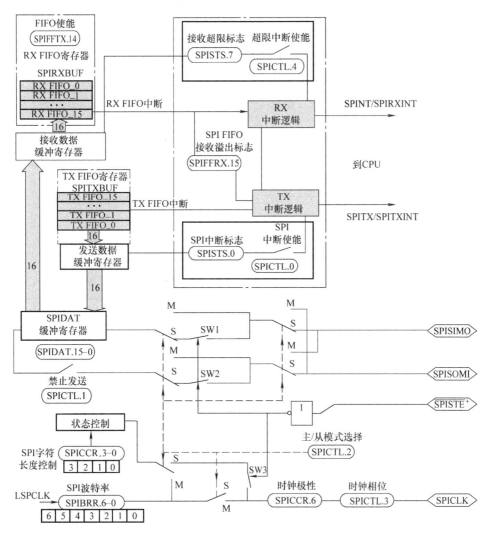

图 8-4 SPI 模块结构框图

'28x 系列 SPI 模块特性包括：SPI 模块可以工作在主机模式和从机模式；有 125 种可编程的波特率，最大值取决于 SPI 引脚上的 I/O 最大速率；数据字长可编程，可以是 1~16 位数据；有 4 种时钟模式，由时钟极性和时钟相位控制，分别是无相位延时的下降沿、有相位延时的下降沿、无相位延时的上升沿和有相位延时的上升沿；SPI 的接收和发送可同时操作，由软件设置禁止发送功能；发送和接收操作既可以通过中断方式实现，也可以通过查询方式实现；增强的 SPI 功能包括 16 级的发送/接收 FIFO，以及延时发送控制功能。

**2. SPI 模块信号**

'28x 系列 DSP 器件的 SPI 模块涉及信号见表 8-2。

表 8-2 '28x 系列 DSP 器件的 SPI 模块信号

| 信号 | 功 能 |
|------|-------|
| 外部信号 | |
| SPICLK | SPI 时钟信号 |
| SPISIMO | SPI 从机模式输入，主机模式输出 |
| SPISOMI | SPI 从机模式输出，主机模式输入 |
| $\overline{\text{SPISTE}}$ | SPI 从机模式发送使能 |
| 控制信号 | |
| SPI 时钟频率 | LSPCLK |
| 中断信号 | |
| SPIRXINT | 非 FIFO 模式下的发送中断/接收中断，即 SPI 中断；在 FIFO 模式下为接收中断 |
| SPITXINT | FIFO 模式下的发送中断 |

**3. SPI 模块寄存器地址**

SPI 端口的操作通过设置 SPI 模块的寄存器实现。'28x 系列 DSP 的 SPI 具有 16 位发送和接收能力，所有的数据寄存器都是 16 位宽度。寄存器及其地址见表 8-3。

表 8-3 '28x 系列 DSP 的 SPI 寄存器列表

| 序号 | 寄存器名称 | 地址 | 大小 | 功能描述 |
|------|-----------|------|------|---------|
| 1 | SPICCR | 0X0000 7040 | 16 bits | SPI 配置控制寄存器 |
| 2 | SPICTL | 0X0000 7041 | 16 bits | SPI 操作控制寄存器 |
| 3 | SPISTS | 0X0000 7042 | 16 bits | SPI 状态寄存器 |
| 4 | SPIBRR | 0X0000 7044 | 16 bits | SPI 波特率寄存器 |
| 5 | SPIRXEMU | 0X0000 7046 | 16 bits | SPI 接收仿真缓冲寄存器 |
| 6 | SPIRXBUF | 0X0000 7047 | 16 bits | SPI 接收缓冲寄存器 |
| 7 | SPITXBUF | 0X0000 7048 | 16 bits | SPI 发送缓冲寄存器 |
| 8 | SPIDAT | 0X0000 7049 | 16 bits | SPI 数据寄存器 |
| 9 | SPIFFTX | 0X0000 704A | 16 bits | SPI FIFO 发送寄存器 |
| 10 | SPIFFRX | 0X0000 704B | 16 bits | SPI FIFO 接收寄存器 |
| 11 | SPIFFCT | 0X0000 704C | 16 bits | SPI FIFO 控制寄存器 |
| 12 | SPIPRI | 0X0000 704F | 16 bits | SPI 优先级控制寄存器 |

SPI 配置控制寄存器 SPICCR 用于 SPI 模块的配置，如 SPI 软件复位、SPICLK 极性选择，以及 SPI 字符长度控制等；SPI 操作控制寄存器 SPICTL 控制数据发送，包括 SPI 中断使能、SPICLK 相位选择、主/从工作模式选择和数据发送使能；SPI 状态寄存器 SPISTS 包含 2 个接收缓冲器状态位和 1 个发送缓冲器状态位；SPI 波特率寄存器 SPIBRR 包含 7 个位，用来确定发送速率；SPI 接收仿真缓冲寄存器 SPIRXEMU 接收数据，但仅用于仿真。

SPI 工作时，接收缓冲寄存器 SPIRXBUF 接收数据，SPI 发送缓冲寄存器 SPITXBUF 存放下一个将要发送的字符，SPI 数据寄存器 SPIDAT 存放将要发送的数据，作为发送/接收的移位寄存器。写入 SPIDAT 的数据在下一个 SPICLK 时钟周期被移出。当有 1 位数据从 SPI 移出时，就有接收位流中的 1 位从寄存器的另一端移入。SPI 优先级控制寄存器 SPIPRI 定义中断优先级，以及在程序挂起期间 XDS 仿真器的 SPI 操作。

在标准 SPI 模式下，接收操作采用双缓冲，只要在新的接收操作完成之前取走 SPIRX-BUF 中的数据即可，否则新接收的数据将会覆盖原来的数据；但是发送操作不支持双缓冲操作，在下一个数据写到 SPITXBUF 之前必须将当前的数据发送出去，否则会导致当前的数据损坏。在 FIFO 模式下，用户可以建立 16 级深度的发送和接收缓冲区，发送和接收数据仍然使用 SPITXBUF 和 SPIRXBUF 寄存器，这样可以使 SPI 具有发送或接收 16 次 16 位数据的能力。

## 8.3　SPI 的操作

SPI 通信的主从设备典型连接如图 8-5 所示。主设备通过发送 SPICLK 信号启动数据发送操作，主从设备都在 SPICLK 的同一个跳变沿将数据移出移位寄存器，在 SPICLK 的另一个跳变沿将数据锁存。如果时钟相位位（SPICTL . 3）的值为 1，则数据的发送和接收操作都将比 SPICLK 跳变沿提前半个周期进行。因此主从设备是同步进行发送和接收操作的。对于发送的数据，可以是有意义的，也可以是无意义的（即伪数据），取决于应用软件的设置。发送数据包括以下 3 种方式：

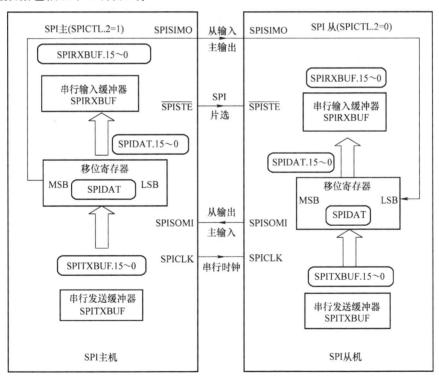

图 8-5　SPI 主设备/从设备连接

1）主机发送数据，从机发送伪数据。
2）主机发送数据，从机发送数据。
3）主机发送伪数据，从机发送数据。

主机可以在任何时刻启动数据发送操作，因为主机控制着 SPICLK 信号。至于从机在什么时刻准备好发送数据，主机如何检测从机是否准备发送，这些都可以通过编写软件来设置。

以下介绍 SPI 的主/从操作模式、数据格式、波特率和时钟模式以及 FIFO 模式的操作。

### 8.3.1　SPI 的主机模式

SPI 接口有主、从两种操作模式，通过设置 MASTER/SLAVE 位（SPICTL.2）可以选择操作模式。

当 MASTER/SLAVE = 1 时，SPI 工作在主机模式。SPI 主机在 SPICLK 引脚上输出时钟信号，为整个串行通信网络提供时钟；SPIBRR 寄存器确定通信网络的数据传输速率，通过 SPIBRR 寄存器可以配置 126 种不同的波特率。SPI 从 SPISIMO 引脚输出数据，并锁存 SPI-SOMI 引脚上输入的数据。

写数据到 SPIDAT 或 SPITXBUF 寄存器将启动 SPISIMO 引脚上的数据发送，首先发送的是最高有效位（MSB）。同时 SPISOMI 引脚接收到的数据移位进入 SPIDAT 寄存器，最先移入的是最低有效位（LSB）。当发送完设定的位数后，接收到的数据被转移到 SPIRXBUF 寄存器（带缓冲的接收器）中以备 CPU 读取。数据在 SPIRXBUF 寄存器中采用右对齐的方式存储。

当指定位数的数据全部移位进入 SPIDAT 后，则会发生下列事件：

- SPIDAT 中的内容将转移到 SPIRXBUF 寄存器中。
- SPI INT FLAG 位（SPISTS.6）置 1。
- 如果发送缓冲器 SPITXBUF 中还有有效数据，SPISTS 寄存器的 TXBUF_FULL 位将会给出指示，则该数据将被转移到 SPIDAT 寄存器并被发送。若 SPITXBUF 中没有有效数据，则当 SPIDAT 寄存器中的数据移出后，SPICLK 时钟信号停止。
- 如果 SPI INT ENA 位（SPICTL.1）被置 1，则产生中断请求。

在典型应用中，$\overline{\text{SPISTE}}$引脚作为从机的片选信号，在主机发送数据给从机之前，该引脚被拉至低电平，完成数据发送后，该引脚被置为高电平。

### 8.3.2　SPI 的从机模式

当 MASTER/SLAVE = 0 时（SPICTL.2），SPI 工作在从机模式。SPISOMI 引脚输出数据，SPISIMO 引脚输入数据。SPICLK 引脚输入串行移位时钟，该时钟由 SPI 主机提供，传输速率也由该时钟决定，SPICLK 的输入时钟频率最高不能超过 LSPCLK/4。

当从机收到来自主机的 SPICLK 信号，在 SPICLK 适当的跳变沿，寄存器 SPIDAT 或 SPITXBUF 内的数据就发送到 SPI 总线上。当 SPIDAT 寄存器内的所有字符都移出后，写入到 SPITXBUF 寄存器的数据将转移到 SPIDAT 寄存器中。

从机接收数据时，SPI 等待来自主机的 SPICLK 信号，在 SPICLK 适当的跳变沿，就将 SPISIMO 引脚上的数据移入到 SPIDAT 寄存器中。如果从机在接收数据的同时要发送数据，则必须在 SPICLK 开始之前把数据写入到 SPITXBUF 或 SPIDAT 寄存器中。

当 TALK 位（SPICTL.1）为零时，禁止数据发送，输出引脚 SPISOMI 被置为高阻态。如果在发送数据期间将 TALK 位清零，则当前的字符发送必须完成，这样可以保证接收方的

SPI 能够正确地接收到输入数据。TALK 位的存在使得 SPI 总线上允许同时连接多个从机，但在任一时刻只能选择一个从机驱动 SPISOMI。

SPISTE作为从机选择引脚，该引脚上的低电平有效信号允许从机发送数据，高电平信号将使从机的串行移位寄存器停止工作，并将串行输出引脚置为高阻态。这也使得通信网络上允许同时连接多个从机，而每次只选择一个从机工作。

## 8.3.3　SPI 中断

'28x 系列 SPI 中断有 5 个控制位：

- SPI 中断使能位——SPICTL. 0
- SPI 中断标志位——SPISTS. 6
- SPI 接收超限中断使能位——SPICTL. 4
- SPI 接收超限中断标志位——SPISTS. 7
- SPI 中断优先级控制位——SPIPRI. 6

**1. SPI 中断使能位**（SPICTL. 0）

SPI 中断使能位位于 SPICTL 寄存器，若被置位，且满足中断条件时，将产生相应的中断。

**2. SPI 中断标志位**（SPISTS. 6）

SPI 中断标志位位于 SPISTS 寄存器，若置 1 表示一个字符已经被放入 SPI 接收缓冲器中，准备被读取。当一个完整的字符被移进或移出 SPIDAT 时，该位被设置成 1，如果 SPI 中断使能已经置位的话，将产生一个中断。中断标志将一直保持，直到发生以下事件之一：

- 中断被响应；
- CPU 读取了 SPIRXBUF 寄存器的数据；
- DSP 由 IDLE 指令进入 IDLE2 或 HALT 模式；
- 软件清除 SPI SW RESET 位（SPICCR. 7）；
- 发生系统复位。

如果此标志位已经置 1，即一个字符已经放入 SPIRXBUF 寄存器中，而 CPU 不读取这个字符，那么下一个接收到的完整字符将写入到 SPIRXBUF 覆盖前一个字符，并且接收超限标志（SPISTS. 7）将置 1。

**3. SPI 接收超限中断使能位**（SPICTL. 4）

SPI 接收超限中断使能位位于 SPICTL 寄存器中，如果被置 1，则在任何时候，只要硬件将接收超限标志（SPISTS. 7）置位，就能产生中断请求。

**4. SPI 接收超限中断标志位**（SPISTS. 7）

SPI 接收超限中断标志位位于 SPISTS 寄存器中，如果已经接收到一个新的字符，并装入 SPIRXBUF 寄存器中，而前一个接收到的字符还没有被读取，则该标志被置位。这个标志位必须由软件清除。

## 8.3.4　SPI 数据格式

寄存器 SPICCR 中有 4 位（SPICCR. 3～0）用来定义字符的位数。状态控制逻辑根据该值对接收或发送的字符位进行计数，从而可以确定何时处理完一个完整的字符。当一个字符少于 16 位时，按以下规则处理：

- 当数据写入 SPIDAT 或 SPITXBUF 时，必须左对齐；
- 数据从 SPIRXBUF 读回时，必须右对齐；
- SPIRXBUF 寄存器存放最新接收到的字符，这些字符位是右对齐的；前一次发送剩下的数据位已经移到左边，是左对齐的，见例 8-1。

**例 8-1**：设 SPI 工作在主机模式，由 SPICCR.3 ~ 0 设置发送的字符长度为 1 位，SPIDAT 的当前值为 737BH，则完成发送前后寄存器 SPIDAT 和 SPIRXBUF 的数据如图 8-6 所示。

图 8-6　SPI 数据格式示例

图中 X 的值由引脚 SPISOMI 上的数据决定，若引脚为高电平，则 X = 1；若引脚为低电平，则 X = 0。

在发送前，SPIDAT 的数据是 737BH，待发送的字符左对齐，从 SPIDAT 左端移出。完成 1 位字符发送的同时，从引脚 SPISOMI 上接收 1 位字符，该字符从 SPIDAT 右端移入，右对齐。当发送完 1 位字符后，接收到的数据被转移到 SPIRXBUF 寄存器中以备 CPU 读取。所以发送数据后 SPIRXBUF 中的数据实际上由两部分构成，左对齐的是发送后剩余的数据，右对齐的是新接收的数据，位数由 SPICCR.3 ~ 0 决定。

## 8.3.5　波特率和时钟模式

SPI 模块支持 125 种不同的波特率和 4 种不同的时钟方式。当 SPI 工作在主机模式时 SPICLK 引脚为通信网络提供时钟，当 SPI 工作在从机模式时，SPICLK 引脚接收来自外部的时钟信号，时钟频率不能高于 LSPCLK/4。

SPI 波特率的计算方法如下：

当 SPIBRR 为 3 ~ 127 时，

$$SPI\ 波特率 = \frac{LSPCLK}{SPIBRR + 1} \tag{8-1}$$

当 SPIBRR 为 0，1 或 2 时，

$$SPI\ 波特率 = \frac{LSPCLK}{4} \tag{8-2}$$

式中，LSPCLK 为 DSP 的低速外设时钟频率；SPIBRR 为 SPI 主机波特率寄存器的值。

因此，用户必须了解 DSP 的系统时钟频率以及期望使用的通信波特率，才能确定 SPI-BRR 寄存器的设置值。例如，当 LSPCLK 为 40MHz 时，SPI 波特率的最大值为 LSPCLK/4，即 $10 \times 10^6$ bit/s。

SPI 主机提供整个通信网络的时钟信号，所有的从机采用相同的接收方式。'28x 系列

DSP 的 SPI 接口通过对时钟极性（CLOCK POLARITY）和时钟相位（CLOCK PHASE）的编程配置来产生不同时序，实现与不同 SPI 接口器件的通信。时钟极性位（SPICCR. 6）和时钟相位位（SPICTL. 3）控制 SPICLK 引脚产生 4 种不同的时钟模式。时钟极性位选择有效的跳变沿，如上升沿或下降沿；时钟相位位选择是否延时半个周期，两者组合产生的时钟模式见表 8-4。

表 8-4　时钟模式选择

| 时钟模式 | CLOCK POLARITY（极性）（SPICCR. 6） | CLOCK PHASE（相位）（SPICTL. 3） | 描　　述 |
|---|---|---|---|
| 无延时上升沿 | 0 | 0 | SPI 在 SPICLK 信号的下降沿发送数据，上升沿接收数据 |
| 带延时上升沿 | 0 | 1 | SPI 比 SPICLK 信号下降沿提前半个周期发送数据，在下降沿接收数据 |
| 无延时下降沿 | 1 | 0 | SPI 在 SPICLK 信号的上升沿发送数据，下降沿接收数据 |
| 带延时下降沿 | 1 | 1 | SPI 比 SPICLK 信号上升沿提前半个周期发送数据，上升沿接收数据 |

4 种时钟模式下数据发送和接收的 SPICLK 信号选择如图 8-7 所示。

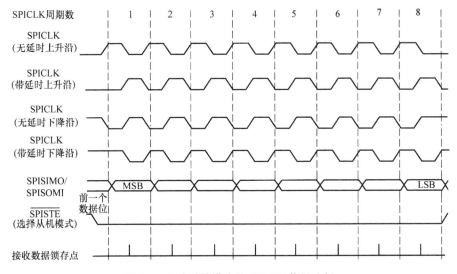

图 8-7　4 种时钟模式的 SPICLK 信号选择

由表 8-4 和图 8-7 可知，如果 CLOCK POLARITY = 0，则 SPICLK 在没有数据发送时处于低电平。这时候当 CLOCK PHASE = 0 时，SPI 在 SPICLK 信号的上升沿发送数据，在 SPICLK 信号的下降沿接收数据；当 CLOCK PHASE = 1 时，SPI 在 SPICLK 信号上升沿的前半个周期和随后的下降沿发送数据，在 SPICLK 信号的上升沿接收数据，如图 8-8 所示。

同理，如果 CLOCK POLARITY = 1，则 SPICLK 在没有数据发送时处于高电平。这时候

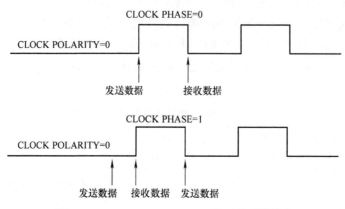

图 8-8　CLOCK POLARITY = 0 的两种时钟模式

当 CLOCK PHASE = 0 时，SPI 在 SPICLK 信号的下降沿发送数据，在 SPICLK 信号的上升沿接收数据；当 CLOCK PHASE = 1 时，SPI 在 SPICLK 信号下降沿的前半个周期和随后的上升沿发送数据，在 SPICLK 信号的下降沿接收数据。

如果（SPIBRR + 1）的值为奇数且 SPIBRR 的值大于 3，则 SPICLK 波形不对称。当 CLOCK POLARITY 位置 0 时，SPICLK 的低电平时间比高电平多一个系统时钟周期；当 CLOCK POLARITY 位置 1 时，SPICLK 的高电平时间比低电平多一个系统时钟周期，如图 8-9 所示。只有当（SPIBRR + 1）的值为偶数时，SPICLK 的波形才具有对称性（占空比为 50%）。

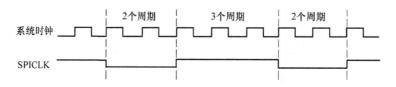

图 8-9　CLOCK POLARITY = 1 时 SPICLK 的不对称波形

### 8.3.6　SPI 复位初始化

系统复位将强制 SPI 模块进行初始化，完成如下的默认配置：

- 配置为从机模式（MASTER/SLAVE = 0）
- 禁止发送功能（TALK = 0）
- 在 SPICLK 信号的下降沿锁存输入数据
- 字符长度设置为 1 位
- 禁止 SPI 中断
- SPIDAT 内数据复位到 0
- SPI 模块引脚设置为通用输入/输出引脚功能

复位后可以按以下步骤修改 SPI 配置：

1）清除 SPI SW RESET 位（SPICRR. 7），强制 SPI 进入复位状态。

2）按期望值初始化 SPI 配置、格式、波特率和引脚功能。

3）将 SPI SW RESET 位（SPICRR.7）置 1，将 SPI 从复位状态退出。

4）写数据到 SPIDAT 或 SPITXBUF（主机模式下将启动通信过程）。

5）数据发送完成后（SPISTS.6 = 1），读取 SPIRXBUF，确定接收到的数据。

在初始化 SPI 过程中，为了防止产生不必要或不可预知的结果，应该先清除 SPI SW RE-SET 位再进行初始化，完成初始化后再将该位设置为 1。

 注意：在 SPI 通信过程中，一定不要改变 SPI 的配置。

## 8.3.7　SPI 的 FIFO 操作模式

系统上电复位时，SPI 模块工作在默认的标准 SPI 模式下，此时 FIFO 功能被禁止，FIFO 寄存器 SPIFFTX、SPIFFRX 和 SPIFFCT 不起作用。标准 SPI 模式下，SPIINT/SPIRXINT 既作为接收中断又作为发送中断。

通过将 SPIFFTX 寄存器中的 SPIFFEN 位置 1，可以使能 FIFO 模式。SPIRST 寄存器能在 SPI 操作的任意阶段复位 FIFO 模式。FIFO 模式下所有的 SPI 寄存器和 SPI FIFO 寄存器都有效；SPI FIFO 操作模式如图 8-10 所示。

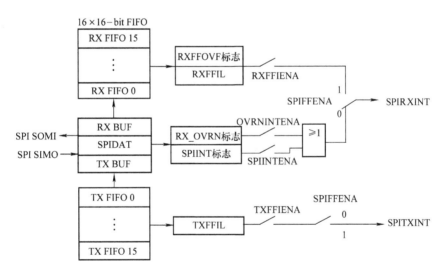

图 8-10　'28x 系列 DSP 的 SPI FIFO 模式

发送和接收缓冲器使用 2 个 16 级深度、16 位宽的 FIFO。SPI 发送缓冲器 TXBUF 作为发送 FIFO 和移位寄存器 SPIDAT 之间的过渡缓冲器，SPI 接收缓冲器 RXBUF 作为接收 FIFO 与移位寄存器之间的过渡缓冲器。发送时，只有当移位寄存器中的最后一位被移出后，发送缓冲器 SPITXBUF 才能从发送 FIFO 中加载一个新的数据进行发送。发送 FIFO 中的数据转移到发送移位寄存器 SPITXBUF 中的速率是可编程的，这种可编程延时的特点，使得 SPI 接口可以方便地与各种慢速的 SPI 外设如 EEPROM、ADC、DAC 等无缝连接。

发送和接收 FIFO 都有状态位 TXFFST 或 RXFFST（位 12~0），用于定义任何时刻从 FIFO 中可获得的数据字个数。当发送 FIFO 的复位位 TXFIFO 和接收的复位位 RXFIFO 被设置为 1 时，FIFO 指针复位指向 0。一旦这两个复位位被清除，则 FIFO 将重新开始工作。

FIFO 模式下有 2 个中断，一个用于发送 FIFO 中断，即 SPITXINT，另一个用于接收

FIFO 中断，即 SPIINT/SPIRXINT。在 FIFO 模式下 SPI 发送和接收都能产生 CPU 中断。标准 SPI 模式和 FIFO 模式下的中断标志模式见表 8-5。

**表 8-5　SPI 中断标志模式**

|  | SPI 中断源 | 中断标志 | 中断使能 | FIFO 使能<br>（SPIFFENA） | 中断信号 |
|---|---|---|---|---|---|
| 标准 SPI | 接收超限 | RXOVRN | OVRNINTENA | 0 | SPIRXINT |
|  | 数据接收 | SPIINT | SPIINTENA | 0 | SPIRXINT |
|  | 发送空 | SPIINT | SPIINTENA | 0 | SPIRXINT |
| SPI FIFO | FIFO 接收 | RXFFIL | RXFFIENA | 1 | SPIRXINT |
|  | 发送空 | TXFFIL | TXFFIENA | 1 | SPITXINT |

## 8.4　SPI 寄存器

SPI 寄存器的地址分布见表 8-3，下面介绍各寄存器具体的位功能定义。

**1. SPI 配置控制寄存器**

SPI 配置控制寄存器（SPICCR）的各位分布如图 8-11 所示。

| 7 | 6 | 5 | 4 | 3 | 2 | 1 | 0 |
|---|---|---|---|---|---|---|---|
| SPI SW RESET | CLOCK POLARITY | Reserved | SPILBK | SPI CHAR3 | SPI CHAR2 | SPI CHAR1 | SPI CHAR0 |
| R/W–0 | R/W–0 | R–0 | R–0 | R/W–0 | R/W–0 | R/W–0 | R/W–0 |

图 8-11　SPICCR 的各位分布

SPI 配置控制寄存器中各位的功能描述见表 8-6。

**表 8-6　SPI 配置控制寄存器功能描述**

| 位 | 名称 | 功能描述 |
|---|---|---|
| 7 | SPI SW RESET | SPI 软件复位位。如果用户要修改 SPI 的配置，应先把该位置 0，完成修改后，在恢复 SPI 操作前要将该位置 1<br>　0：将 SPI 操作标志初始化为复位条件。标志位 RECEIVER OVERRUN FLAG（SPISTS. 7）、SPI INT FLAG（SPISTS. 6）和 TXBUF FULL（SPISTS. 5）被清零。SPI 配置保持不变。如果 SPI 模块工作在主机模式，则 SPICLK 信号输出恢复到无效电平<br>　1：SPI 准备发送或接收下一字符 |
| 6 | CLOCK POLARITY | 移位时钟极性位，控制 SPICLK 信号的极性。CLOCK POLARITY 和 CLOCK PHASE（SPICTL. 3）控制在 SPICLK 引脚上的 4 种时钟模式 |
| 4 | SPILBK | SPI 自测试位。自测试模式允许在芯片测试期间进行模块确认。这种模式只有在 SPI 的主机模式下有效<br>　0：SPI 自测试模式禁止，为复位后的默认值<br>　1：SPI 自测试模式使能，SIMO/SOMI 线路在芯片内部连接在一起，用于模块自测 |
| 3 ~ 0 | SPI CHAR3 ~ 0 | 字符长度控制位。决定在一个移位序列中移入或移出一个字符所包含的位数 |

**2. SPI 操作控制寄存器**

SPI 操作控制寄存器（SPICTL）控制数据发送、SPI 中断产生、SPICLK 相位和主/从操作模式。SPI 操作控制寄存器的各位分布如图 8-12 所示，功能描述见表 8-7。

表 8-7　SPI 配置控制寄存器功能描述

| 位 | 名称 | 功 能 描 述 |
| --- | --- | --- |
| 4 | OVERRUN INT ENA | 超限中断使能位。当接收超限标志（SPISTS.7）被硬件置 1 时，设置该位将引起一个中断产生。由接收超限标志和 SPI 中断标志产生的中断共享同一个中断向量<br>0：禁止接收超限标志位（SPISTS.7）中断<br>1：使能接收超限标志位（SPISTS.7）中断 |
| 3 | CLOCK PHASE | SPICLK 相位选择位，控制 SPI 时钟信号的相位。时钟相位位和时钟极性位（SPICCR.6）可以组合成 4 种不同的时钟模式。当该位为高电平时，不论 SPI 工作在主机模式或从机模式，在 SPIDAT 中写入数据后，都将在 SPICLK 信号出现第一个边沿以前，就获得第一个数据位<br>0：正常 SPI 时钟模式，无相位延迟<br>1：SPI 时钟相位将延迟半个周期 |
| 2 | MASTER/ SLAVE | SPI 主从模式控制位，该位决定 SPI 是主机还是从机。在复位初始化期间，SPI 自动配置为从机模式。0：从机模式；1：主机模式 |
| 1 | TALK | 主机/从机发送使能位。该位能将数据输出端口置为高阻态，从而禁止数据发送（主机或从机）。如果该位在一个发送操作期间被禁止，则发送移位寄存器将继续工作直到当前的字符被移出。当该位被禁止时，SPI 仍能接收字符并且更新状态标志。TALK 位由系统复位清除<br>0：禁止发送，发送引脚将会被置于高阻状态<br>1：使能发送，确保将接收器的$\overline{\text{SPISTE}}$输入引脚使能 |
| 0 | SPI INT ENA | SPI 中断使能位，控制 SPI 产生发送/接收中断。不影响 SPI 中断标志（SPISTS.6）的产生<br>0：禁止中断；1：使能中断 |

| 7 | 6 | 5 | 4 | 3 | 2 | 1 | 0 |
| --- | --- | --- | --- | --- | --- | --- | --- |
| Reserved | | | OVERRUN INT ENA | CLOCK PHASE | MASTER/ SLAVE | TALK | SPI INT ENA |
| R-0 | | | R/W-0 | R/W-0 | R/W-0 | R/W-0 | R/W-0 |

图 8-12　SPI 操作控制寄存器的各位分布

**3. SPI 状态寄存器**

SPI 状态寄存器（SPISTS）的各位分布如图 8-13 所示，功能描述见表 8-8。

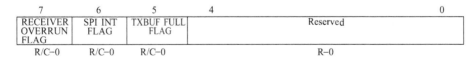

| 7 | 6 | 5 | 4 | | | 0 |
| --- | --- | --- | --- | --- | --- | --- |
| RECEIVER OVERRUN FLAG | SPI INT FLAG | TXBUF FULL FLAG | Reserved | | | |
| R/C-0 | R/C-0 | R/C-0 | R-0 | | | |

图 8-13　SPI 状态寄存器的各位分布

**181**

表 8-8 SPI 状态寄存器功能描述

| 位 | 名称 | 功能描述 |
|---|---|---|
| 7 | RECEIVER OVERRUN FLAG | SPI 接收超限标志位。该标志位只能读或清除。如果前一个字符还未从缓冲器取出，又有一个接收或发送操作完成，则 SPI 的硬件将该位置 1，表示前一个接收到的字符已被覆盖丢失。如果超限中断使能位 OVERRUN INT ENA 位（SPICTL. 4）被置 1，则每当该位被置 1 时 SPI 就发生一次中断请求。下列 3 种方式之一可以清除该位：<br>● 向该位写 1<br>● 向 SPI SW RESET 位写 0<br>● 复位系统<br>为了允许新的超限中断请求，用户必须在中断服务子程序中向 SPISTS. 7 位写 1 来清除该位，否则以后发生的超限事件将不会请求中断 |
| 6 | SPI INT FLAG | SPI 中断标志位，只读。当 SPI 完成发送，或已接收最后一位数据，准备接受服务时，由硬件设置该位，同时，已接收到的数据被放入接收缓冲器中。如果 SPI 中断使能位（SPICTL. 0）已被设置，则该标志位置 1 将会引起一个中断请求。下列 3 种方法之一可以清除该位：<br>● 读取 SPIRXBUF 寄存器<br>● 向 SPI SW RESET 位（SPICCR. 7）写 0<br>● 复位系统 |
| 5 | TXBUF FULL FLAG | 发送缓冲器满标志，只读。当字符写入到 SPI 发送缓冲器 SPITXBUF 时，该位置 1。当前一个数据完全移出 SPIDAT 后，字符自动地装入 SPIDAT 中，此时该位被清除 |

 注意：因为 SPI 接收超限（SPISTS. 7）和 SPI 中断（SPISTS. 6）共用同一个中断向量，因此在中断服务子程序期间必须清除接收超限标志位，以减少在接收下一个数据时可能因中断源而产生的混淆。

**4. SPI 波特率配置寄存器**

SPI 波特率配置寄存器（SPIBRR）的各位分布如图 8-14 所示。

| 7 | 6 | 5 | 4 | 3 | 2 | 1 | 0 |
|---|---|---|---|---|---|---|---|
| Reserved | SPI BIT RATE 6 | SPI BIT RATE 5 | SPI BIT RATE 4 | SPI BIT RATE 3 | SPI BIT RATE 2 | SPI BIT RATE 1 | SPI BIT RATE 0 |
| R-0 | RW-0 | RW-0 | RW-0 | RW-0 | RW-0 | RW-0 | RW-0 |

图 8-14 SPI 波特率配置寄存器的各位分布

**5. SPI 仿真缓冲寄存器**

SPI 仿真缓冲寄存器（SPIRXEMU）存放着接收到的数据，读 SPIRXEMU 不会清除中断标志位 SPI INT FLAG（SPIST. 6）。事实上，这不是一个真正的寄存器，只是仿真器读取 SPIRXBUF 寄存器内容的伪地址。其各位分布如图 8-15 所示。

**6. SPI 串行接收缓冲寄存器**

SPI 串行接收缓冲寄存器（SPIRXBUF）用来存放接收到的数据，读取 SPIRXBUF 会清除中断标志位 SPI INT FLAG 位。其各位分布如图 8-16 所示。

**7. SPI 串行发送缓冲寄存器**

SPI 串行发送缓冲寄存器（SPITXBUF）存储将要发送的数据，向该寄存器写入数据会

| 15 | 14 | 13 | 12 | 11 | 10 | 9 | 8 |
|---|---|---|---|---|---|---|---|
| ERXB15 | ERXB14 | ERXB13 | ERXB12 | ERXB11 | ERXB10 | ERXB9 | ERXB8 |
| R-0 | R-0 | R-0 | R-0 | R-0 | R-0 | R-0 | R-0 |

| 7 | 6 | 5 | 4 | 3 | 2 | 1 | 0 |
|---|---|---|---|---|---|---|---|
| ERXB7 | ERXB6 | ERXB5 | ERXB4 | ERXB3 | ERXB2 | ERXB1 | ERXB0 |
| R-0 | R-0 | R-0 | R-0 | R-0 | R-0 | R-0 | R-0 |

图 8-15　SPI 仿真缓冲寄存器的各位分布

| 15 | 14 | 13 | 12 | 11 | 10 | 9 | 8 |
|---|---|---|---|---|---|---|---|
| RXB15 | RXB14 | RXB13 | RXB12 | RXB11 | RXB10 | RXB9 | RXB8 |
| R-0 | R-0 | R-0 | R-0 | R-0 | R-0 | R-0 | R-0 |

| 7 | 6 | 5 | 4 | 3 | 2 | 1 | 0 |
|---|---|---|---|---|---|---|---|
| RXB7 | RXB6 | RXB5 | RXB4 | RXB3 | RXB2 | RXB1 | RXB0 |
| R-0 | R-0 | R-0 | R-0 | R-0 | R-0 | R-0 | R-0 |

图 8-16　SPI 接收缓冲寄存器的各位分布

将发送满标志位（SPISTS.5）置 1。当前数据发送完成时，该寄存器的内容会自动地装入 SPIDAT 寄存器中，且发送满标志位被清除。如果当前没有正在进行的发送操作，则写到该寄存器的数据将会直接转移到 SPIDAT 寄存器中，且发送满标志位不会置位，在主机模式下，将启动发送操作。写入 SPITXBUF 寄存器的数据必须左对齐。SPITXBUF 各位分布如图 8-17所示。

| 15 | 14 | 13 | 12 | 11 | 10 | 9 | 8 |
|---|---|---|---|---|---|---|---|
| TXB15 | TXB14 | TXB13 | TXB12 | TXB11 | TXB10 | TXB9 | TXB8 |
| R-0 | R-0 | R-0 | R-0 | R-0 | R-0 | R-0 | R-0 |

| 7 | 6 | 5 | 4 | 3 | 2 | 1 | 0 |
|---|---|---|---|---|---|---|---|
| TXB7 | TXB6 | TXB5 | TXB4 | TXB3 | TXB2 | TXB1 | TXB0 |
| R-0 | R-0 | R-0 | R-0 | R-0 | R-0 | R-0 | R-0 |

图 8-17　SPI 发送缓冲寄存器的各位分布

**8. SPI 串行数据寄存器**

SPI 串行数据寄存器（SPIDAT）是发送/接收移位寄存器。在主机模式下，向 SPIDAT 写入伪数据中将启动接收数据。写入 SPIDAT 寄存器的数据在下一个 SPICLK 时钟周期到来后依从高到低的顺序被移出。SPI 每移出 1 位（MSB），在该寄存器的最低位就会移入 1 位（LSB）。SPIDAT 各位分布如图 8-18 所示。

| 15 | 14 | 13 | 12 | 11 | 10 | 9 | 8 |
|---|---|---|---|---|---|---|---|
| SDAT15 | SDAT14 | SDAT13 | SDAT12 | SDAT11 | SDAT10 | SDAT9 | SDAT8 |
| R-0 | R-0 | R-0 | R-0 | R-0 | R-0 | R-0 | R-0 |

| 7 | 6 | 5 | 4 | 3 | 2 | 1 | 0 |
|---|---|---|---|---|---|---|---|
| SDAT7 | SDAT6 | SDAT5 | SDAT4 | SDAT3 | SDAT2 | SDAT1 | SDAT0 |
| R-0 | R-0 | R-0 | R-0 | R-0 | R-0 | R-0 | R-0 |

图 8-18　SPI 数据寄存器的各位分布

☀ 注意：当通信的数据少于 16 位时，硬件不进行对齐处理，所以要发送的数据必须先进行左对齐，而接收到的数据用右对齐方式读取。

### 9. SPI FIFO 发送寄存器

SPI FIFO 发送寄存器（SPIFFTX）的各位分布如图 8-19 所示，功能描述见表 8-9。

| 15 | 14 | 13 | 12 | 11 | 10 | 9 | 8 |
|---|---|---|---|---|---|---|---|
| SPIRST | SPIFFENA | TXFIFO | TXFFST4 | TXFFST3 | TXFFST2 | TXFFST1 | TXFFST0 |
| R/W–1 | R/W–0 | R/W–1 | R–0 | R–0 | R–0 | R–0 | R–0 |

| 7 | 6 | 5 | 4 | 3 | 2 | 1 | 0 |
|---|---|---|---|---|---|---|---|
| TXFFINT Flag | TXFFINT CLR | TXFFIENA | TXFFIL4 | TXFFIL3 | TXFFIL2 | TXFFIL1 | TXFFIL0 |
| R/W–0 | W–0 | R/W–0 | R/W–0 | R/W–0 | R/W–0 | R/W–0 | R/W–0 |

图 8-19　SPI FIFO 发送寄存器的各位分布

**表 8-9　SPI FIFO 发送寄存器功能描述**

| 位 | 名称 | 功 能 描 述 |
|---|---|---|
| 15 | SPIRST | SPI 复位<br>0：写 0 复位 SPI 发送和接收通道，SPI FIFO 寄存器配置位不发生变化<br>1：SPIFIFO 恢复发送或接收。不影响 SPI 的寄存器位 |
| 14 | SPIFFENA | SPI FIFO 增强功能使能位<br>0：SPIFIFO 增强功能被禁止；1：SPIFIFO 增强功能被使能 |
| 13 | TXFIFO<br>Reset | TXFIFO 复位<br>0：写 0 将 TXFIFO 指针复位为 0，且在复位期间保持为 0<br>1：重新使能 TXFIFO 操作 |
| 12 ~ 8 | TXFFST4 ~ 0 | TXFIFO 状态位<br>00000：TXFIFO 为空<br>00001：TXFIFO 有 1 个字<br>00010：TXFIFO 有 2 个字<br>0xxxx：TXFIFO 有 x 个字<br>0000：TXFIFO 有 16 个字<br>SPI FIFO 是 16 级深度的，所以 TXFFST 的最大值为 16 |
| 7 | TXFFINT<br>Flag | TXFIFO 中断标志位，只读<br>0：TXFIFO 中断未发生；1：TXFIFO 中断已发生 |
| 6 | TXFFINT<br>CLR | TXFIFO 中断标志清除位。写 0 对 TXFFINT 标志位无影响，读此位返回 0；写 1 清除<br>TXFFINT 标志位 |
| 5 | TXFFIENA | TXFIFO 中断使能位<br>0：基于 TXFFIVL 匹配（TXFFST 的值不大于 TXFFIL 的值）的 TXFIFO 中断被禁止<br>1：基于 TXFFIVL 匹配的 TXFIFO 中断被使能 |
| 4 ~ 0 | TXFFIL4 ~ 0 | TXFIFO 中断级别位。当 TXFIFO 状态位（TXFFST4 ~ 0）与 TXFIFO 级别位（TXFFIL4 ~ 0）匹配（状态位的值不大于级别位的值）时，TXFIFO 将产生中断<br>默认值为 0x00000 |

### 10. SPI FIFO 接收寄存器

SPI FIFO 接收寄存器（SPIFFRX）的各位分布如图 8-20 所示，功能描述见表 8-10。

| 15 | 14 | 13 | 12 | 11 | 10 | 9 | 8 |
|---|---|---|---|---|---|---|---|
| RXFFOVF Flag | RXFFOVF CLR | RXFIFO RESET | RXFFST4 | RXFFST3 | RXFFST2 | RXFFST1 | RXFFST0 |
| R–0 | W–0 | R/W–1 | R–0 | R–0 | R–0 | R–0 | R–0 |

| 7 | 6 | 5 | 4 | 3 | 2 | 1 | 0 |
|---|---|---|---|---|---|---|---|
| RXFFINT Flag | RXFFINT CLR | RXFFIENA | RXFFIL4 | RXFFIL3 | RXFFIL2 | RXFFIL1 | RXFFIL0 |
| R–0 | W–0 | R/W–0 | R/W–1 | R/W–1 | R/W–1 | R/W–1 | R/W–1 |

图 8-20 SPI FIFO 接收寄存器的各位分布

表 8-10 SPI FIFO 接收寄存器功能描述

| 位 | 名称 | 功 能 描 述 |
|---|---|---|
| 15 | RXFFOVF Flag | RXFIFO 溢出标志位, 只读<br>0: RXFIFO 未溢出<br>1: RXFIFO 已溢出。RXFIFO 接收到的字超过 16 个, 且第一个接收到的数据丢失 |
| 14 | RXFFOVF CLR | 清除 RXFIFO 溢出标志位<br>写 0 不影响 RXFFOVF 标志位, 读此位返回 0<br>写 1 清除 RXFFOVF 标志位 |
| 13 | RXFIFO RESET | RXFIFO 复位位<br>写 0 将 RXFIFO 指针复位为 0, 且在复位期间保持为 0<br>写 1 重新使能 RXFIFO 操作 |
| 12 ~ 8 | RXFFST4 ~ 0 | RXFIFO 状态位<br>00000: RXFIFO 为空<br>00001: RXFIFO 有 1 个字<br>00010: RXFIFO 有 2 个字<br>0xxxx: RXFIFO 有 x 个字<br>10000: RXFIFO 有 16 个字<br>注: RXFIFO 最多能接收 16 个字 |
| 7 | RXFFINT Flag | RXFIFO 中断标志位, 只读<br>0: RXFIFO 未发生中断; 1: RXFIFO 已发生中断 |
| 6 | RXFFINT CLR | RXFIFO 中断标志清除位<br>写 0 对 RXFFINT 标志无影响, 读此位返回 0<br>写 1 清除 RXFFINT 标志 |
| 5 | RXFFIENA | RXFIFO 中断使能位<br>0: 基于 RXFFIVL 匹配 (RXFFST 的值大于等于 RXFFIL 的值) 的 RXFIFO 中断被禁止<br>1: 基于 RXFFIVL 匹配的 RXFIFO 中断被使能 |
| 4 ~ 0 | RXFFIL4 ~ 0 | RXFIFO 中断级别位。当 RXFIFO 状态位 RXFFST 与 RXFIFO 中断级别位 RXFFIL 匹配 (状态位的值大于或等于级别位) 时, RX FIFO 将产生中断。复位后的默认值为 11111, 这样可以避免复位后频繁中断, 因为 RXFIFO 大多数时候是空的 |

## 11. SPI FIFO 控制寄存器

SPI FIFO 控制寄存器 (SPIFFCT) 的低 8 位可以定义 FIFO 发送延迟时间, 最小值为 0, 最大值为 255 个串行时钟周期。SPIFFCT 的各位分布如图 8-21 所示。

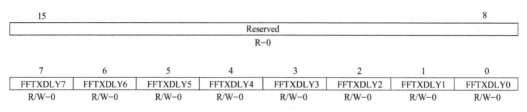

图 8-21　SPI FIFO 控制寄存器的各位分布

### 12. SPI 优先级控制寄存器

SPI 优先级控制寄存器（SPIPRI）决定了仿真挂起时（例如当调试器遇到断点）的 SPI 操作。例如在自由运行模式下，SPI 可以继续运行任何操作；在停止模式下，SPI 可以立即停止或完成当前操作（正在进行的接收或发送序列）后停止。各位分布如图 8-22 所示，功能描述见表 8-11。

图 8-22　SPI 优先级控制寄存器 SPIPRI 的各位分布

表 8-11　SPI 优先级控制寄存器功能描述

| 位 | 名称 | 功能描述 |
|---|---|---|
| 5～4 | SPI SUSP SOFT<br>SPI SUSP FREE | 这两位决定了仿真挂起时（例如当调试器遇到断点）的 SPI 操作：<br>00：当 TSUSPEND 挂起被确认时，数据发送将中途停止。一旦挂起被撤销，而系统又没有复位，则 SPIDAT 中剩余的位将被移位<br>10：如果仿真器挂起发生在一次数据发送开始前，例如在第一个 SPICLK 脉冲之前，则将不会发生发送操作；如果在发送开始后仿真器挂起，则数据将被完整地移出。何时启动发送由使用的波特率决定。在标准 SPI 模式下，移位寄存器和缓冲器中的数据发送完后，SPI 停止，也就是说 TXBUF 和 SPIDAT 空了以后才停止。在 FIFO 模式下，移位寄存器和缓冲器中的数据发送完后，SPI 停止，也就是说 TXFIFO 和 SPIDAT 空了以后才停止<br>X1：自由运行，SPI 继续操作，忽略挂起 |

　注意：当 SPIPRI.5～4 =00 时，如果 SPIDAT 中的 8 位数据已经移出 3 位，此时发生挂起，则通信将停止在该处。当挂起被撤销而没有复位 SPI，则 SPI 将从它刚才停止的地方重新开始发送，即从第 4 位开始发送 8 位数据。

## 8.5　SPI 接口应用实例

### 8.5.1　硬件电路设计

SPI 接口用于在 CPU 和外围低速器件之间进行同步串行数据传输，在主机的移位时钟脉冲驱动下，数据按位传输。以下例子为 F2812 的 SPI 接口和串入并出的移位寄存器 74HC595 之间通信，然后点亮数码管，使数码管 0～9 循环显示。

74HC595 是 8 位串行输入并行输出的移位寄存器，具有高阻关断状态。引脚 Q0～Q7 为并行数据输出，$\overline{MR}$ 为主复位；SH_CP 是移位寄存器时钟输入，ST_CP 是存储寄存器时钟输入。数据在 SH_CP 的上升沿输入，在 ST_CP 的上升沿进入存储寄存器中，如果这两个时钟连在一起，则移位寄存器总是比存储寄存器早一个脉冲。数据从 DS 串行移位输入。从 Q7'串行移位输出；$\overline{OE}$ 是输出使能，低电平时，存储寄存器的数据输出到总线。当 MR 为高电平，$\overline{OE}$ 为低电平时，数据在 SH_CP 的上升沿进入移位寄存器，在 ST_CP 的上升沿输出到并行端口。74HC595 的主要优点是具有数据存储寄存器，在移位的过程中，输出端的数据可以保持不变，这在串行速度慢的场合很有用处，数码管没有闪烁感。

F2812 DSP 的 SPI 接口与 74HC595 的连接电路如图 8-23 所示。图中用到 SPI 接口两个信号 SPISIMO 和 SPICLK，二极管和电阻是为了匹配 3.3V 与 5V 电平，数码管为共阳极的，只要输入低电平，对应的引脚就会亮。

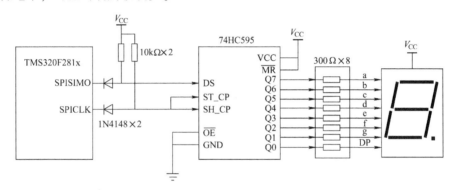

图 8-23　SPI 接口电路示例

## 8.5.2　软件设计

软件例程包括 SPI 初始化模块，GPIO 初始化模块和主函数模块。

```
#include "DSP28_Device.h"
void InitSpi(void)
{
//配置控制寄存器的设置
SpiaRegs.SPICCR.all = 0x08;              //进入初始化状态,数据在上升沿输出,
                                         //自测禁止,8位数据模式

//操作控制寄存器的设置
SpiaRegs.SPICTL.all = 0x06;              //正常的 SPI 时钟方式,主机模式,使能发送,禁止
                                         //中断

//波特率的设置
SpiaRegs.SPIBRR = 0x1D;                  //波特率 = LSPCLK/(SPIBRR + 1) = 30MHz/30 =
                                         //1MHz

SpiaRegs.SPICCR.all = 0x8a;              //退出初始状态
}
unsigned int Spi_TxReady(void)
{
unsigned int tx_enable;
```

```
    if(SpiaRegs. SPISTS. bit. TXBUFFULL_FLAG = =1) tx_enable =0;
                                                //发送缓冲区满,发送禁止
    else tx_enable =1;                          //发送缓冲区未满,可以发送
     return(tx_enable);
    }
unsigned int Spi_RxReady(void)
    {
        unsigned int rx_enable
        if(SpiaRegs. SPISTS. bit. INT_FLAG = =1) rx_enable =1;
        else rx_enable =0;
        return(rx_enable);
    }


void InitGpio(void)
    {
EALLOW;
//设置 SPI 接口外设功能,只用到 SPISIMO 和 SPICLK
GpioMuxRegs. GPFMUX. BIT. SPISIMOA_GPIOF0 =1;
GpioMuxRegs. GPFMUX. BIT. SPICLKA_GPIOF2 =1;
EDIS;
    }


void WriteLED(unsigned char data);              //输出给数码管的数据函数
unsigned int * SPI_CS = (unsigned int * )0x4500;   //0x4500 是 SPICS 地址
unsigned long int a;
Unit16
SpiCode[ ] = {0x7e7e,0x2929,0x2c2c,0x6666,0xa4a4,0x3e3e,0x2020,
0x2424,0x2222};


void main(void)
    {
     int k;
     InitSysCtrl();                              //初始化系统
     DINT;                                       //关中断
     IER =0x0000;
     IFR =0x0000;
     InitPieCtrl();                              //初始化 PIE 控制寄存器
     InitPieVectTable();                         //初始化 PIE 参数表
     InitPeripherals();                          //初始化外设寄存器
     //设置 CPU
     EINT;                                       //使能全局中断 INTM
     ERTM;                                       //使能全局实时中断 DBGM
      * SPI_CS =0x00;                            //写 0,低电平选中
     for(;;)
      {
```

```
        for(k = 0; K < 17; k ++ )          //循环发送 16 个数据
            {WriteLED(SpiCode[k]);          //发送数据函数
                for(a = 0; a < 500000; a ++);
            }
        }
    }


    void WriteLED(unsigned char data)
    {
    if(Spi_TxReady( ) = = 1            //当检测到 SPI 发送准备信号置 1 时,开始发送
                                       //数据
            SpiaRegs. SPITXBUF = data;      //把数据写到 SPI 发送缓冲区
    while(Spi_TxReady( )! = 1);         //没有检测到发送准备信号
            * SPI_CS = 0x01;           //关片选信号
    * SPI_CS = 0x00;                   //退出时开片选
    }
```

## 本章重点小结

本章介绍'28x 系列 DSP 器件的 SPI 模块结构、原理和使用方法。SPI 是高速同步串行输入/输出接口，其通信速率和通信数据长度都可编程，支持多机通信，通信网络由一个主机和一个或多个从机构成，常用四根信号线，分别是串行时钟、主机输入/从机输出、主机输出/从机输入和从机选择线，与通用输入/输出端口共用引脚。其中串行时钟信号只能由主机产生，只有被选中的从机才能参加通信。在点对点的通信中，不需要进行寻址操作，为全双工通信的环行总线结构。数据从最高位开始发送，从最低位开始接收，发送数据为左对齐，接收数据为右对齐。标准 SPI 接口有接收数据缓冲寄存器 SPIRXBUF 和发送数据寄存器 SPITXBUF，通过移位寄存器 SPIDAT 将数据移位输入或输出，接收或发送的数据位数可编程。增强的 SPI 模块具有 16 级深度的 FIFO 缓冲区，接收和发送仍采用 SPIRXBUF 和 SPITX-BUF，具有接收或发送 16 次的能力。SPI 支持 125 种波特率，由波特率寄存器决定串行通信的时钟频率，最大不能超过 LSPCLK/4。由时钟极性位和时钟相位位组合产生 4 种始终模式。SPI 模块的使用主要是通过对 12 个 SPI 寄存器进行正确配置。本章最后通过简单实用的例子详细介绍了 SPI 模块的使用方法，为读者提供了相关的硬件设计和软件设计的参考和借鉴。

## 习    题

8 - 1  TLV5617A 是带有串行接口的数-模转换器，可与 TMS320 器件的 SPI 串行端口兼容，通过查阅器件资料，设计 TLV5617 与 F2812 通信硬件电路。

8 - 2  假设 F2812 作为 SPI 通信网络的主机，如何启动数据发送？画出软件流程图。

8 - 3  假设 SPI 通信的字符为 8 位数据，如何读出接收到的字符？

8 - 4  假设 F2812 外部晶振频率为 30MHz，SPI 接口能得到 1M 波特率，如果能，请给出各参数设计。

8 - 5  使用 SPI 通信接口的程序至少包括哪些模块？

# 第9章 串行通信接口 SCI

## 本章课程目标

本章介绍 DSP 片上外设串行通信接口 SCI 模块的结构、特点和工作原理，SCI 的寄存器功能，并通过应用实例介绍 SCI 的硬件和软件设计方法。

本章的课程目标为：理解串行通信接口 SCI 与 DSP 的接口、特点和寄存器，掌握 SCI 工作原理、数据格式、通信格式、中断、波特率计算和多机通信等，能够进行 SCI 接口的硬件和软件设计。

## 9.1 串行通信接口概述

串行通信接口（Serial Communication Interface，SCI）是一种允许微处理跟打印机、外部驱动器、扫描仪或鼠标等外设进行串行数据交换的设备，因其结构简单，通常嵌入到 DSP、MCU 和 MPU 或外设控制芯片内部，作为芯片的一个接口功能模块。SCI 具有接收和发送两根信号线，数据采用非归零（Non-Return to Zero，NRZ）标准格式。SCI 包括一个发送数据的并行到串行转换器以及一个接收数据的串行到并行转换器，这两部分使用不同时钟以及独立的使能和中断信号，因此是双线制通信的通用异步接收/发送装置（Universal Asynchronous Receiver/Transmitter，UART）。SCI 可以工作于半双工模式（只使用接收器或者发送器）或全双工模式（同时使用接收器和发送器），其数据传输的速率是编程可控的。SCI 通常由三个功能单元构成：波特率脉冲产生单元、发送单元和接收单元。SCI 的信号见表 9-1。

**表 9-1 SCI 信号**

| 信号名称 | 信号描述 |
|---|---|
| 外部信号 | |
| RXD | SCI 异步串行数据接收信号 |
| TXD | SCI 异步串行数据发送信号 |
| 控制信号 | |
| 通信速率时钟 | 低速外设定标时钟 |
| 中断信号 | |
| RXINT | 接收中断 |
| TXINT | 发送中断 |

 注意：SPI 是一种高速同步串行通信接口，SCI 是一种低速异步串行通信接口。

## 9.2 '28x 系列 DSP 的 SCI 模块结构

### 1. '28x 系列 DSP 的 SCI 接口

'28x 系列 DSP 的 SCI 模块具有两个引脚：SCITXD 和 SCIRXD，分别实现发送数据和接收数据的功能。这两个引脚对应于 GPIOF 模块的第 4 和第 5 位，在编程初始化的时候，需要将 GPIOFMUX 寄存器的第 4 和第 5 位置为 1，才能使得这两个引脚具有发送和接收的功能，否则就是普通的 I/O 引脚。外部晶振通过 PLL 模块产生了 CPU 的系统时钟 SYSCLKOUT，然后 SYSCLKOUT 经过低速预定标器之后输出低速时钟 LSPCLK 供给 SCI。要保证 SCI 的正常运行，必须在系统控制模块下使能 SCI 的时钟，也就是在系统初始化函数中需要将外设时钟控制寄存器 PCLKCR 的 SCIAENCLK 位置 1。SCI 可以产生两个中断，分别是 SCIRXINT 和 SCITXINT，即接收中断和发送中断。为了减小串口通信时 CPU 的开销，SCI 的接收器和发送器都有一个 16 级的 FIFO 缓冲器。为了保证数据的完整性，SCI 模块会对接收数据进行中断检测、奇偶校验、溢出和帧信息错误检测。此外，通过波特率选择寄存器可以对波特率进行编程。

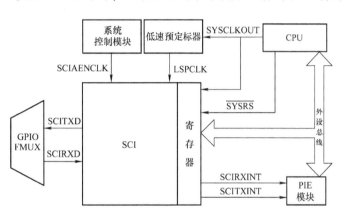

图 9-1　SCI 与 CPU 之间的接口

'28x 系列 DSP 的 SCI 与 CPU 之间的接口如图 9-1 所示。

### 2. '28x 系列 DSP 的 SCI 特点

'28x 系列 DSP 的 SCI 具有以下特点：

- 通信速率可编程，可以设置 64K 种通信速率；
- 4 种错误检测标志位：奇偶错误、超时错误、帧错误和间断检测错误；
- 多处理器通信有 2 种模式：空闲线模式（Idle-line）和地址位模式（Address-bit）；
- 可配置成半双工或者全双工通信模式；
- 双缓冲接收和发送功能，接收缓冲寄存器为 SCIRXBUF，发送缓冲寄存器为 SCITXBUF；
- 发送和接收可以通过中断方式或查询方式实现；
- 具有独立的发送中断和接收中断使能位；
- NRZ（非归零）数据格式；
- 13 个 8 位的控制寄存器，起始地址为 7050H；
- 自动通信速率检测；
- 16 级发送/接收 FIFO；

### 3. '28x 系列 DSP 的 SCI 寄存器

SCI 通信口的操作主要通过寄存器来设置和控制，表 9-2 给出了 SCI 模块的相关寄存器。

表 9-2　SCI 模块的寄存器

| 序号 | 寄存器名称 | 地址 | 大小 | 功能描述 |
|---|---|---|---|---|
| 1 | SCICCR | 0x0000 7050 | 16 bits | SCI 通信控制寄存器 |
| 2 | SCICTL1 | 0x0000 7051 | 16 bits | SCI 控制寄存器 1 |
| 3 | SCIHBAUD | 0x0000 7052 | 16 bits | SCI 波特率设置寄存器 高字节 |
| 4 | SCILBAUD | 0x0000 7053 | 16 bits | SCI 波特率设置寄存器 低字节 |
| 5 | SCLICTL2 | 0x0000 7054 | 16 bits | SCI 控制寄存器 2 |
| 6 | SCIRXST | 0x0000 7055 | 16 bits | SCI 接收状态寄存器 |
| 7 | SCIRXEMU | 0x0000 7056 | 16 bits | SCI 接收仿真数据缓冲寄存器 |
| 8 | SCIRXBUF | 0x0000 7057 | 16 bits | SCI 接收数据缓冲寄存器 |
| 9 | SCITXBUF | 0x0000 7059 | 16 bits | SCI 发送数据缓冲寄存器 |
| 10 | SCIFFTX | 0x0000 705A | 16 bits | SCI FIFO 发送寄存器 |
| 11 | SCIFFRX | 0x0000 705B | 16 bits | SCI FIFO 接收寄存器 |
| 12 | SCIFFCT | 0x0000 705C | 16 bits | SCI FIFO 控制寄存器 |
| 13 | SCIPRI | 0x0000 705F | 16 bits | SCI 优先级控制寄存器 |

## 9.3　′28x 系列 DSP 的 SCI 工作原理

　　′28x 系列 DSP 的 SCI 模块有 1 个发送器（TX）和 1 个接收器（RX）。发送器包含 SCITXBUF 寄存器和 TXSHF 寄存器，其中 SCITXBUF 是发送数据缓冲寄存器，存放要发送的数据；TXSHF 是发送移位寄存器，SCITXBUF 将数据传输给 TXSHF，TXSHF 将数据移位到 SCITXD 引脚上，每次移 1 位数据；在 FIFO 使能的情况下，SCITXBUF 从 TX FIFO 中获得需要发送的数据。接收器包含 SCIRXBUF 寄存器和 RXSHF 寄存器，其中 SCIRXBUF 是接收数据缓冲寄存器，存放 CPU 读取的数据；来自 SCIRXD 引脚的数据先逐位移入寄存器 RXSHF，RXSHF 将这些数据传输给 SCIRXBUF；如果 FIFO 使能，SCIRXBUF 会将数据加载到 RX FIFO 队列中，CPU 再从 FIFO 的队列中读取数据。′28x 系列 DSP 的 SCI 模块工作原理如图 9-2 所示。

### 9.3.1　′28x 系列 DSP 的 SCI 数据格式

　　在进行通信时要涉及通信协议，所谓通信协议就是通信双方约定好的数据格式以及数据的具体含义。SCI 的数据格式是可编程的数据格式，通过 SCI 的通信控制寄存器 SCICCR 来进行设置。SCI 使用非归零数据格式，具体包括 1 个启动位、1~8 个数据位、1 个奇/偶校验位（可选择）、1 或 2 个停止位以及区分数据和地址的附加位（仅在多处理器通信的地址位模式中存在）。因此真正的数据内容在 1~8 个数据位中，是一个数据字符。在通信中常以帧为单位，带有格式信息的每一个数据字符称为一帧，如图 9-3 所示。

### 9.3.2　′28x 系列 DSP 的 SCI 通信格式

　　SCI 异步通信采用半双工或全双工方式，每个数据位占用 8 个 SCICLK 时钟周期。

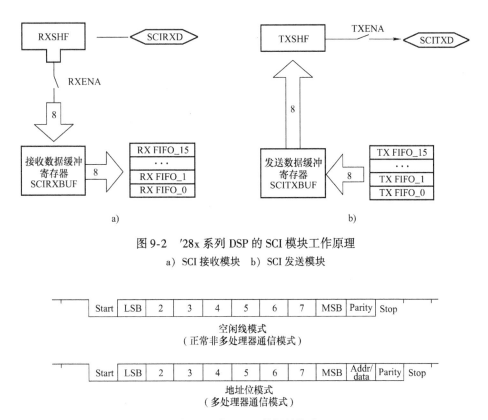

图 9-2 '28x 系列 DSP 的 SCI 模块工作原理

a) SCI 接收模块 b) SCI 发送模块

| Start | LSB | 2 | 3 | 4 | 5 | 6 | 7 | MSB | Parity | Stop |

空闲线模式
（正常非多处理器通信模式）

| Start | LSB | 2 | 3 | 4 | 5 | 6 | 7 | MSB | Addr/data | Parity | Stop |

地址位模式
（多处理器通信模式）

图 9-3 典型 SCI 数据帧格式

SCI 接收器在收到一个起始位后开始工作，4 个连续 SCICLK 周期的低电平表示有效的起始位，如果没有连续 4 个 SCICLK 周期的低电平，则处理器重新寻找另一个起始位，如图 9-4 所示。

对于 SCI 数据帧起始位后面的位，处理器在读取每 1 个位的 8 个 SCICLK 周期中间进行 3 次采样，来确定位的值。3 次采样点分别在第 4、第 5 和第 6 个 SCICLK 周期，如图 9-4 所示。3 次采样中 2 次相同的值即为最终接收位的值。

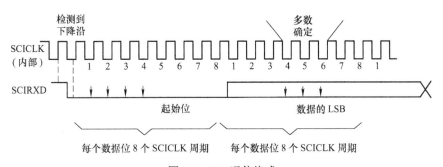

图 9-4 SCI 通信格式

**1. 通信模式中的接收器信号**

SCI 通信模式中接收器信号时序以图 9-5 为例。假设数据格式为多处理器模式下的地址位唤醒模式，每个字符有 6 位数据。

**193**

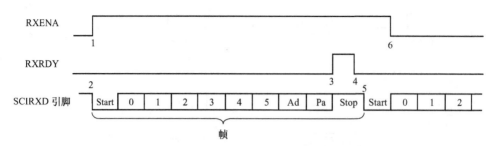

图 9-5　SCI 通信模式中的接收器信号时序

当 SCI 接收器使能位 RXENA 位（SCICTL1.0）变高时，使能 SCI 的接收器接收数据。当数据到达 SCIRXD 引脚后，开始检测起始位。数据从 SCIRXD 引脚逐位地移入接收器移位寄存器 RXSHF，然后从 RXSHF 装入到接收器缓冲寄存器 SCIRXBUF 后，产生一个中断申请，接收器准备标志位 RXRDY（SCIRXT.6）变高表示已接收一个新字符，当程序读走 SCIRXBUF 寄存器的内容时，RXRDY 位自动被清除。当数据的下一字节到达 SCIRXD 引脚时，又开始检测起始位。当 RXENA 位变低时，禁止接收器接收数据。此时 SCIRXD 引脚上的数据仍然会进入 RXSHF 中，但不会到接收器缓冲寄存器 SCIRXBUF 中去。

**2. 通信模式中的发送器信号**

以图 9-6 为例介绍 SCI 通信模式中发送器信号时序。假设数据格式为多处理器模式下的地址位唤醒模式，每个字符有 3 位数据。

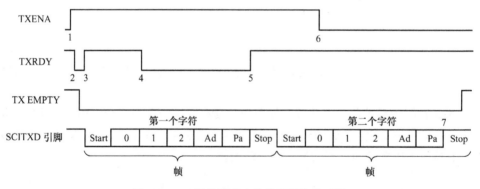

图 9-6　SCI 通信模式中的发送器信号时序

当 SCI 发送器使能位 TXENA（SCICTL1.1）变高时，使能 SCI 发送器发送数据。待发送的数据写到发送器缓冲寄存器 SCITXBUF 中，从而发送器不为空，发送器空标志位 TX EMPTY（SCICTL2.6）将变低；SCITXBUF 中的数据装入到发送器移位寄存器 TXSHF 后，SCITXBUF 就可添加新的数据，所以 TXRDY 变高，并发送中断请求，为使能中断，位 TXINTENA（SCICTL2.0）必须置 1。在 TXRDY 变高后，程序写第二个字符到 SCITXBUF 寄存器中，在第二个字符写入到 SCITXBUF 后 TXRDY 又变低；在 SCITXD 引脚上发送完第一个字符后，开始将第二个字符移位到寄存器 TXSHF，当第二个字符装入 TXSHF 后，TXRDY 又变高，SCITXBUF 又可添加新的数据。当位 TXENA 变低时，禁止发送器发送数据，但 SCI 要完成当前字符的发送，即要把已经写入 SCITXBUF 中的数据发送出去后才停止；当第二个字符发送完后，发送器变空，发送器空标志位 TX EMPTY 变高。

**194**

### 3. 通信模式中的查询方式

SCI 模块在发送数据和接收数据时可以采用查询和中断两种方式。查询方式就是程序不断地去查询状态标志位，确定 SCI 模块是否已经做好数据接收或者发送的准备。当 SCI 接收数据时，查询接收器准备标志位 RXRDY （SCIRXST. 6）。当接收器数据缓冲寄存器 SCIRXBUF 中已经接收到一个字符，等待 CPU 去读时，RXRDY 位就会置 1。当数据被 CPU 从 SCIRX-BUF 读出后，RXRDY 清 0，系统复位也会使 RXRDY 清 0。当 SCI 发送数据时，查询发送器缓冲寄存器准备标志位 TXRDY （SCICTL2. 7），当 TXRDY 位为 1 时，表明发送数据缓冲寄存器 SCITXBUF 已经把要发送的数据转移到 TXBUF 寄存器，并准备好接收下一个数据了。当数据写入 SCITXBUF 后，TXRDY 自动清零，如果发送使能位 TXENA （SCICTL1. 1） 已经置位，发送移位寄存器 TXSHF 就会把 SCITXBUF 里面的数据发送出去。

**例 9-1**：使用查询方式发送或者接收数据的程序。

```
if( SciaTx_Ready( ) = = 1)
    {
    SciaRegs. SCITXBUF = SCI_Senddata;        //SCI_Senddata 为需要发送的数据
    }
if( SciaRx_Ready( ) = = 1)
    {
        Sci_Receivedata = SciaRegs. SCIRXBUF. all;
                                              //SCI_Receivedata 用于存放接收的数据
    }
int SciaTx_Ready( void)                       //发送准备标志状态查询函数
    {
        unsigned int i;
        if( SciaRegs. SCICTL2. bit. TXRDY = = 1)
        {
            i = 1;                            //发送器已经准备就绪,SCITXBUF 可以接收新的数据
        }
    else  {i = 0;}
    return( i);
    }


int SciaRx_Ready( void)                       //接收准备标志状态查询函数
{
    unsigned int i;
    if( SciaRegs. SCIRXST. bit. RXRDY = = 1)
    {
        i = 1;                                //数据接收已经就绪,CPU 可以去读取数据
    }
    else { i = 0; }
    return( i);
}
```

### 9.3.3 '28x 系列 DSP 的 SCI 中断

SCI 使用中断方式控制数据的接收和发送时，SCICTL2 寄存器中的发送准备标志位 TXRDY 用来产生发送中断请求；SCIRXST 寄存器中的接收器准备标志位 RXRDY 用来产生接收器中断请求、间断检测位 BRKDT 在满足间断条件时产生中断请求，接收器错误标志位 RX ERROR 会在接收发生错误时请求中断。发送器和接收器有独立的中断使能位，当中断使能位被屏蔽时，将不会产生中断，但中断标志位仍然保持有效，以反映发送和接收的状态。

SCI 的接收器和发送器有各自独立的中断向量，同时也可以设置接收器和发送器的中断优先级。当 RX 和 TX 中断申请设置相同的优先级时，接收器总是比发送器具有更高的优先级，这样可以减少接收超时错误。

如果 RX/BK INT ENA 位（SCICTL2 . 1 位）被置 1，允许产生接收中断和接收间断中断。具体条件为：

- SCI 接收到一个完整的帧，并把 RXSHF 寄存器中的数据传送到 SCIRXBUF 寄存器。此时 RXRDY 标志位将置 1（SCIRXST. 6 位），产生接收中断。

- 检测到间断条件发生，即缺少一个停止位，且 SCIRXD 保持 10 个周期的低电平。此时 BRKDT 标志位将置 1（SCIRXST. 5 位），并产生中断。

如果 TX INT ENA 位（SCICTL2 . 0 位）被置 1，允许产生发送中断。当 SCITXBUF 寄存器中的数据传送到 TXSHF 寄存器时，TXRDY 标志位（SCICTL2 . 7 位）将置 1，产生发送器中断申请，表示 CPU 可以向 SCITXBUF 寄存器写数据。

**例 9-2：**SCI 采用中断方式发送或接收数据。

SCI 的发送和接收中断分别位于 PIE 模块第 9 组的第 1 和第 2 位，同时对应于 CPU 中断的 INT9。当发送器准备标志位 TXRDY 置 1 时，会产生发送中断事件，如果三级中断都已经使能，CPU 就会响应 SCI 的发送中断；当接收器准备标志位 RXRDY 置 1 时，就会产生接收中断事件，如果三级中断都已经使能，则会响应 SCI 的接收中断。程序结构如下：

```
Void main( )                        //主程序
{
……
InitPieCtrl( );                     //初始化 PIE 中断
InitPieVectTable( );                //初始化 PIE 中断矢量表

//设置中断服务程序入口地址
EALLOW;                             //修改 EALLOW 保护的寄存器
PieVectTable. TXAINT = &SCITXINTA_ISR;
PieVectTable. RXAINT = &SCIRXINTA_ISR;
EDIS;                               //禁止修改 EALLOW 保护的寄存器

//PIE 中断使能
PieCtrl. PIEIER9. bit. INTx1 = 1;   //使能 SCI 发送中断
PieCtrl. PIEIER9. bit. INTx2 = 1;   //使能 SCI 接收中断
```

```
//开 CPU 中断
IER | = M_INT9;                               //开中断 9
EINT;                                          // 使能全局中断
ERTM;                                          //使能实时中断
……
    }


interrupt void SCIRXINTA_ISR(void)            //接收中断函数
{
    PieCtrl. PIEACK. bit. ACK9 = 1;           //释放 PIE 同组中断
    if(SciaRx_Ready() = = 1)
    {
      Sci_Receivedata = SciaRegs. SCIRXBUF. all;
                                               //SCI_Receivedata 用于存放接收的数据
}
    EINT;                                      //使能全局中断
}


interrupt void SCITXINTA_ISR(void)            //发送中断函数
{
  PieCtrl. PIEACK. bit. ACK9 = 1;             //释放 PIE 同组中断
  if(SciaTx_Ready() = = 1)
{
    SciaRegs. SCITXBUF = SCI_Senddata;        //SCI_Senddata 为需要发送的数据
  }
  EINT;                                        //使能全局中断
}
```

## 9.3.4　SCI 波特率计算

SCI 发送数据的速度由波特率来决定的，所谓的波特率就是指每秒钟发送的位数。F2812 的 SCI 具有两个 8 位的波特率选择寄存器：SCIHBAUD 和 SCILBAUD，在器件时钟频率确定的情况下，16 位的波特率选择寄存器通过编程可以实现 64K 种不同的波特率进行通信。波特率的计算公式如下：

$$SCI\ 波特率 = \frac{LSPCLK}{(BRR + 1) \times 8} \tag{9-1}$$

式中，BRR 的值是 16 位波特率选择寄存器内的值，从十进制转换成十六进制后，高 8 位值赋给 SCIHBAUD，低 8 位值赋给 SCILBAUD，以上公式只适用于 $1 \leqslant BRR \leqslant 65535$。若已经确定了波特率，则 BRR 的值由式(9-2) 计算，即

$$BRR = \frac{LSPCLK}{SCI\ 波特率 \times 8} - 1 \tag{9-2}$$

当 BRR $=0$ 时，

$$\text{SCI 波特率} = \frac{\text{LSPCLK}}{8} \qquad (9\text{-}3)$$

**例 9-3**：设外部晶振为 30MHz，经过 PLL 之后 SYSCLKOUT 为 150MHz。若低速预定标器 LOSPCP 的值为 2，则 SYSCLKOUT 经过低速预定标器之后产生低速外设时钟 LSPCLK 为 37.5MHz，也就是说 SCI 的时钟为 37.5MHz。如果需要设置 SCI 的波特率为 19200bit/s，则将 LSPCLK 和波特率的数值代入式(9-2)，便可得到 BRR $=243.14$，由于寄存器的数据都是正整数，所以省略掉小数后可以得到 BRR $=243$。将 243 转换成 16 进制是 0xF3H，因此 SCIHBAUD 的值为 0，SCILBAUD 的值为 0XF3。由于省略了小数，将会产生 0.06% 的误差。

当 LSPCLK 为 37.5MHz 时，对于 SCI 常见的波特率，寄存器的值见表 9-3。

**表 9-3 SCI 的波特率配置**

| 理想的波特率 /(bit/s) | LSPCLK 时钟频率，37.5MHz | | | | |
|---|---|---|---|---|---|
| | BRR（十进制） | SCIHBAUD | SCILBAUD | 实际波特率 | 错误/% |
| 2400 | 1952 | 0x7A | 0 | 2400 | 0 |
| 4800 | 976 | 0x3D | 0 | 4798 | $-0.04$ |
| 9600 | 487 | 0x1 | 0xE7 | 9606 | 0.06 |
| 19200 | 243 | 0 | 0xF3 | 19211 | 0.06 |
| 38400 | 121 | 0 | 0x79 | 38422 | 0.06 |

☀ **注意**：进行通信的双方必须以相同的数据格式和波特率进行通信，否则通信会失败。

## 9.3.5 SCI 多处理器通信

多处理器通信就是多个处理器之间实现数据通信。多处理器通信模式允许一个处理器向同一条串行线上的多个处理器发送数据，但是每次只能传送一个数据。多机通信的系统结构如图 9-7 所示。

多处理器通信时，各处理器根据地址信息识别方法不同，可以分为空闲线模式（Idle-line）和地址位模式（Address-bit）。下面是多处理器通信中的一些基本概念。

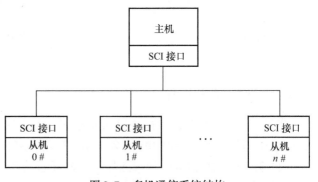

图 9-7 多机通信系统结构

（1）地址字节 多机通信系统中的每个处理器都是一个节点，拥有唯一的地址。在任一时刻，一条串行线上只能有一个发送节点，这个节点称为 Talker。发送数据块的第一个帧是地址信息，其中包含一个地址字节，所有的接收节点（即 Listener）都要读取该地址字节。如果某节点的地址与该字节相符，那么这个节点能够被紧随地址字节后面的数据字节中断，接收数据。与地址字节不符的接收节点将不会被中断，继续等待接收下一个地址字节。

（2）SLEEP 位　连接到串行总线上的所有处理器都将 SCI 的 SLEEP 位（SCICTL1.2）置 1，当接收到的地址字节与本处理器的地址相符时，就要用程序清除 SLEEP 位，这样就能使 SCI 在接收到数据字节时将 RXRDY、RXINT 等状态位置 1，从而产生中断。SCI 本身并不能改变 SLEEP 位，必须由用户软件改变 SLEEP 位。

（3）识别地址位　多处理器通信系统中，各处理器根据工作模式识别地址字节。

- 空闲线模式会在地址字节前预留一个静空间，这个静空间是一段比较长的空闲时间，一般超过 10 个高电平位。空闲模式没有附加的地址/数据位。如果要传送的数据块包含 10 个以上字节，空闲模式就比地址位模式效率高。空闲线模式一般用于两机通信。

- 地址位模式在每个字节中加入一个附加位（即地址位）。这种模式在发送较小的数据块时效率比较高，因为在数据块之间不需要等待。

（4）控制 SCI 的 TX 和 RX 特性　多处理器通信模式可以通过设置 ADDR/IDLE MODE 位（SCICCR.3）来选择地址位模式或空闲线模式。两种模式都使用 TXWAKE（SCICTL1.3）、RXWAKE（SCIRXST.3）和 SLEEP（SCICTL1.2）标志位来控制 SCI 发送器和接收器的工作状态。

（5）接收步骤　多处理器通信模式的数据接收步骤如下：

1）在接收数据块时，SCI 端口唤醒并申请中断（必须先将 SCICTL2.1 置位），读取数据块的第一字节，该字节包含目的处理器的地址。

2）通过中断程序，比较本机地址和接收到的地址。

3）如果地址相符，则清除 SLEEP 位，并读取数据块中剩余的数据；否则，退出中断程序并保持 SLEEP 置位，等待接收下一个数据块。

**1. 地址位模式**

如果 ADDR/IDLE MODE 位（SCICCR.3）被设置成 1，则选择地址位模式进行多机通信。一个数据块有多个帧组成，每一帧数据的后面有一个附加位，即地址位。每个数据块的第一帧是地址信息，帧的地址位设置为 1；第二帧以后是数据信息。帧的地址位设置为 0。地址位模式中数据传输与数据块之间的空闲周期无关。地址位模式多处理器通信格式如图 9-8 所示。

SCI 发送器唤醒模式选择位 TXWAKE（SCICTL1.3）的值被放置到地址位，在发送期间，当 SCITXBUF 寄存器和 TXWAKE 分别载入到 TXSHF 寄存器和 WUT 中时，TXWAKE 复位为 0，WUT 变为当前帧的地址位。因此，发送一个地址需要完成下列操作：

- TXWAKE 位置 1，向 SCITXBUF 寄存器写入正确的地址值。当地址值被送到 TXSHF 寄存器并被发送出去时，该地址位的值也被发送出去，意味着，串行总线上的其他处理器可以读取这个地址。

- 由于 TXSHF 和 WUT 都是双缓冲的，因此在 TXSHF 和 WUT 载入后，就可以向 SCITXBUF 和 TXWAKE 写入新的值。

- 发送数据块中的数据帧时，使 TXWAKE 位保持 0。

**2. 空闲线多处理器模式**

如果 ADDR/IDLE MODE 位（SCICCR.3）被设置成 0，则多处理器通信工作在空闲线模式。各个数据块之间有一段比较长的空闲时间，该空闲时间明显比一个数据块中数据帧之间

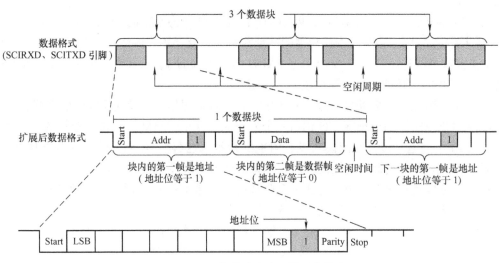

图 9-8　地址位模式多处理器通信格式

的空闲时间更长。如果一个数据帧后的空闲时间超过 10 位高电平，就表明新的数据块开始了。在某一个数据块中，第一帧代表地址信息，后面的帧为数据信息。也就是说，是通过帧与帧之间的空闲间隔来判断是地址信息还是数据信息的。空闲线模式多处理器通信格式如图 9-9 所示。

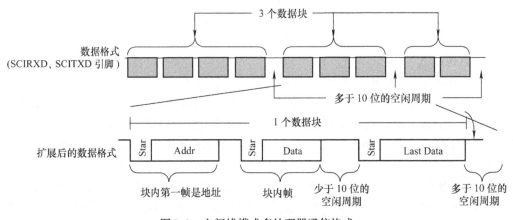

图 9-9　空闲线模式多处理器通信格式

空闲线模式操作步骤如下：

1）接收到数据块起始信号后，SCI 被唤醒。

2）处理器识别 SCI 中断。

3）中断服务子程序将接收的地址与本节点的地址进行比较。

4）如果地址相符，则中断服务子程序清除 SLEEP 位，并接收数据块中剩余的数据。

5）如果地址不符，则 SLEEP 位仍保持在置位状态。CPU 继续执行主程序，直到检测到下一个数据块的起始信号。

### 9.3.6 '28x 系列 DSP 的 SCI 增强功能

TMS320F2812 的 SCI 模块具有增强功能，即发送/接收 FIFO 操作和自动波特率检测。在上电复位时，SCI 工作在标准 SCI 模式，禁止 FIFO 功能。FIFO 的寄存器 SCIFFTX、SCIFFRX 和 SCIFFCT 都被禁止。通过将 SCIFFTX 寄存器中的 SCIFFEN 位置 1，可以使能 FIFO 模式。在 FIFO 模式下有两个中断，一个是发送 FIFO 中断 TXINT，另一个是接收 FIFO 中断 RXINT。FIFO 接收、接收错误和接收溢出共用 RXINT 中断。此时标准 SCI 的 TXINT 被禁止。

SCI 在 FIFO 模式下，发送和接收缓冲器增加了 2 个 16 级的 FIFO。发送 FIFO 寄存器是 8 位宽，接收 FIFO 寄存器是 10 位宽。当移位寄存器 TXSHF 的最后一位被移出后，发送缓冲从发送 FIFO 装载新的数据。FIFO 中的数据传送到 TXSHF 寄存器的速率可以编程。发送和接收 FIFO 都有状态位 TXFFST 或 RXFFST（位 12~0），这些状态位显示当前 FIFO 内有用数据的个数。SCI 中断在 FIFO 和非 FIFO 模式下的操作和配置可参见表 9-4。

表 9-4 SCI 中断在 FIFO 和非 FIFO 模式下的操作和配置

| FIFO 选项 | SCI 中断源 | 中断标志 | 中断使能 | FIFO 使能位 SCIFFENA | 中断信号 |
|---|---|---|---|---|---|
| 非 FIFO 模式 | 接收错误 | RXERR | RXERRINTENA | 0 | RXINT |
| | 接收间断 | BRKDT | RX/BKINTENA | 0 | RXINT |
| | 数据接收 | RXRDY | RX/BKINTENA | 0 | RXINT |
| | 发送空 | TXRDY | TXINTENA | 0 | TXINT |
| FIFO 模式 | 接收错误和接收间断 | RXERR | RXERRINTENA | 1 | RXINT |
| | FIFO 接收 | RXFFIL | RXFFIENA | 1 | RXINT |
| | 发送空 | TXFFIL | TXFFIENA | 1 | TXINT |
| 自动波特率检测 | 自动波特率检测 | ABD | 无关 | X | TXINT |

TMS32F2812 处理器支持自动波特率检测逻辑。SCI FIFO 控制寄存器 SCIFFCT 中的位 ABD 和 CDC 控制自动波特率逻辑，SCI FIFO 发送寄存器 SCIFFTX 中的位 SCIRST 置 1，使自动波特率逻辑工作。

## 9.4 SCI 的寄存器

使用 SCI 通信时，通过软件设置 SCI 的各种功能。通过设置 SCI 寄存器的控制位，初始化 SCI 通信格式，如操作模式、通信协议、波特率、字符长度、奇偶校验方式、停止位个数、中断优先级和中断使能等。以下介绍 SCI 的寄存器。

**1. SCI 通信控制寄存器**

SCI 通信控制寄存器（SCICCR）的地址为 0X00 7050H，各位的分布如图 9-10 所示。

| 7 | 6 | 5 | 4 | 3 | 2 | 1 | 0 |
|---|---|---|---|---|---|---|---|
| STOP BITS | EVEN/ODD PARITY | PARITY ENABLE | LOOP BACK ENABLE | ADDR/IDLE MODE | SCICHAR2 | SCICHAR1 | SCICHAR0 |
| R/W-0 | R/W-0 | R/W-0 | R/W-0 | R/W-0 | R/W-0 | R/W-0 | R/W-0 |

图 9-10　SCICCR 的各位分布

SCI 通信控制寄存器定义了 SCI 使用的字符格式、协议和通信模式。功能意义见表 9-5。

表 9-5　SCI CCR 功能定义

| 位 | 名称 | 功 能 描 述 |
|---|---|---|
| 7 | STOP BITS | SCI 停止位的个数。该位决定发送的停止位个数。<br>0：1 个停止位<br>1：2 个停止位 |
| 6 | EVEN/ODD PARITY | 奇偶校验选择位。如果 PARITY ENABLE（SCICCR. 5）置位，则本位决定采用奇校验还是偶校验。<br>0：奇校验<br>1：偶校验 |
| 5 | PARITY ENABLE | 奇偶校验使能位。该位使能或禁止奇偶校验功能。<br>0：禁止奇偶校验。在发送期间没有奇偶位产生，在接收期间不检查奇偶校验位。<br>1：使能奇偶校验 |
| 4 | LOOP BACK ENABLE | 自测试模式使能位。当使能自测式模式时，发送引脚或接收引脚在系统内部连接在一起。<br>0：禁止自测试模式<br>1：使能自测试模式 |
| 3 | ADDR/IDLE MODE | SCI 多处理器模式控制位。该位选择一种多处理器协议。<br>0：选择空闲线模式协议<br>1：选择地址位模式协议 |
| 2 ~ 0 | SCI CHAR2 ~ 0 | 字符长度控制位 2 ~ 0。这些位选择了 SCI 的字符长度（1 ~ 18 位）。少于 8 位的字符选择在 SCI RXBUF 和 SCIRXEUM 中右对齐，且在 SCIRXBUF 中前面的位填 0。SCI CHAR2 ~ 0 的值和字符长度关系如下：<br><br>CHRA2　　CHAR1　　CHAR0　　字符长度/bit<br>0　　　　0　　　　0　　　　1<br>0　　　　0　　　　1　　　　2<br>⋮<br>1　　　　1　　　　1　　　　8 |

## 2. SCI 控制寄存器 1

SCI 控制寄存器 1（SCICTL1）的地址 0X00 7051H，各位的分布如图 9-11 所示。

SCI 控制寄存器 1 控制接收/发送使能、TXWAKE 和 SLEEP 功能以及 SCI 复位。功能意义见表 9-6。

| 7 | 6 | 5 | 4 | 3 | 2 | 1 | 0 |
|---|---|---|---|---|---|---|---|
| Reserved | RX ERR INT ENA | SW RESET | Reserved | TXWAKE | SLEEP | TXENA | RXENA |
| R-0 | R/W-0 | R/W-0 | R-0 | R/S-0 | R/W-0 | R/W-0 | R/W-0 |

图 9-11  SCICTL1 的各位分布

表 9-6  SCICTL1 功能定义

| 位 | 名称 | 功 能 描 述 |
|---|---|---|
| 6 | RX ERR INT ENA | 接收错误中断使能位<br>如果接收错误标志位（SCIRXST. 7）置位，则本位决定是否使能一个接收错误中断<br>0：禁止接收错误中断<br>1：使能接收错误中断 |
| 5 | SW RESET | SCI 软件复位位（低有效）<br>写入 0 将 SCI 的 SCICTL2 和 SCIRXST 寄存器初始化至复位状态，不影响其他配置位<br>写入 1 可以重新使能 SCI |
| 3 | TXWAKE | 发送器唤醒方式选择位，控制数据发送特征的选择<br>0：不选择发送特征<br>1：选择发送特征<br>在空闲线模式下，写 1 到 TXWAKE，然后写数据到 SCITXBUF 寄存器，可以产生 11 个数据位的空闲周期。在地址位模式下，写 1 到 TXWAKE，然后写数据到 SCITXBUF 寄存器，可以设置地址位为 1 |
| 2 | SLEEP | 睡眠位。在多处理器配置中，该位控制接收器睡眠功能<br>0：禁止睡眠模式<br>1：使能睡眠模式 |
| 1 | TXENA | 发送使能位。当 TXENA 被置位时，数据可以通过 SCITXD 引脚发送<br>0：禁止发送<br>1：使能发送 |
| 0 | RXENA | 接收使能位。SCIRXD 引脚接收数据，并传送到接收移位寄存器，该位禁止或使能接收移位寄存器的内容传送到接收缓冲寄存器 SCIRXEMU 和 SCIRXBUF 中<br>0：接收到的数据不传送到接收缓冲寄存器中，同时禁止产生接收中断<br>1：接收到的数据传送到接收缓冲寄存器中，同时允许产生接收中断 |

注意：只能在 SW RESET =0 时才能设置或改变 SCI 的配置。在置位 SW RESET 之前设置所有的配置寄存器，否则将会产生不可预测的结果

### 3. SCI 控制寄存器 2

SCI 控制寄存器 2（SCICTL2）的地址为 0X00 7054H，各位的分布如图 9-12 所示。

SCI 控制寄存器 2 使能接收准备、间断检测、发送准备中断、发送器准备及空标志。功能描述见表 9-7。

图 9-12　SCICTL2 的各位分布

**表 9-7　SCICTL2 功能描述**

| 位 | 名称 | 功能描述 |
|---|---|---|
| 7 | TXRDY | 发送缓冲寄存器准备好标志位。当 TXRDY 置位时，表示发送数据缓冲寄存器（SCITXBUF）已准备好接收另一个字符。向 SCITXBUF 写数据会自动清除 TXRDY 位<br>0：SCITXBUF 满<br>1：SCITXBUF 准备接收下一个字符 |
| 6 | TX EMPTY | 发送器空标志位。该位的值显示了发送缓冲器（SCITXBUF）和移位寄存器（TX-SHF）的状态<br>0：发送缓冲器或移位寄存器装入数据<br>1：发送缓冲器和移位寄存器均为空 |
| 1 | RX/BK INT ENA | 接收缓冲器/间断中断使能。该位控制由于 RXRDY 标志或 BRKDT 标志位（SCIR-XST.5、SCIRXST.6）置位引起的中断请求<br>0：禁止 RXRDY/BRKDT 中断<br>1：使能 RXRDY/BRKDT 中断 |
| 0 | TX INT ENA | SCITXBUF 寄存器中断使能位。该位控制由 TXRDY 标志位（SCISTL2.7）置位引起的中断请求<br>0：禁止 TXRDY 中断<br>1：使能 TXRDY 中断 |

#### 4. 波特率选择寄存器

SCI 波特率选择寄存器（SCIHBAUD、SCILBAUD）确定 SCI 的波特率，地址是 0X00 7052H 和 0X00 7053H，各位的分布如图 9-13 所示。

| 15 | 14 | ··· | 1 | 0 |
|---|---|---|---|---|
| BAUD15(MSB) | BAUD14 | ··· | BAUD1 | BAUD0(LSB) |
| R/W−0 | R/W−0 | R/W−0 | R/W−0 | R/W−0 |

图 9-13　SCI 波特率选择寄存器的各位分布

#### 5. SCI 接收器状态寄存器

SCI 接收器状态寄存器（SCIRXST）的地址是 0X00 7055H，各位的分布如图 9-14 所示。

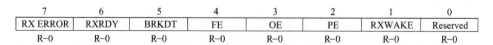

图 9-14　SCIRXST 的各位分布

SCI 接收器状态寄存器包含 7 个接收器状态标志位，其中 2 个能产生中断请求。每当一个完整的字符传送到接收器缓冲器 SCIRXEMU 和 SCIRXBUF 后，状态标志位会被更新。每当缓冲器被读出后，状态标志位被清除。功能描述见表 9-8。

**表 9-8 SCIRXST 功能描述**

| 位 | 名　称 | 功　能　描　述 |
|---|---|---|
| 7 | RX ERROR | 接收器错误标志位，是 BRKDT、FE、OE 及 PE 的逻辑或。该位被置 1 说明在接收器状态寄存器中至少有一个错误标志置 1<br>0：没有错误标志被置位<br>1：有错误标志被置位 |
| 6 | RXRDY | 接收器准备好标志位，该位置 1 表示准备好从 SCIRXBUF 寄存器中读一个新的字符<br>0：在 SCIRXBUF 中没有新的字符<br>1：准备从 SCIRXBUF 中读取字符 |
| 5 | BRKDT | 间断检测标志位，当满足间断条件时，该位被置位。从丢失第一个停止位开始，如果 SCI 接收数据引脚 SCIRXD 连续保持至少 10 位低电平时，就会产生一个间断条件<br>0：没有产生间断条件<br>1：发生了间断条件 |
| 4 | FE | 帧错误标志位，当检测不到期望的停止位时，该位被置位。丢失停止位表明没有能够与起始位同步，且字符帧发生了错误<br>0：没有检测到帧错误<br>1：检测到帧错误 |
| 3 | OE | 超时错误标志位，如果前一个字符还没有被完全读走，又有新的字符被发送到 SCIRXEMU 和 SCIRXBUF 时，SCI 就置位该位，前一个字符将会被覆盖并丢失<br>0：没有检测到超时错误<br>1：检测到超时错误 |
| 2 | PE | 奇偶校验错误标志位，当接收的字符中 1 的个数与其奇偶校验位不匹配时（地址位也包括在内），该位被置位<br>0：没有检测到奇偶校验错误或校验被禁止<br>1：检测到奇偶校验错误 |
| 1 | RXWAKE | 接收器唤醒检测标志位，当检测到一个接收器唤醒条件时，该位被置位。在多处理器通信的地址位模式中（SCICCR.3 = 1），RXWAKE 反映 SCIRXBUF 中字符的地址位值；在空闲线模式中，当引脚 SCIRXD 被检测到空闲状态时，RXWAKE 被置位。RXWAKE 是一个只读标志位 |

### 6. SCI 接收器仿真数据缓冲寄存器

SCI 接收器仿真数据缓冲寄存器（SCIRXEMU）的地址是 0X00 7056H，各位的分布如图 9-15 所示。

接收的数据从 RXSHF 传送到 SCIRXEMU 和 SCIRXBUF，这两个寄存器存放相同的数据，有各自的地址，但在物理上不是独立的缓冲器，它们唯一的区别在于读 SCIRXEMU 操作不清除 RXRDY 标志位，而读 SCIRXBUF 操作清除该标志位。SCIRXEMU 寄存器由仿真器

（EMU）使用，系统复位时 SCIRXEMU 被清除。

| 7 | 6 | 5 | 4 | 3 | 2 | 1 | 0 |
|---|---|---|---|---|---|---|---|
| ERXDT7 | ERXDT6 | ERXDT5 | ERXDT4 | ERXDT3 | ERXDT2 | ERXDT1 | ERXDT0 |
| R-0 | R-0 | R-0 | R-0 | R-0 | R-0 | R-0 | R-0 |

图 9-15　SCIRXEMU 的各位分布

### 7. SCI 接收数据缓冲寄存器

SCI 接收器数据缓冲寄存器（SCIRXBUF）的地址是 0X00 7057H，各位的分布如图 9-16 所示。

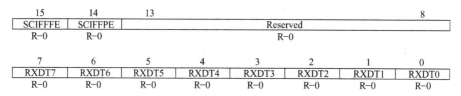

| 15 | 14 | 13 | | | | 8 |
|---|---|---|---|---|---|---|
| SCIFFFE | SCIFFPE | Reserved | | | | |
| R-0 | R-0 | R-0 | | | | |

| 7 | 6 | 5 | 4 | 3 | 2 | 1 | 0 |
|---|---|---|---|---|---|---|---|
| RXDT7 | RXDT6 | RXDT5 | RXDT4 | RXDT3 | RXDT2 | RXDT1 | RXDT0 |
| R-0 | R-0 | R-0 | R-0 | R-0 | R-0 | R-0 | R-0 |

图 9-16　SCIRXBUF 的各位分布

SCIRXBUF 的功能描述见表 9-9。

**表 9-9　SCIRXBUF 功能描述**

| 位 | 名　称 | 功　能　描　述 |
|---|---|---|
| 15 | SCIFFFE | FIFO 帧错误标志位，仅当 FIFO 使能时有效<br>0：接收字符时，产生帧错误标志<br>1：接收字符时，不产生帧错误标志 |
| 14 | SCIFFPE | FIFO 奇偶校验错误位，仅当 FIFO 使能时有效<br>0：接收字符时，产生奇偶校验错误<br>1：接收字符时，不产生奇偶校验错误 |
| 7 ~ 0 | RXDT7 ~ RXDT0 | 接收到的字符 |

### 8. SCI 发送器数据缓冲寄存器

SCI 发送器数据缓冲寄存器（SCITXBUF）的地址是 0X00 7059H，各位的分布如图 9-17 所示。

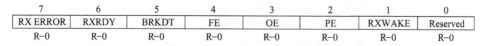

| 7 | 6 | 5 | 4 | 3 | 2 | 1 | 0 |
|---|---|---|---|---|---|---|---|
| RX ERROR | RXRDY | BRKDT | FE | OE | PE | RXWAKE | Reserved |
| R-0 | R-0 | R-0 | R-0 | R-0 | R-0 | R-0 | R-0 |

图 9-17　SCITXBUF 的各位分布

SCITXBUF 中存放要发送的数据位，这些位必须右对齐，对于小于 8 位长度的字符，左侧位是被忽略的。数据从该寄存器向发送移位寄存器 TXSHF 传送，使 TXRDY（SCICTL2.7）置位，表示可以向 SCITXBUF 传送下一个数据。

### 9. SCIFIFO 发送寄存器

SCIFIFO 发送寄存器（SCIFFTX）的地址是 0X00 705AH，各位的分布如图 9-18 所示。
SCIFFTX 的功能描述见表 9-10。

| 15 | 14 | 13 | 12 | 11 | 10 | 9 | 8 |
|---|---|---|---|---|---|---|---|
| SCIRST | SCIFFENA | TXFIFO Reset | TXFFST4 | TXFFST3 | TXFFST2 | TXFFST1 | TXFFST0 |
| R/W-1 | R/W-0 | R/W-1 | R-0 | R-0 | R-0 | R-0 | R-0 |
| 7 | 6 | 5 | 4 | 3 | 2 | 1 | 0 |
| TXFFINT Flag | TXFFINT CLR | TXFFIENA | TXFFIL4 | TXFFIL3 | TXFFIL2 | TXFFIL1 | TXFFIL0 |
| R-0 | W-0 | R/W-0 | R/W-0 | R/W-0 | R/W-0 | R/W-0 | R/W-0 |

图 9-18　SCIFFTX 的各位分布

**表 9-10　SCIFFTX 功能描述**

| 位 | 名称 | 功 能 描 述 |
|---|---|---|
| 15 | SCIRST | 写 0 复位 SCI 发送和接收通道。SCI FIFO 寄存器配置位不发生变化<br>写 1 使 SCI FIFO 重新开始发送或接收。在 SCI 自动波特率逻辑下，SCIRST 应该为 1 |
| 14 | SCIFFENA | 0：禁止 SCI FIFO 增强功能<br>1：使能 SCI FIFO 增强功能 |
| 13 | TXFIFO Reset | 0：FIFO 指针复位为 0，并在复位期间保持为 0<br>1：重新使能发送 FIFO 操作 |
| 12 ~ 8 | TXFFST4 ~ 0 | 发送 FIFO 状态位<br>00000：发送 FIFO 为空；00011：发送 FIFO 有 3 个字；<br>00001：发送 FIFO 有 1 个字；<br>⋮<br>00010：发送 FIFO 有 2 个字；10000：发送 FIFO 有 16 个字 |
| 7 | TXFFINT Flag | 发送 FIFO 中断标志位，只读位<br>0：没有产生 TXFIFO 中断<br>1：产生了 TXFIFO 中断 |
| 6 | TXFFINT CLR | 发送 FIFO 中断标志清除位<br>写 0 对 TXFFINT 标志位没有影响，读取返回 0<br>写 1 清除 TXFFINT 标志位 |
| 5 | TXFFIENA | 发送 FIFO 中断标志使能位<br>0：基于 TXFFIVL 匹配（小于或等于）的 TX FIFO 中断被禁止<br>1：基于 TXFFIVL 匹配（小于或等于）的 TX FIFO 中断被使能 |
| 4 ~ 0 | TXFFIL4 ~ 0 | 发送 FIFO 中断级别位<br>当 FIFO 状态位（TXFFST4 ~ 0）和中断级别位（TXFFIL4 ~ 0）匹配（小于或等于）时，发送 FIFO 将产生中断。默认值为 0x00000 |

**10. SCIFIFO 接收寄存器**

SCIFIFO 接收寄存器（SCIFFRX）的地址是 0X00 705BH，各位的分布如图 9-19 所示。SCIFFRX 的功能描述见表 9-11。

207

| 15 | 14 | 13 | 12 | 11 | 10 | 9 | 8 |
|---|---|---|---|---|---|---|---|
| RXFFOVF | RXFFOVF CLR | RXFIFO Reset | RXFFST4 | RXFFST3 | RXFFST2 | RXFFST1 | RXFFST0 |
| R-0 | W-0 | R/W-1 | R-0 | R-0 | R-0 | R-0 | R-0 |

| 7 | 6 | 5 | 4 | 3 | 2 | 1 | 0 |
|---|---|---|---|---|---|---|---|
| RXFFINT Flag | RXFFINT CLR | RXFFIENA | RXFFIL4 | RXFFIL3 | RXFFIL2 | RXFFIL1 | RXFFIL0 |
| R-0 | W-0 | R/W-0 | R/W-1 | R/W-1 | R/W-1 | R/W-1 | R/W-1 |

图 9-19　SCIFFRX 的各位分布

**表 9-11　SCIFFRX 功能描述**

| 位 | 名称 | 功 能 描 述 |
|---|---|---|
| 15 | RXFFOVF | 接收 FIFO 溢出位, 只读位<br>0: 接收 FIFO 没有溢出<br>1: 接收 FIFO 发生溢出, 表示已经有多于 16 个字被接收到 FIFO 中, 并且第一个接收到的字丢失了 |
| 14 | RXFFOVF CLR | 接收 FIFO 溢出清除位<br>写 0 对 RXFFOVF 标志位无影响, 读返回 0<br>写 1 清除 RXFFOVF 标志位 |
| 13 | RXFIFO Reset | RXFIFO 复位位<br>0: 复位 FIFO 指针为 0, 并在复位期间保持为 0<br>1: 重新使能接收 FIFO 操作 |
| 12~8 | RXFFST4~0 | 接收 FIFO 状态位<br>00000: 接收 FIFO 为空; 00011: 接收 FIFO 有 3 个字;<br>00001: 接收 FIFO 有 1 个字;<br>⋮<br>00010: 接收 FIFO 有 2 个字; 10000: 接收 FIFO 有 16 个字 |
| 7 | RXFFINT Flag | 接收 FIFO 中断标志位, 只读位<br>0: RXFIFO 中断没有产生<br>1: RXFIFO 中断已经产生 |
| 6 | RXFFINT CLR | 接收 FIFO 中断标志清除位<br>写 0 对 RXFFINT 标志位没有影响, 读返回 0<br>写 1 清除 RXFFINT 标志位 |
| 5 | RXFFIENA | 接收 FIFO 中断使能位<br>0: 基于 RXFFIVL 匹配 (小于或等于) 的 RX FIFO 中断被禁止<br>1: 基于 RXFFIVL 匹配 (小于或等于) 的 RX FIFO 中断被使能 |
| 4~0 | RXFFIL4~0 | 接收 FIFO 中断级别位<br>当接收 FIFO 状态位 (RXFFST4~0) 和级别位 (RXFFIL4~0) 匹配 (小于或等于) 时, 接收 FIFO 将产生中断。默认值为 11111 |

### 11. SCIFIFO 控制寄存器

SCIFIFO 接收寄存器 (SCIFFCT) 的地址是 0X00 705CH, 各位的分布如图 9-20 所示。

| 15 | 14 | 13 | 12 | 8 | 7 | ⋯ | 0 |
|---|---|---|---|---|---|---|---|
| ABD | ABD CLR | CDC | Reserved | | FFTXDLY7 | ⋯ | FFTXDLY0 |
| R-0 | W-0 | R/W-0 | R-0 | | R/W-0 | | |

图 9-20　SCIFFCT 的各位分布

SCIFFCT 的功能描述见表9-12。

表 9-12　SCIFFCT 功能描述

| 位 | 名 称 | 功 能 描 述 |
|---|---|---|
| 15 | ABD | 自动波特率检测位，只有当 CDC 位被置 1 时才有效<br>0：自动波特率检测没有完成，没有成功接收到 "A" 或 "a" 字符<br>1：自动波特率硬件在 SCI 接收寄存器检测到 "A" 或 "a" 字符，完成了自动波特率 |
| 14 | ABD CLR | 自动波特率检测清除位<br>写 0 对 ABD 标志位没有影响，读返回 0<br>写 1 清除 ABD 标志位 |
| 13 | CDC | CDC 校准 A 检测位<br>0：禁止自动波特率校验<br>1：使能自动波特率校验 |
| 7 ~ 0 | FFTXDLY7 ~ 0 | FIFO 发送延迟位，定义了每个从发送 FIFO 到发送移位寄存器之间的延迟，以 SCI 波特率时钟的个数定义 |

### 12. SCI 优先级控制寄存器

SCI 优先级控制寄存器（SCIPRI）的地址是 0X00 705FH，各位的分布如图 9-21 所示。

| 7 | | 5 | 4 | 3 | 2 | | 0 |
|---|---|---|---|---|---|---|---|
| Reserved | | | SCI SOFT | SCI FREE | Reserved | | |
| R-0 | | | R/W-0 | R/W-0 | R-0 | | |

图 9-21　SCIPRI 的各位分布

SCIPRI 包含了接收器和发送器的中断优先级选择位，并且在仿真挂起时（例如遇到程序断点）控制 XDS 仿真器的 SCI 操作。其功能描述见表 9-13。

表 9-13　SCIPRI 功能描述

| 位 | 名 称 | 功 能 描 述 | | |
|---|---|---|---|---|
| 4 ~ 3 | SCI SOFT、SCI FREE | 这两位决定当发生仿真挂起时（例如遇到程序断点），SCI 将采取什么动作 | | |
| | | SCI SOFT | SCI FREE | |
| | | 0 | 0 | 仿真挂起时立即停止 |
| | | 1 | 0 | 在停止前，完成当前的接收/发送操作 |
| | | x | 1 | 自由运行。不管是否发生挂起，SCI 将继续操作 |

# 9.5　SCI 应用举例

## 9.5.1　硬件电路设计

SCI 模块的接收器和发送器是双缓冲的，有独立的使能和中断标志位，两者可以单独工作，也可以在全双工方式下同时工作。如图 9-22 所示电路采用符合 RS－232 标准的驱动芯片

MAX232 进行串行通信。SCI 有一个 16 位选择寄存器,在 100MHz 的晶振下,外设低速时钟 25MHz,选择 19200bit/s 的波特率。

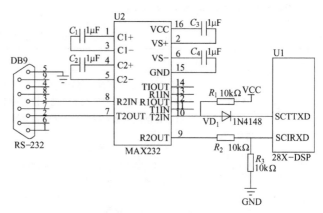

图 9-22　TMS320F2812 的串行通信接口电路

## 9.5.2　软件设计例程

SCI 模块的软件设计包括初始化程序、时钟设置、通信控制寄存器配置以及数据的发送或接收等内容。初始化程序主要包括串口通信的引脚功能配置、通信控制(波特率、每帧包含数据位长度、停止位长度、奇偶校验方式以及数据流量控制等)、状态选择、增强功能的使用及中断配置等。

**1. 初始化程序**

(1) 设置 GPIO 引脚工作于 SCI 模式　SCI-TX 和 SCI-RX 引脚作为处理器的功能复用引脚,可以工作在通用 I/O 模式也可以工作在串口模式,系统上电后默认为通用 I/O 模式。如果使用 SCI 功能,必须对 GPIO 初始化,具体方法如下。

```
void Gpio_select( void)
{   EALLOW
GpioMuxRegs. GPFMUX. bit. SCIRXDA_GPIOF5 = 1;        //配置        SCI-RX
GpioMuxRegs. GPFMUX. bit. SCITXDA_GPIOF4 = 1;        //配置        SCI-TX
EDIS;
}
```

(2) 外设时钟初始化配置　为使 SCI 模块正常工作,必须在系统初始化过程中对 SCI 外设时钟进行配置,并使能 SCI 模块的时钟。

```
void InitSystem( void)
{
EALLOW;
    SysCtrlRegs. WDCR = 0x00AF              //配置看门狗
                        //0x00E8 禁止看门狗,预定标系数 Prescaler = 1
                        //0x00AF 不禁止看门狗,预定标系数 Prescaler = 64
    SysCtrlRegs. SCSR = 0;                //看门狗产生复位
    SysCtrlRegs. PLLCR. bit. DIV = 10;        //配置处理器锁相环,倍频系数为 5
    SysCtrlRegs. HISPCP. all = 0x1;          //配置高速外设时钟分频系数为 2
    SysCtrlRegs. LOSPCP. all = 0x2;          //配置低速外设时钟分频系数为 4
//设置外设时钟,对于不使用的外设,应将其时钟禁止,以降低系统功耗
    SysCtrlRegs. PCLKCR. bit. EVAENCLK = 0;
    SysCtrlRegs. PCLKCR. bit. EVBENCLK = 0;
    SysCtrlRegs. PCLKCR. bit. SCIAENCLK = 1;
    SysCtrlRegs. PCLKCR. bit. SCIBENCLK = 0;
```

```
SysCtrlRegs. PCLKCR. bit. MCBSPENCLK = 0;
SysCtrlRegs. PCLKCR. bit. SPIENCLK = 0;
SysCtrlRegs. PCLKCR. bit. ECANENCLK = 0;
SysCtrlRegs. PCLKCR. bit. ADCENCLK = 0;
EDIS;
}
```

（3）SCI 通信控制寄存器的配置　配置 SCI 的通信控制寄存器、设置波特率。在器件时钟频率确定的情况下，使用 16 位的波特率选择寄存器设置 SCI 的波特率。

```
void SCI_Init( void)
{
    SciaRegs. SCICCR. all  = 0x0007;        //1 位停止位,无循环模式,
                                            //无极性,字符长度8 位,空闲线模式
    SciaRegs. SCICTL1. all  = 0x0003;       //使能 TX、RX、内部 SCICLK,
                                            //禁止 RX ERR、SLEEP、TXWAKE
    SciaRegs. SCIHBAUD  = 487 >> 8;         //波特率:9600( LSPCLK = 37. 5MHz)
    SciaRegs. SCILBAUD  = 487&0x00FF;
    SciaRegs. SCICTL1. all  = 0x0023;       //SCI 退出复位
}
```

### 2. 查询方式发送数据程序例程

'28x 系列 DSP 串口支持状态查询和中断两种方式，以下程序采用查询方式完成 DSP 与 PC 的通信，DSP 间隔 2s 向计算机发送"The F2812 - UART is fine!"字符，SCI 的配置为 9600bit/s，数据长度 8 位，无极性，1 位停止位。在状态查询方式下主要通过检测发送寄存器的状态标志是否为零来判断发送器的工作状态。

```
#include" DSP281x_Device. h"              //使用的函数声明
void Gpio_select( void);
void InitSystem( void);
void SCI_Init( void);
void main( void)
{
    char message[ ] = { "The F2812 - UART is fine! \n\r"};
int index =0;
long i;
InitSystem( );
Gpio_select( );
SCI_Init( );
While( 1)
{  SciaRegs. SCITXBUF = message[ index ++ ];
    While( SciaRegs. SCICTL2. bit. TXEMPTY = =0);
                        //状态检测,等待发送标志为空
    EALLOW;
    SysCtrlRegs. WDKEY = 0X55;           //看门狗控制
```

```
        SysCtrlRegs. WDKEY = 0xAA;
        EDIS;
        If( index > 26 )
{    Index = 0;
        For( i = 0;i < 15000000;i ++ )                    //软件延时。近似 0.2s
            {
              EALLOW;
              SysCtrlRegs. WDKEY = 0X55;                  //看门狗控制
              SysCtrlRegs. WDKEY = 0xAA;
              EDIS;
            }
        }
    }
}
```

☼　注意：无论采用查询或中断方式，都需要将发送的数据预先存放到发送缓冲寄存器
SCITXBUF 中。由于在传送时，数据位少于 8 位时左侧将被忽略，因此发送数
据时必须右侧对齐。数据从 SCITXBUF 转移到 TXSHF 中后，发送移位寄存器
TXRDY 位将置标志位 1（SCICTL2. 7），同时该数据发送也会产生一个中断。

### 3. SCI 接收数据程序例程

以下例程实现 DSP 通过 SCI 从计算机接收数据 "Texas"，并向计算机发送"Instruments"
的操作，SCI 配置为 9600bit/s，数据长度 8 位，无极性，1 位停止位，SCI-TX-FIFO 存放 16
字节。发送缓冲器空时触发 SCI-TX INT 中断，CPU 定时器 0 中断触发第一次传输。

```
#include" DSP281x_Device. h"
void Gpio_select( void );
void SpeedUpRevA( void );
vod InitSystem( void );
void SCI_Init( void );
interrupt void SCI_TX_isr( void );
interrupt void SCI_RX_isr( void );
char message[ ] = { " Instruments \n \r" };
void main( void )
{
    InitSystem( );                              //初始化 DSP 内核寄存器
    Gpio_select( );                             //配置 GPIO 复用功能寄存器
    InitPieCtrl( );                             //调用外设中断扩展初始化单元
    InitPieVectTable( );                        //初始化 PIE vector 中断向量
    EALLOW;                                     //解除寄存器保护
    PieVectTable. TXAINT = &SCI_TX_isr;
    PieVectTable. RXAINT = &SCI_RX_isr;
```

```
        EDIS;                                   //使能寄存器保护
        PieCtrlRegs. PIEIER9. bit. INTx2 = 1;   //使能 PIE 中的 SCI_A_TX_INT 中断
        PieCtrlRegs. PIEIER9. bit. INTx1 = 1;   //使能 PIE 中的 SCI_A_RX_INT 中断
        IER | = 0x100;                          //使能 CUP INT9
        EINT;                                   //全局中断使能 INTM
        ERTM;                                   //使能实时调试中断 DBGM
        SCI_Init();
        While(1)
            {
            EALLOW;
            SysCtrlRegs. WDKEY = 0x55;          //看门狗控制
            SysCtrlRegs. WDKEY = 0xAA;
            EDIS;
            }
}
void SCI_Init( void)
{
SciaRegs. SCICCR. all  = 0x0007;               //1 位停止位,无循环模式,无极性,
                                               //字符长度 8 位,异步模式,空闲线协议
SciaRegs. SCICTL1. all  = 0x0003;             //使能 TX、RX、内部 SCICLK,
                                               //禁止 RX ERR、SLEEP、TXWAKE
SciaRegs. SCIHBAUD  = 487  >>  8;             //波特率:9600bit/s( LSPCLK = 37. 5MHz)
SciaRegs. SCILBAUD  = 487 & 0x00FF;
SciaRegs. SCICTL2. bit. TXINTENA = 1;         //使能 SCI 发送中断
SciaRegs. SCICTL2. bit. RXBKINTENA = 1;       //使能 SCI 接收中断
SciaRegs. SCIFFTX. all  = 0xE060;             //配置 SCIFIFO 发送寄存器
SciaRegs. SCIFFRX. all  = 0xE065;             //Rx 中断设置为 5
SciaRegs. SCICTL1. all  = 0x0023;             //SCI 退出复位
}
interrupt void SCI_TX_isr( void)              //SCI_A 发送中断服务程序
{
int i;
for( i = 0; i  <  16; i ++ )
SciaRegs. SCITXBUF  = message[ i];            //发送字符串
PieCtrlRegs. PIEACK. all  = 0x0100;           //响应中断
}
Interrupt void SCI_RX_isr( void)              //SCI 接收中断服务程序
{
    int i;
char buffer[ 16];
for( i = 0; i  < 16; i ++ )  buffer[ i] = SciaRegs. SCIRXBUF. all;
if ( strncmp( buffer,"Texas",5)  == 0)
```

```
{
    SciaRegs. SCIFFTX. bit. TXFIFOXRESET = 1;
    SciaRegs. SCIFFTX. bit. TXINTCLR = 1;
}
SciaRegs. SCIFFTX. bit. RXFIFORESET = 0;        //复位 FIFO 指针
SciaRegs. SCIFFTX. bit. RXFIFORESET = 1;        //使能操作
SciaRegs. SCIFFTX. bit. RXFFINTCLR = 1;         //清除 FIFO INT 中断标志
PieCtrlRegs. PIEACK. all = 0x01001;             //响应中断
}
```

## 本章重点小结

　　本章介绍了′28x 系列 DSP 的片内外设 SCI 模块。SCI 模块有 1 个发送器（TX）和 1 个接收器（RX）。发送器包含 SCITXBUF 寄存器、TXSHF 寄存器和 SCITXD 引脚。SCITXBUF 是发送数据缓冲寄存器，存放要发送的数据；TXSHF 是发送移位寄存器，SCITXBUF 将数据传输给 TXSHF，TXSHF 将数据移位到 SCITXD 引脚上，每次移 1 位数据；在 FIFO 使能的情况下，SCITXBUF 从 TX FIFO 中获得需要发送的数据。接收器包含 SCIRXBUF 寄存器、RXSHF 寄存器和 SCIRXD 引脚。来自 SCIRXD 引脚的数据先逐位移入寄存器 RXSHF，RXSHF 将这些数据传输给 SCIRXBUF，SCIRXBUF 是接收数据缓冲寄存器，存放 CPU 读取的数据，如果 FIFO 使能，SCIRXBUF 会将数据加载到 RX FIFO 队列中，CPU 再从 FIFO 的队列中读取数据。数据的接收和发送都可以通过查询方式或中断方式进行，文中给出查询方式和中断方式接收或发送数据的例程，可供读者参考。正确设置波特率是 SCI 通信的重要操作，本章详细介绍了波特率的计算方法和波特率寄存器的设置方法；DSP 通过对 SCI 寄存器的设置来实现对 SCI 的控制，本章对所有 SCI 寄存器做了介绍，读者在编程时可以查阅寄存器每一位的功能意义。对于 SCI 模块的使用，文中给出了硬件电路图和软件例程，包括初始化、时钟设置、波特率设置、数据接收和数据发送等程序。

## 习　　题

　　9-1　比较 SCI 与 SPI 两种串行通信的异同。

　　9-2　假设 DSP 系统时钟为 100MHz，SCI 通信波特率为 9600bit/s，试编写波特率设置程序片段。

　　9-3　采用查询方式从 SCI 接口发送 10 个数据，编写发送数据子程序。

　　9-4　采用中断方式从 SCI 接口接收数据，编写接收数据子程序。

　　9-5　比较 RS-232 与 RS-485 串行通信的异同，列举两种通信标准所用的芯片。

　　9-6　试设计′28x 系列 DSP 与 51 单片机的串行通信接口电路，能够实现符合 RS-232 标准的全双工通信。

　　9-7　设计 DSP 与 PC 之间采用 RS-485 标准的通信系统，画出硬件电路，编写软件流程图。

　　9-8　设计程序，完成以下功能：每次完成 A-D 转换后，将数据以串行通信方式传送至上位机。

# 第 10 章　DSP 系统电路设计基础

## 本章课程目标

本章介绍 DSP 系统电路设计基础，包括 DSP 最小系统电路、存储器扩展电路、基本输入输出电路、模-数转换和数-模转换接口电路，以及 DSP 系统电路布局的基本准则。

本章课程目标：掌握 DSP 系统电路设计基本方法，能够根据系统要求设计 DSP 系统的电源电路、时钟电路、复位电路、仿真接口电路、外部存储器扩展电路、基本输入输出等接口电路。

TMS320x28x 芯片具有高性能的 CPU（时钟频率达到 100MHz 以上）和高速外围设备，采用 CMOS 处理技术，系统功耗很低，这些特性都增加了 DSP 系统目标板设计的难度和复杂性。本章将介绍典型的 TMS320F28x DSP 目标板结构，时钟电路的设计，复位电路、电源电路、通用输入/输出端口电路、扩展 ADC 接口电路、JTAG 仿真调试接口电路设计和电路板布局等，并给出 TMS320F281x 最小系统的硬件电路实例。

典型的 TMS320F28x 系统如图 10-1 所示。主要包括 DSP 芯片、电源管理电路、模拟输入信号处理电路、时钟电路、复位电路、各类通信接口电路、数字信号输出接口电路、外部存储器扩展电路、PWM 输出驱动电路，以及与系统相关的外部电路等。

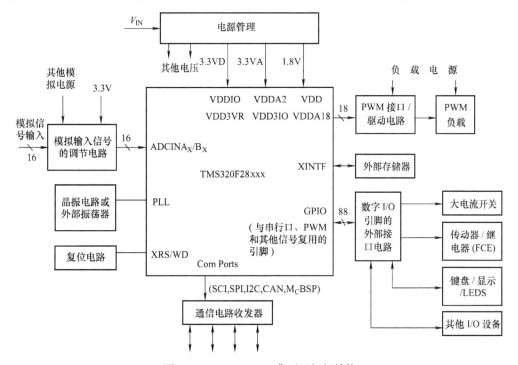

图 10-1　TMS320F28x 典型目标板结构

# 10.1 DSP 最小系统电路设计

DSP 最小系统电路包括电源管理电路、复位电路、仿真接口 JTAG 电路和时钟电路等，TMS320F2812 最小系统的典型电路如图 10-2 所示，采用 +5V 的直流电源 VCC 供电，由电源电路分别产生 3.3V 和 1.8V 电源，经解耦电路后为 DSP 芯片供电，复位电路采用手动复位，并对电源进行监控，当电源下降至门限值时自动复位。JTAG 电路提供仿真和程序下载，晶振电路提供系统时钟。

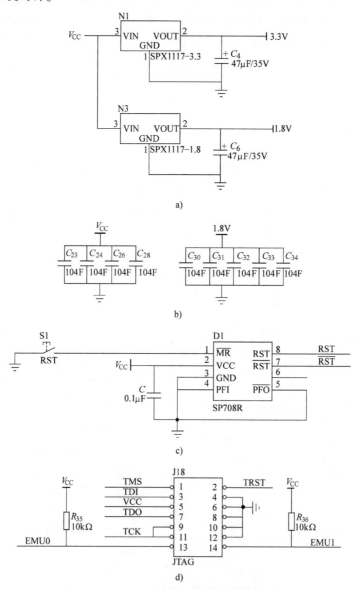

图 10-2 TMS320F2812 最小系统典型电路图

a) 电源电路 b) 解耦电容电路 c) 复位电路

d) JTAC 电路

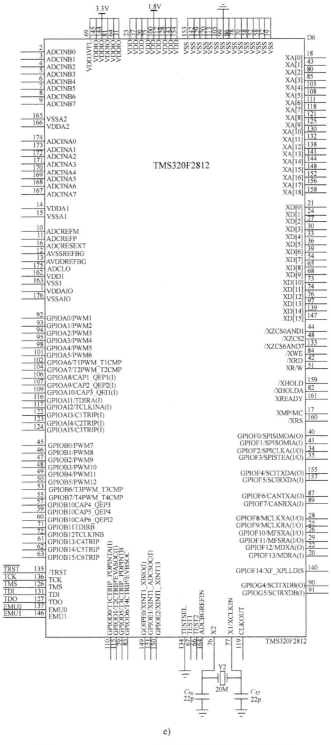

e)

图 10-2　TMS320F2812 最小系统典型电路图（续）

e）DSP 最小系统主电路

### 10.1.1　时钟电路设计

时钟电路用来为 DSP 芯片提供时钟信号，由一个内部振荡器和一个锁相环 PLL 组成，可以通过晶振电路或外部的时钟驱动。

为 DSP 芯片提供时钟一般有两种方法，一种是利用 DSP 芯片内部的振荡器构成时钟电路，另一种方法是使用外部时钟。内部时钟电路如图 10-3 所示。使用内部振荡器产生的基本输入时钟频率范围在 $20 \sim 35\mathrm{MHz}$，片内的锁相环（PLL）对这个输入时钟进行倍频，提供更大范围的系统时钟。晶振的负载电容由外部电容 $C_1$ 和 $C_2$ 构成，负载电容的值过大或过小都不能使电路可靠工作，一般地，选择负载电容值为 12pF 左右，由于电路板存在分布电容，$C_1$ 和 $C_2$ 的实际值可以比计算值低。

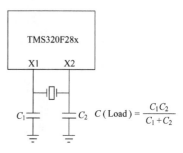

图 10-3　内部时钟电路

当系统中有其他设备也需要同一个时钟信号时，可以选择 DSP 芯片的时钟输出信号（XCLKOUT）或使用 PWM 模块来产生所需的时钟信号。由于 DSP 通常并不工作在晶振频率，因此可以选择外部时钟源，电路如图 10-4 所示。外部时钟源的频率可以是 CPU 能够工作的最高频率（SYSCLKOUT）。选择外部时钟时，除了考虑时钟的频率外，还要考虑稳定性、变压误差、上升和下降时间、占空比，信号电平等因素，只有 F280x 和 F28xxx 器件能接受幅值为 $V_{\mathrm{DD}}$（1.8V/1.9V）或 3.3V 的外部时钟信号。X1 或 XCLKIN 引脚应接地，否则可能会导致时钟频率不正确。F281x 器件的 X1 和 XCLKIN 共用同一个引脚，X2 不用时，必须悬空；输入的时钟信号电平应该在 $0 \sim V_{\mathrm{DD}}$（1.8/1.9V）之间，如果时钟电平为 3.3V，则需通过 $3.3 \sim 1.8\mathrm{V}$ 的电平转换电路。

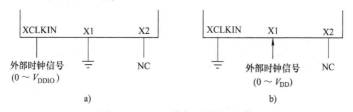

图 10-4　DSP 外部时钟源电路

a）3.3V 外部晶振　b）1.8V/1.9V 外部晶振

CPU 可以工作的时钟频率范围很大，CPU 的工作时钟频率越高，系统的功耗也会越大。所有外围设备所需的时钟都可以从 CPU 的时钟获得。XCLKOUT 引脚可以输出时钟信号，这个时钟信号是由 SYSCLKOUT 产生的，可以作为通用的时钟源，产生外部等待状态，也可以用来测试 CPU 的时钟频率以确保 PLL 正常工作。复位时，XCLKOUT = SYSCLKOUT/4，正常工作时输出时钟可以设置成与 SYSCLKOUT 相同。XCLKOUT 引脚在内部既未上拉也未下拉，驱动电流为 8mA。如果输出时钟不用，可以通过将 XINTF 寄存器的 XCLKOFF 位置 "1" 来关断，以减小功耗。

　注意：即使 XCLKOUT 引脚不用，也一定不要把它接地。可以通过将 XINTF 寄存器的 XCLKOFF 位置 "1" 来关断。

## 10.1.2　复位电路设计

TMS320F281x 的复位输入引脚$\overline{\text{XRS}}$为处理器提供了复位信号输入和看门狗复位信号输出。热复位脉冲宽度是晶振周期的 8 倍，但上电复位时脉冲宽度则需要大得多，考虑到 $V_{\text{DD}}$ 上升至 1.5V 所需的时间（提高闪存可靠性）和晶振起振所需要的时间，该脉冲宽度至少应在 100ms 以上。当看门狗计数器到达最大计数值时，看门狗电路就会产生一个宽度为 512 个晶振周期的脉冲，这个看门狗复位信号输出到$\overline{\text{XRS}}$引脚，对 CPU 复位。$\overline{\text{XRS}}$引脚的输出缓冲是漏极开路门，有内部上拉电路（典型值是 100μA），因此最好选择具有上拉电路的器件来驱动这个引脚。

复位电路如图 10-5 所示，利用 $RC$ 电路的延迟特性来产生复位所需的低电平时间。上电时，由于电容上的电压不能突变，$\overline{\text{XRS}}$ 引脚保持低电平，芯片处于复位状态。电源通过电阻 $R$ 对电容充电，充电时间常数由 $R$ 和 $C$ 的乘积决定，复位时间根据式（10-1）估算。设 $V_{\text{C}} = 1.5\text{V}$ 为阈值电压，选择 $R = 47\text{k}\Omega$，$C = 4.7\mu\text{F}$，电源电压为 3.3V，可得复位时间 $t = 134\text{ms}$。图 10-5 中开关可以对处理器进行手动复位，开关闭合时，电容 $C$ 通过开关和电阻 $R_1$ 进行放电，使电容上的电压降为 0，当开关断开时，电容 $C$ 的充电过程与上电复位过程相同，从而实现手动复位。

$$t = -RC\ln\left[1 - \frac{V_{\text{C}}}{V_{\text{DD}}}\right] \tag{10-1}$$

由于 TMS320F2812 是多电源系统，为了保证芯片内各个模块可靠地工作，需要对芯片电源实行监控，一旦电源下降至门限，就要保证正确复位，因此也可以采用专用的电源监控芯片来产生自动复位信号，例如 TI 公司的 TPS3838 就是具有漏极开路低电平复位信号输出的电压监控芯片，可以对 1.8V、2.5V、3.0V、3.3V 进行精确监控。TPS3838 具有防键抖动的手动复位功能，另外通过控制引脚的不同接法，可以产生不同的复位延时时间。由 TPS3838 组成的复位电路如图 10-6 所示。当 CT 与 GND 相连时，复位信号延时为 10ms；当 CT 与 $V_{\text{DD}}$ 相连时，复位信号的延时为 200ms。TPS3838 对 $V_{\text{DD}}$ 进行监控，当 $V_{\text{DD}}$ 下降至门限值时，RESET 信号就保持低电平；当 $V_{\text{DD}}$ 升至门限值以上时，内部延时电路启动，产生延时。

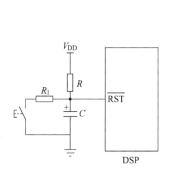

图 10-5　DSP 上电复位和手动复位电路

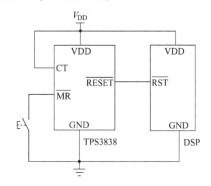

图 10-6　电源监控自动复位电路

## 10.1.3　电源管理电路设计

TMS320F2812 芯片是多电源系统，包括内核电源 $V_{\text{DD}}$，I/O 电源 $V_{\text{DDIO}}$，ADC 模拟电源

$V_{\text{DDA2}}$、$V_{\text{DDAIO}}$，FLASH 编程电源 $V_{\text{DD3VFL}}$，电源地 $V_{\text{SS}}$、$V_{\text{SSIO}}$，ADC 模拟地 $V_{\text{SSA2}}$、$V_{\text{SSAIO}}$ 等。为了保证系统正常工作，所有电源引脚都必须正确连接，不允许有电源引脚悬空。内核电源是 1.9V，主要给 CPU、时钟电路及片内外设供电，3.3V 电源主要给 I/O 引脚和 FLASH 编程供电。为了减少电源噪声和相互干扰，数字电路和模拟电路一般要单独供电，数字地和模拟地也要分开，并最终通过一个磁珠在单点连接，如图 10-7 所示。

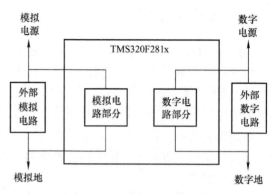

图 10-7　DSP 电源布局示意图

双电源上电时，要考虑加电次序，对于 TMS320F2812，应先给所有 3.3V 的电源引脚上电（$V_{\text{DDIO}}$，$V_{\text{DD3VFL}}$，$V_{\text{DDA1}}$，$V_{\text{DDA2}}$，$V_{\text{DDREF}}$），再接通 1.9V 的内核电源（$V_{\text{DD}}$，$V_{\text{DD1}}$），才能保证上电时正确复位。掉电时，$V_{\text{DD}}$ 下降到 1.5V 之前，系统复位，这样才能保证 $V_{\text{DD}}$、$V_{\text{DDIO}}$ 掉电之前，片内 FLASH 正确复位。因此在 TMS320F2812 系统设计中，传统的线性稳压器（如 78XX 系列）不能满足要求，需要增加上下电的顺序控制，TI 公司推出了一些双路低压差的电源调整器，如 TPS767D3xx 系列的芯片，可以满足 DSP 应用系统中的电源管理。由于 TPS767D3xx 系列芯片的输入电压和输出电压的压差非常小（如 TPS767D325 在输出电流 1A 时压差仅为 350mV），而且静态电流非常小（通常为 85μA），因此非常适用于电池供电的系统。

图 10-8 所示为 TPS767D301 组成的双电源电路，其中一路电源固定为 3.3V，另一路为可调电压，通过调节分压电阻，产生 1.9V 电源。

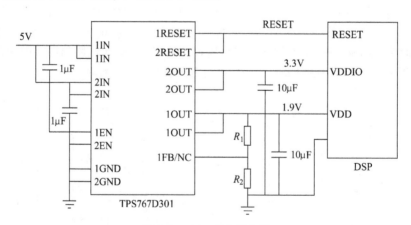

图 10-8　DSP 双电源电路

可调的输出电压由式（10-2）决定：

$$V_{\text{O}} = V_{\text{REF}} \left( 1 + \frac{R_1}{R_2} \right) \tag{10-2}$$

式中，$V_{\text{REF}} = 1.834\text{V}$，$R_1$ 和 $R_2$ 的取值应保证通过它们的电流约为 50μA，推荐 $R_2 = 30.1\text{k}\Omega$，典型电压输出时取样电阻值见表 10-1。

表 10-1　TPS767D301 输出电压与取样电阻

| 输出电压/V | $R_1/\text{k}\Omega$ | $R_2/\text{k}\Omega$ |
|---|---|---|
| 1.9 | 18.2 | 30.1 |
| 2.5 | 33.2 | 30.1 |
| 3.3 | 61.9 | 30.1 |

## 10.1.4　调试和仿真接口电路设计

对 DSP 目标板的仿真调试需要通过 DSP 仿真器进行，DSP 仿真器通过 DSP 芯片上提供的扫描仿真引脚实现仿真。DSP 仿真头共 14 根信号线，采用五个符合标准的 IEEE1149.1-1990（JTAG）信号，即 $\overline{\text{TRST}}$，TCK，TMS，TDI，TDO，以及两个 TI 的扩展接口 EMU0 和 EMU1。JTAG 插头的引脚如图 10-9 所示，其中第 6 引脚在目标板上不要焊插针，因为该引脚在仿真头上已封上，用来确保仿真头方向正确，仿真头在目标板上应尽量靠近 DSP 芯片。JTAG 插头接口引脚功能见表 10-2。

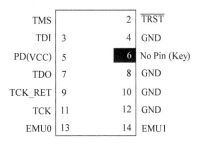

| TMS | | 2 | $\overline{\text{TRST}}$ |
| TDI | 3 | 4 | GND |
| PD(VCC) | 5 | 6 | No Pin (Key) |
| TDO | 7 | 8 | GND |
| TCK_RET | 9 | 10 | GND |
| TCK | 11 | 12 | GND |
| EMU0 | 13 | 14 | EMU1 |

图 10-9　JTAG 接口引脚排列

表 10-2　JTAG 接口引脚功能

| 信号 | 说明 | 仿真器状态 | 目标状态 |
|---|---|---|---|
| EMU0 | 仿真引脚 0 | I | I/O |
| EMU1 | 仿真引脚 1 | I | I/O |
| GND | 地 | | O |
| PD（VCC） | 状态检测，表明仿真线已经连接且目标系统已上电，PD 脚应连到目标系统的 VCC 端 | I | O |
| TCK | 测试时钟。TCK 是取自仿真排线的时钟源。此信号可作为驱动系统的测试时钟 | O | I |
| TCK_RET | 测试时钟返回信号，输入到仿真器的测试时钟 | I | O |
| TDI | 测试数据输入 | O | I |
| TDO | 测试数据输出 | I | O |
| TMS | 测试方式选择 | O | I |
| $\overline{\text{TRST}}$ | 测试复位（不用在 $\overline{\text{TRST}}$ 引脚接上拉电阻，它有内部的下拉装置，在低噪的环境下，$\overline{\text{TRST}}$ 可以设置为浮置状态；在高噪环境下，需要一个附加的下拉电阻，电阻的大小应该依据所要的电流而定。） | O | I |

上电后，$\overline{\text{TRST}}$、EMU0 和 EMU1 信号的状态决定了器件的操作方式，只要器件有足够的电源，操作方式就会马上被启动。在 $\overline{\text{TRST}}$ 信号上升时，EMU0 和 EMU1 信号在上升沿被采样，并且锁存操作方式。JTAG 仿真接口的电路如图 10-10 所示。

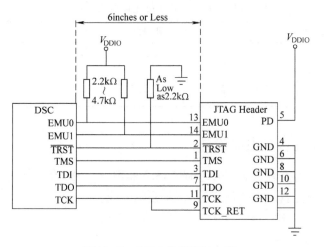

图 10-10　JTAG 仿真接口电路

当目标板上有更多的器件需要 JTAG 接口时，可以采用菊花链的结构共享同一个 JTAG 接口，链上器件的所有数据都将以串行方式被扫描到。图 10-11 所示是一种多处理器的连接方法。

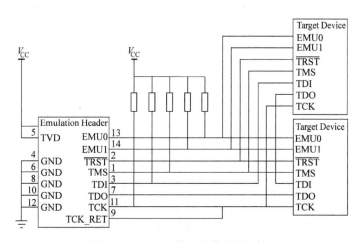

图 10-11　JTAG 接口的菊花链连接

## 10.2　外部存储器扩展电路设计

TMS320F2812 采用程序与数据存储器统一编址的存储体组织形式，同一个存储空间既可以映射为程序空间，也可以映射为数据空间，为用户分配存储器提供了很大的灵活性。TMS320F2812 提供了外部存储器接口，这些存储空间又分为 5 个不同的区（ZONE0、1、2、6、7），其中 ZONE0 和 1 共用一个片选信号，ZONE6 和 7 共用一个片选信号，各空间可以独立设置等待、选择、建立和保持时间，所有空间共享 19 位的外部地址总线，处理器根据访问的空间产生相应的地址。由于 2812 本身具有大容量 Flash，所以一般不必外扩 ROM，外部 RAM 可以根据需要进行扩充。如果器件的速度低于处理器的速度，就要加入软件等待状态；如果软件等待状态还不能满足要求，就要通过硬件（XREADY 引脚）插入等待周期。

在设计制版时应尽量将扩展的存储器靠近处理器，缩短信号在总线上传递的距离。XINTF 是高性能的缓冲，能支持 35pF 的负载。

SRAM 是 DSP 最常用的外围存储设备，它具有接口简单、读写速度快等优点，常用的 SRAM 芯片有 IDT7128、CY7C1024、CY7C1021 等。下面以 CY7C1041BV33 为例介绍 TMS320F2812 扩展外部存储器的电路设计。CY7C1041BV33 的容量为 256K × 16 位，是高速度低功耗的 CMOS 静态 RAM。其真值表见表 10-3。

**表 10-3　CY7C1041BV33 真值表**

| $\overline{CE}$ | $\overline{OE}$ | $\overline{WE}$ | $\overline{BLE}$ | $\overline{BHE}$ | $I/O_{0-7}$ | $I/O_{8-15}$ | 工作模式 |
|---|---|---|---|---|---|---|---|
| H | X | X | X | X | 高阻态 | 高阻态 | 未选中，掉电状态 |
| L | L | H | L | L | 数据输出 | 数据输出 | 读所有位 |
| L | L | H | L | H | 数据输出 | 高阻态 | 读低位 |
| L | L | H | H | L | 高阻态 | 数据输出 | 读高位 |
| L | X | L | L | L | 数据输入 | 数据输入 | 写所有位 |
| L | X | L | L | H | 数据输入 | 高阻态 | 写低位 |
| L | X | L | H | L | 高阻态 | 数据输入 | 写高位 |
| L | H | H | X | X | 高阻态 | 高阻态 | 选中，未使能输出 |

图 10-12 给出了 CY7C1041BV33 与 DSP 的接口电路。CY7C1041BV33 采用 3.3V 电源，因此不需要电平转换，可以和 TMS320F2812 芯片直接连接；地址线和数据线对应相连；DSP 的写控制 $\overline{XWE}$ 连至 CY7C1041BV33 的 $\overline{WE}$，DSP 的读控制 $\overline{XRD}$ 连至 CY7C1041BV33 的 $\overline{OE}$，DSP 的最高位地址线 XA18 和空间 2 的片选信号 $\overline{XZCS2}$ 通过正或门产生一个片选信

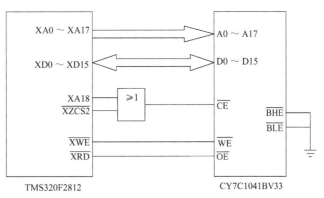

图 10-12　扩展存储器电路

号连至 CY7C1041BV33 的 $\overline{CE}$，在空间 2 上扩展存储器；CY7C1041BV33 的字节选通信号 $\overline{BLE}$ 和 $\overline{BHE}$ 都接地，每次读写都是 16 位的数据。

## 10.3　通用输入/输出电路设计

通用输入/输出（GPIO）引脚是多路复用的引脚，每个 GPIO 引脚都可以作为数字输入/输出端口或外设端口，其输出缓冲驱动电流通常为 4mA；对 F281x 器件，GPIO 引脚上的最大频率是 20MHz。在复位时，GPIO 被定义为输入，由于所有 F28x 器件都采用 CMOS 工艺，因此输入引脚可以通过上拉电阻（1kΩ 至 10kΩ）连至 $V_{CC}$ 或通过下拉电阻连至 GND，以确定输入状态。也可以将 GPIO 引脚定义为输出并悬空。

在实际应用中，许多 DSP 系统需要输入/输出接口，例如键盘、显示器作为常用的输入/输出设备得到广泛的应用。当输入/输出端口的负载超过 4mA 时，需要配置适当的缓冲设备，例如驱动直流继电器、发光二极管等，下面将分别介绍。

☼ 注意：GPIO 在实际应用中是最常用的设备之一，设计时需要注意驱动能力、电平匹配、频率等参数，以及端口不用时的处理方法。

### 10.3.1　DSP 系统中的键盘电路设计

键盘是常用的输入设备，实现数据和命令的输入，键盘由若干个按键组成开关阵列。键盘主要有编码键盘和非编码键盘两种。非编码键盘分为独立式按键和行列式非编码键盘，在软件的配合下产生按键闭合的键码，非编码键盘硬件电路简单，广泛应用于各种微处理器组成的系统中。

**1. 独立式按键**

独立式按键就是各个按键相互独立，每个按键单独占用一根 I/O 口线，每根 I/O 口线的按键工作状态不会影响其他 I/O 口线上的工作状态，因此通过检测输入线的电平状态可以很容易判断哪个按键被按下。独立式非编码键盘电路设计如图 10-13 所示，当某个键被按下时，对应的 I/O 口线上就出现低电平。独立式按键的硬件电路很简单，软件结构也很简单，适用于按键较少或操作速度较高的场合；由于每个按键需占用一根 I/O 口线，在按键数量较多时，占用 I/O 口较多，电路结构也显得复杂，可以采用行列式电路设计。

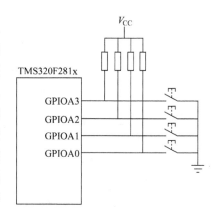

图 10-13　DSP 与独立键盘电路

**2. 行列式非编码键盘**

行列式非编码键盘适用于按键数量较多的场合，由行线和列线组成，按键位于行列的交点上，可以通过两个锁存器来扩展行选通信号和列选通信号。列线一端通过上拉电阻接到电源上，另一端通过锁存器输入到 DSP 数据端口。行线通过锁存器接收 DSP 数据端口输出。无键按下时，列线处于高电平状态；有键按下时，列线电平状态由与此列线相连的行线电平决定：行线电平为高，则列线电平为高；行线电平为低，则列线电平为低。行和列锁存器都作为 DSP 的外部存储器进行连接和使用。常用的锁存器芯片如 SN74HC573，采用的电源在 2 ~ 7V 之间，可以和 TMS320F281x 芯片直接连接，无须电平转换。

采用 SN74HC573 锁存器的行列式键盘与 DSP 的连接电路如图 10-14 所示，行锁存器为输出口，作为写键盘端口，地址为 WKEY = BFFFH；列锁存器为输入口，作为读键盘端口，地址为 RKEY = 7FFFH。

DSP 在查询按键请求时，首先确定是否有键按下。DSP 从写键盘端口输出"00000"到键盘的行线，然后通过读键盘端口输入，检测键盘的列线信号。若输入的列信号为"111"，则表示没有键按下；否则就是有键按下。

如果有按键请求，DSP 就要通过行扫描确定按键的位置。行扫描是依次向每条行线输出"0"信号，其余行线保持"1"信号，然后通过读键盘端口检测列线信号。设每次给行线输出的信号为行代码 X$i$，检测到的列线信号为列代码 Y$i$，则图示各行的行代码依次为 X0 = 11110，X1 = 11101，X2 = 11011，X3 = 10111，X4 = 01111；若某行有键按下，在扫描到该行时，从读键盘端口检测到的相应列线信号为"0"，其余列信号为"1"。扫描结束后，列信号不全为"1"时所对应的行代码和列代码就表示按键的位置。图中电路有键按下时的各列代码分别为 Y0 = 110，Y1 = 101，Y2 = 011。例如图中行列式键盘的左上角按键请求时，扫描得到的行

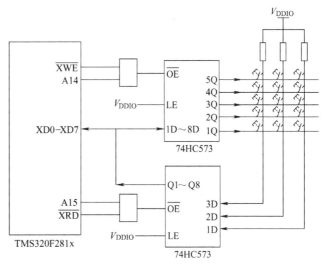

图 10-14　DSP 与行列式非编码键盘电路

列代码应分别是 X4 和 Y2，而键盘右下角按键请求产生的行列代码分别是 X0 和 Y0。

　　如果 I/O 口线比较充裕，行列式非编码键盘也可以直接连接在 I/O 口线，不需要通过锁存器，在输出行扫描信号适当延时后读取列信号。

　　非编码键盘需要软件消除键抖动，按键开关的抖动时间一般为 5～10ms。抖动过程引起电平信号的波动，会使 CPU 进行多次按键操作，从而引起误处理。按键的消抖，通常有软件和硬件两种方法。如果按键较多，硬件消抖将无法胜任，常采用软件消抖，即采用软件延时的方法：在第一次检测到有键按下时，执行一段延时约 10ms 的子程序后，再次检测按键请求状况，如果两次检测结果相同，则确认有键按下，进行相应处理工作，否则放弃本次检测结果，重新检测。

### 3. 编码键盘电路

　　编码键盘电路具有识别按键闭合产生键码的硬件电路，当有按键闭合时，硬件电路就产生相应的键码并输出一个脉冲。编码键盘使用方便，但硬件电路比较复杂，常用的编码键盘控制芯片有 BC8271、HD7279 等，可以连接多达 64 个键的键盘，内部具有去抖动功能，同时能驱动 8 个数码管或 64 个独立的 LED。下面以 HD7279 为例介绍 DSP 系统中编码键盘电路设计。

　　HD7279 具有串行接口，能控制键盘智能控制芯片 8 位 LED 数码管及 64 键，内部含有译码器，可直接接受 BCD 码或十六进制码，HD7279 具有片选信号，可方便地实现多于 8 位的显示或多于 64 键的键盘接口，内含去抖动电路。当 HD7279 检测到有效的按键时，$\overline{\text{KEY}}$ 引脚从高电平变为低电平，并一直保持到按键结束。在此期间，如果 HD7279 收到"读键盘数据指令"，则输出当前按键的键盘代码；如果没有有效按键，HD7279 将输出 FFH。

　　HD7279 采用串行方式与微处理器通信，串行数据从 DATA 引脚送入芯片，并由 CLK 端同步。当片选信号变为低电平后，DATA 引脚上的数据在 CLK 引脚的上升沿被写入 HD7279 的缓冲寄存器。HD7279 在 DSP 系统中的电路如图 10-15 所示。

　　上图电路中无须用到的键盘可以不连接，8 个下拉电阻与 8 个位选电阻（连接位选线 DIG0-7 的电阻）取值应满足一定的比例关系，下拉电阻应是位选电阻的 5～10 倍，在不影响显示的前提下应尽量减小下拉电阻值，可以提高键盘的抗干扰能力。HD7279 需要外接 RC

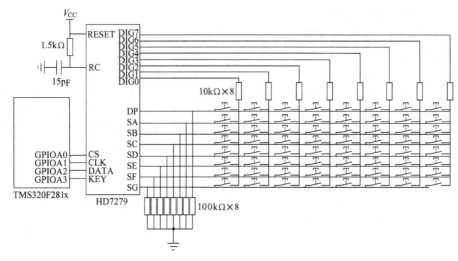

图 10-15 DSP 与编码键盘电路

振荡电路, 典型值为 $R = 1.5\text{k}\Omega$, $C = 15\text{pF}$, 在布线时, 振荡电路的元件应尽量靠近 HD7279, 使电路连线最短。HD7279 的复位端 RESET 可以直接与正电源连接, 或由处理器控制。

## 10.3.2 DSP 系统的显示电路设计

### 1. 发光二极管电路

发光二极管 (LED) 是 DSP 系统中常用的显示器件, 当 LED 较少时, 可以直接通过 GPIO 引脚来控制 LED 信号, 电路如图 10-16 所示, 当 I/O 口输出低电平信号时, 对应 I/O 口线上的 LED 就会发光, 与 LED 串联的限流电阻阻值根据 LED 的电流参数确定。

### 2. 数码管电路

LED 数码管的实质是由多只 LED 按一定的结构排列成 "8" 字形, 每一个 LED 称为一段, 将每一段的电极分别引出, 点亮位置不同的 LED 来显示 0 ~ 9 的数字。LED 数码管结构如图 10-17 所示。

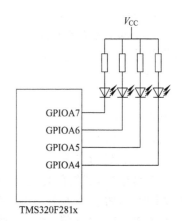

图 10-16 LED 显示电路

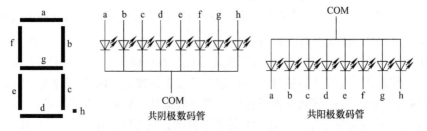

图 10-17 数码管结构示意图

数码管分为共阴极和共阳极两类, 将组成数码管的所有 LED 的阴极连在一起形成公共端为共阴极数码管, 将组成数码管的所有 LED 的阳极连在一起形成公共端为共阳极数码管。两者发光原理相同, 因为电源极性不同, 所以控制信号不同。以共阴极数码管为例, 将阴极接地，在相应段的阳极上接上高电平，该段即会发光。数码管的控制类似于 LED，DSP 控制单个数码管的电路连接如图 10-18 所示。例如要显示数字"2"，则对应 a、b、g、e、d 信号线为低电平，c、f、h 信号线为高电平，即在相应的 I/O 口线上输出"10100100"。

当数码管个数较多时，就要占用较多的 I/O 端口资源，这时可以采用动态扫描技术。电路如图 10-19 所示。

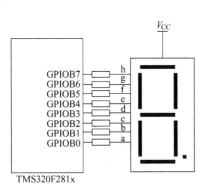
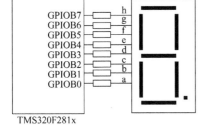

图 10-18　DSP 与单个数码管的连接电路

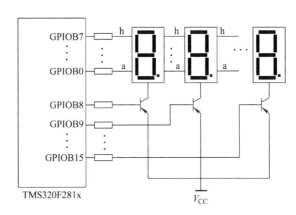

图 10-19　DSP 动态扫描显示电路

图中 8 个数码管的段信号线并接在一起，占据 8 个 I/O 口线，由 GPIOB0～7 控制字段输出；各位数码管的共阳极接到 I/O 口，由 GPIOB8～15 来实现 8 位数码管的位输出控制。这样，对于一组数码管动态扫描显示需要两组信号来控制：一组是字段输出口输出字形代码，控制显示的字形，称为段码；另一组是位输出口输出控制信号，用来选择第几位数码管工作，称为位码。由于各位数码管的段线并联，段码的输出对各位数码管来说是相同的，因此，在同一时刻如果所有数码管都选通的话，就会显示相同的字符。要使各位数码管显示与本位对应的字符，必须采用扫描显示方式，即在某一个时刻，只让某一位数码管被选通，段线上同时输出该位要显示的字符代码，其余的数码管处于关闭状态，这样在某一时刻就只有一位数码管输出显示了，在下一时刻，让下一个数码管选通显示，如此循环往复，可以使每一位数码管都显示对应的字符。虽然每个数码管在不同的时刻显示，利用人眼视觉的暂留效应，只要每位数码管显示间隔足够短，人眼就能看到连续稳定的显示。数码管不同位的显示时间间隔可以通过调整延时时间常数来实现，延时过长，数码管显示会出现闪烁，延时过短，数码管显示会偏暗，通常取延时为几毫秒。

### 3. 液晶显示器电路

液晶显示器（LCD）具有低损耗、低价格、寿命长、接口方便等优点，是数字系统中的重要显示设备，一般通过液晶显示控制器来实现控制。下面以液晶显示控制器 SED1335 为例介绍液晶显示电路的设计。SED1335 液晶控制器是 EPSON 公司的产品，在同类产品中功能较强，有较强功能的 I/O 缓冲器，指令功能丰富，四位数据并行发送，最大驱动能力达 $640 \times 256$ 点阵，图形和文本方式混合显示。SED1335 的硬件结构可分为微处理器接口部分、内部控制部分和 LCD 驱动部分。其中微处理器接口部分由指令输入缓冲器、数据输入缓冲器、数据输出缓冲器和标志寄存器组成，通过引脚的电平设置，可以选择识配 8080 系列和 6800 系列微处理器的两种操作时序电路；控制部分由振荡器、功能逻辑电路、显示 RAM 管理电路、字符库及其管理电路和产生驱动时序的时序发生器等组成；LCD 驱动部分具有各显示区合成显示能力，传输数据的组织功能及产生液晶显示模块需要的时序。

SED1335 与微处理器的接口包括以下引脚：

D0 ~ D7：三态数据总线，挂在微处理器的数据总线上。

$\overline{\text{CS}}$：输入，片选信号，低电平有效。当微处理器访问 SD1335 时，将其置低。

A0：输入，I/O 缓冲器选择信号，A0 = 1 时写指令和读数据，A0 = 0 时写数据参数和读忙标志。

$\overline{\text{RD}}$：输入，对 8080 系列微处理器接口为读操作信号；对 6800 系列微处理器接口为使能信号。

$\overline{\text{WR}}$：输入，写操作信号。

DSP 与 SED1335 的接口电路如图 10-20 所示，用 DSP 的 GPIO 端口控制 SED1335，通过软件编程来产生 SED1335 的接口时序。

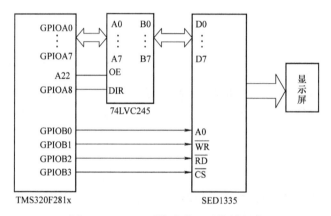

图 10-20　DSP 系统液晶显示控制电路

TMS320F281x 的 GPIOA0 ~ 7 用作数据接口，与液晶显示模块的数据线连接，完成数据传送；GPIOB3 与 $\overline{\text{CS}}$ 相连，访问 SED1335 时，GPIOB3 输出低电平；GPIOB1 与 $\overline{\text{WR}}$ 连接，写 SED1335 时，GPIOB1 输出低电平；GPIOB2 与 $\overline{\text{RD}}$ 相连，读 SED1335 时，GPIOB2 输出低电平；GPIOB0 与 A0 连接，通过向 GPIOB0 写 0 或 1，与 GPIOB1 和 GPIOB2 配合实现对 SED1335 指令输入缓冲器、数据输入缓冲器、数据输出缓冲器和标志寄存器的访问。

### 10.3.3　DSP 系统中缓冲、隔离与驱动电路设计

当 DSP 器件与外部器件连接时通常采用缓冲器来增加 DSP 芯片的驱动能力和实现电平转换等。由于 DSP 的通用输入输出引脚输出电流较小，当负载所需的电流较大时，需要增加缓冲器以提高驱动能力；又因 DSP 芯片大多采用 +3.3V 电源，而许多其他逻辑芯片采用 +5V 电源，DSP 的输出信号可以直接连接至 +5V 供电的外部元件，但是考虑 DSP 的电压耐受能力，+5V 供电的外部芯片不能直接将输出信号连接至 DSP，需要进行电平转换例如采用 SN74LVC245 缓冲器；当 DSP 控制继电器或电机等元件或设备的电压和电流值都比较大时，为了 DSP 芯片的使用安全和避免尖刺电流对 DSP 系统的干扰，应采用光电隔离电路，

将系统控制核心器件与输入输出电路隔离开；对于需要高电压大电流驱动的负载，可以通过达林顿管（集电极开路门）进行驱动。

**1. 缓冲器电路**

SN74LVC245 是具有三态输出的 8 路双向高速缓冲器，输出电流可达 50mA；采用 +3.3V 电源，耐受 +5V 输入电压，可以直接与 TTL 逻辑电平接口；具有方向控制功能，可以实现双向数据传输。SN74LVC245 在数字电路中常用于缓冲驱动和电平转换，在 DSP 系统中电路连接如图 10-21 所示。

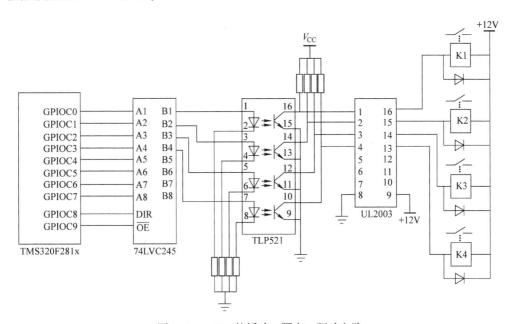

图 10-21　DSP 的缓冲、隔离、驱动电路

**2. 光电耦合电路**

TLP521 是可控制的光电耦合器件（简称光耦），广泛应用于电路之间的信号传输，使之前端与负载完全隔离，增加安全性，减小电路干扰，简化电路设计。图 10-21 中所用的光耦为 TLP521-4，芯片内包含四个独立的光耦，每个光耦由发光二极管接收控制信号，光电晶体管输出控制信号。当 LED 阳极接收到高电平信号，LED 导通发光，使晶体管导通，C 极电位与 E 极电位相同，低电平信号输出至后级电路；当 LED 阳极接收到低电平信号，则高电平信号输出至后级电路。

**3. 高电压大电流驱动电路**

UL2003 是高耐压、大电流的达林顿管阵列，内含 7 个硅 NPN 达林顿管，每一个达林顿管都串联一个 2.7kΩ 的基极电阻，在 +5V 工作电压下能与 TTL 和 CMOS 电路直接相连；UL2003 工作电压高，工作电流大，灌电流可达 500mA，能够在关断时承受 50V 电压，输出还可以在高负载电流时并联运行。

图 10-21 所示电路为继电器控制驱动电路，DSP 输出控制信号经 74LVC245 缓冲、光电隔离和达林顿管电路，提供 500mA 电流，驱动工作电压为 +12V 的继电器工作，继电器两端需反并二极管提供续流电路。如果把达林顿管两路并联连接，则可提供 1A 工作电流。

## 10.4  A - D 与 D - A 接口电路设计

在 DSP 系统中，A - D 转换和 D - A 转换是非常重要的组成部分。典型的 DSP 控制系统中，各种传感器输出的模拟信号经过放大和滤波后，通过 A - D 转换变换成数字信号，输入 DSP 的 CPU 进行分析和运算；CPU 输出的数字信号通过 D - A 转换变成模拟信号后，进行平滑滤波得到连续的模拟波形。

### 10.4.1  片内 ADC 信号接口电路

TMS320F2812 内部的 ADC 模块是一个 12 位带流水线的模-数转换器，模拟输入电压范围是 0 ~ 3V，如果输入 DSP 的信号电压过高（超过 3.3V），会烧毁 DSP 芯片，因此在输入信号进入 DSP 的 ADC 之前，要对信号进行调理，如图 10-22 所示是典型的 ADC 信号与 DSP 接口电路。将要采样的信号经过运放处理，使输入电压在 ADC 正常采样工作电压范围以内，同时调整输入阻抗。没有用到的 ADC 引脚必须接到模拟地（$V_{SS1AGND}$，$V_{SS2AGND}$），否则会引入干扰，影响其他 ADC 信号的性能。

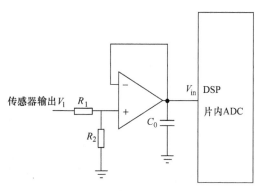

图 10-22  ADC 信号与 DSP 接口电路

### 10.4.2  DSP 与 ADC 的接口电路

当 DSP 采用外部扩展 ADC 模块时，主要考虑转换精度和转换速度等因素：一般系统要求对信号做一些处理，如 FIR、FFT 等，因为 TMS320F281x 芯片的数据是 16 位，因此选择 12 位转换精度的 ADC，能为 DSP 的运算留出四位作为溢出保护；DSP 的指令周期为 ns 级，运算速度很快，主要针对信号实时处理，与之接口的外围设备最好选择处理速度相应的器件。专用的 ADC 模块与 DSP 之间通过串行通信或并行通信方式传输数据。下面以 ADS8364 为例介绍并行 ADC 扩展电路设计。

ADS8364 是一款六路模拟输入、16 位并行输出的模-数转换器。六路模拟输入分为三组（A，B 和 C），每个输入端都有一个保持信号 $\overline{\text{HOLD}x}$ 来实现所有通道的同时采样与转换功能，非常适合于多路（多种）采集系统的需要。ADS8364 采用 5V 电源（$AV_{DD}$ 和 $DV_{DD}$），内部缓冲采用 3.3V 供电，AD8364 可以直接与 DSP 接口，不需要电平转换；芯片有片选端 $\overline{\text{CS}}$、时钟输入 CLK、并行数据端口 D [0 ~ 15] 以及灵活的控制端口，可以直接与 TMS320F281x 相连。ADS8364 的最大工作频率可达 5MHz，采样/转换可在 20 个转换时钟周期内完成，ADS8364 的 6 个通道可以同时进行采样/转换。ADS8364 与 TMS320F281x DSP 的电路连接如图 10-23 所示。

　　并行 ADS8364 可以采用 DSP 的 PWM1 输出作为 A－D 转换时钟，也可以外接时钟；DSP
需要用四根地址线 A12～A15 对 ADC 进行访问，低 3 位地址线连接 ADC 的 A0、A1 和 A2，
高位地址线连接 ADC 的片选信号$\overline{CS}$。当$\overline{CS}$为高电平时，ADS8364 的并行数据引脚呈高阻
态，当$\overline{CS}$为低电平时，并行数据线反映当前输出缓冲器状态。

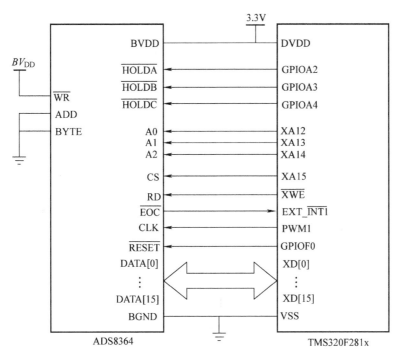

图 10-23　并行 ADC 与 TMS320F281x 的接口电路

## 10.4.3　DSP 与 DAC 接口电路设计

　　DAC 将 DSP 输出的数字信号转换成模拟信号输出，TI 公司为本公司生产的 DSP 提供了
多种配套的 DAC 芯片，与 DSP 之间可以通过串行或并行的方式通信。例如 TLV5614 是 TI 公
司生产的具有四路 12 位电压输出型的数-模转换器，可以与 TMS320 系列 DSP 芯片通过 4 根
通信线实现无缝连接；双电源供电，数字电源可以采用 DSP 芯片的 +3.3V 电源，模拟电源
可以采用 +5V 电源，数字电源和模拟电源也可以用同一组电源。

　　TLV5614 的时序如图 10-24a 所示，与 F281x 的接口电路如图 10-24b 所示，串行通信的
数据线和时钟线对应相连，帧同步信号 FS 和片选信号$\overline{CS}$由通用 I/O 口控制，当系统的 SPI
通信口只连接一片 DAC 芯片时，也可以将片选信号$\overline{CS}$接地。当$\overline{LDAC}$信号为高电平时，DSP
向 TLV5614 加载数字信号，此时无 DAC 信号输出，只有当$\overline{LDAC}$为低电平时，才更新 DAC
信号。REF 为四路 DAC 提供参考电压，$\overline{PD}$接高电平保证 DAC 工作。DAC 转换结果通过
VOUT 输出。

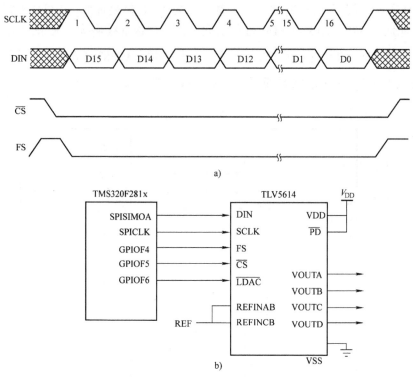

图 10-24　DSP 与 TLV5614 接口电路

a) TLV5614 时序图　b) 电路连接

## 10.5　DSP 电路布局基本准则

DSP 电路的工作频率很高，引脚很密集，还要与模拟器件一起进行模数混合设计，因此对电路板的设计要求很高，在设计高速电路和模数混合电路时应遵守以下准则：

1）可采用多层板，其中一层设计为数字地，关键的电源也可用专门的层。在元件面将尽可能多的网络布通，以减少过孔；为了便于电路板的调试和修改，应尽量在元件面和焊接面布线。如果没有专门的电源层，对电源线要设置尽量大的线宽，过孔孔径要大，并且多留过孔，合理布放去耦电容。为提高电路板的可靠性，屏蔽外界对信号以及信号与信号之间的干扰，可以布多层地。对于敏感信号至少有单点接地；尽可能提供各种地线区域，避免电流返回电源时经过大回路；高速信号（如时钟信号）和低速信号分开；数字信号和模拟信号分开；如果电路板上包含模拟电路以及模-数转换电路，必须有独立的模拟地。

TI 公司的大多数 DSP 芯片采用先进的 CMOS 技术制造，具有低功耗高性能的特性。CMOS 电路在每次电平转换时会产生大电流，在电源电路上产生电流峰波，这些电流的升降短脉冲必须被滤波，不能让它们进入敏感的电路区域造成干扰，因此要在电源正极引脚和地之间放置旁路电容和解耦电容来进行滤波。TMS320F281x 有许多电源正极引脚，每一个这样的引脚都需要一个电容，放置电容时应尽量靠近电源引脚，且不要经过过孔，通常采用低功耗小容量（10~100nF）的陶瓷电容。在模拟输入电路中增加旁路电容有助于减少电源噪声进入模拟电路。

2) 稳压电源放置的理想位置应使电源走线尽量短。由于 DSP 芯片需要与其他不同外设接口，通常会占据电路板的中心位置，这时电源最好放在 DSP 芯片与电路板某一边中点之间的位置，而且电源的散热也是必须要考虑的。不同性质的器件在电路板上的布局可以参考图 10-25。模拟地和数字地只能有一个共接点，其接点可以选在电源输入处，也可以选在模、数信号汇集的地方，如 A－D、D－A 附近，以尽量减少干扰回路。在共接点可以选用合适的磁珠（电感），将数字电路中的最强干扰隔离掉，假设数字电路中 50MHz 时钟对模拟电路影响最大，则可选用 50MHz 的磁珠。

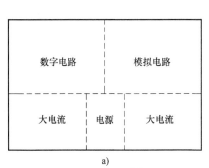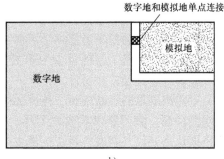

图 10-25　DSP 系统电路板布局参考

a) 电路布局参考　b) 数字地与模拟地连接

## 本章重点小结

本章主要介绍′28x 系列 DSP 系统的硬件设计基本知识，为读者设计 DSP 应用系统时提供参考。主要内容包括 DSP 基本电路设计、外部存储器扩展电路、数字信号输入/输出接口电路、模拟信号与数字信号转换的接口电路以及调试和仿真接口电路的基本设计方法。较为详细地介绍了时钟电路、复位电路、电源电路等基本电路，键盘输入、显示电路、缓冲隔离和驱动等输入/输出电路，ADC 输入信号调理电路，专用 ADC 及 DAC 芯片与 DSP 通信电路的设计和具体电路实例。还根据 DSP 系统的特点，介绍了电路布局原理，也适用于一般高频数字系统的设计和应用。本章最后给出了 TMS320F2812 芯片的最小系统电路设计整体方案，可供参考学习。

## 习　题

10-1　一个典型的 DSP 系统通常有哪些部分组成？

10-2　DSP 系统时钟频率与所选晶振频率有怎样的关系？

10-3　试为 TMS320F2812 设计一个复位电路，要求该电路同时具有上电复位、手动复位和自动复位功能。

10-4　试为 TMS320F2812 设计一个电源电路，输入电源电压为 3.3V。

10-5　试设计一个非编码键盘电路，要求通过 GPIO 来控制键盘输入。

10-6　画出通过 GPIO 扩展键盘时，键盘输入程序的流程图。

10-7　画出如图 10-14 电路连接时，键盘输入程序流程图。

10-8　选择一个串行 ADC 芯片，设计其与 TMS320F2812 连接的电路。

10-9　设计一个利用 TMS320F2812 驱动步进电动机的系统。

10-10　设计基于 TMS320F2812 的单相逆变电路控制器。

# 第11章 工程应用实例——基于 TMS320F2812 的光伏并网发电模拟装置

## 本章课程目标

本章以光伏并网发电模拟装置为例，介绍 TMS320F2812 在工程应用中的电路模块设计、软件设计流程及源程序，为初学者提供学习参考。

本章课程目标为：了解工程项目中 DSP 控制系统的作用和设计方法，能够结合具体工程实践项目开展硬件电路和软件设计。

随着人类对能源需求的不断增长，传统的化石能源日渐枯竭，人们必须依靠科技，开发利用可再生绿色能源。太阳能以其取之不尽，用之不竭的特点，成为全球新能源发展的主流。逆变电路模块是光伏并网发电系统中最主要的组成部分，不但要将光伏电池升压后的直流电压转换成正弦交流电压，而且还要对输出电压或电流进行监控，使其与电网电压具有相同的频率和相位。TI 公司生产的 TMS320F2812 芯片内部资源丰富，具有高速数据处理能力，包括两个相互独立又互相联系的事件管理模块 EVA 和 EVB，可以产生带死区控制的 PWM 波输出，另外还集成了 16 通道的 A-D 转换模块，可以分别对直流母线电压、逆变输出的电压和电流等进行测量以便进行监控。F2812 芯片还能提供丰富的输入/输出端口，极为方便地实现键盘输入和显示输出等人机交互功能。本章将介绍基于 TMS320F2812 DSP 器件设计光伏并网发电模拟装置，完成跟踪参考正弦信号的频率和相位，控制逆变桥输出与参考信号同频、同相的电压。

## 11.1 光伏并网发电模拟装置电路结构

### 11.1.1 光伏并网发电系统结构

光伏并网发电系统的结构如图 11-1 所示。图中 PV 代表光伏电池模块，DC-AC 代表逆变电路模块，多个光伏电池板串联后通过逆变模块产生单相正弦交流电压输出，对称的三相逆变模块输出连接至电网，向电网提供一定功率等级的电能。从图中可以看出，光伏并网发电

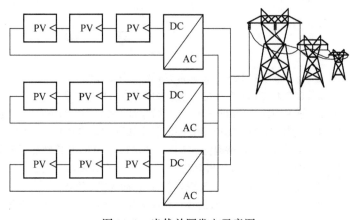

图 11-1 光伏并网发电示意图

的主要环节是逆变模块，完成电压调节和逆变功能，同时要保持输出电压与电网电压具有一致的频率和相位。

## 11.1.2　光伏并网发电模拟装置

　　光伏并网发电模拟装置的结构如图 11-2 所示。采用可调直流稳压源和滑动变阻器来模拟光伏电池板输出的直流电压。DC–AC 逆变环节完成将直流电变换成工频交流电，通过阻抗匹配完成光伏电池最大功率点的跟踪，使输出电压与模拟的电网参考电压具有相同的频率和相位。因此逆变模块需要不断地对其输出的电压和电流信号进行采样分析，与模拟电网参数进行比对，随时调整控制参数，保证使输出的电压与电网具有相同的频率和相位，以免对电网造成污染。

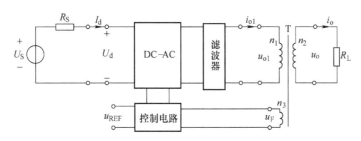

图 11-2　光伏并网发电模拟装置结构

　　以下将分别对光伏并网发电模拟装置中的各个组成电路进行简单的介绍，并对逆变器各个控制模块的软件设计给出设计思想和部分源程序。

## 11.1.3　DC–AC 电路结构

### 1. 主电路结构

DC-AC 电路结构如图 11-3 所示，采用全桥逆变电路。直流侧电压通过 4 个 MOSFET 的开关产生交流电压输出，经过两级 LC 滤波器后输出工频正弦电压。

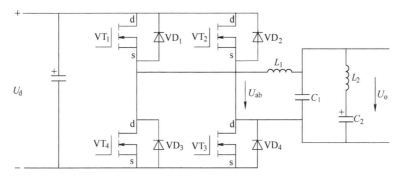

图 11-3　DC–AC 全桥逆变电路

　　MOSFET 的通断由正弦脉宽调制（SPWM）控制，开关频率选择 30kHz。在 DC–AC 逆变器中，SPWM 技术得到广泛应用，因为 SPWM 控制可以有效地减少输出电压波形中的谐波成分，经过低通滤波后可以得到比较理想的正弦波形。

**2. 驱动电路**

功率 MOSFET 为电压控制型开关器件，采用 IR2136 驱动。IR2136 为三相 MOSFET 全桥集成驱动控制电路，其三相可独立控制，每一相电路内部都有自举电路，允许在 600V 直流电压下无须隔离即可直接驱动同桥臂的上、下两个 MOSFET；栅极驱动电压范围为 10 ～ 20V；施密特逻辑输入，输入电平与 TTL 及 COMS 电平兼容，可有效地防止干扰；内置死区保护，可防止上下桥直通；最高频率可达 40kHz。而且还增加了过电流保护、欠电压自锁、逻辑使能、故障输出等功能，可有效提高电路的可靠性和稳定性。驱动电路如图 11-4 所示，其中 PWM1 ～ PWM4 是来自 DSP 芯片的 PWM 控制信号，$VT_1$ ～ $VT_4$ 是 IR2136 输出至 4 个 MOSFET 栅极的驱动信号，在本例中采用单相逆变，故有一相的上下桥臂输入端分别接高电平和地，输出悬空。

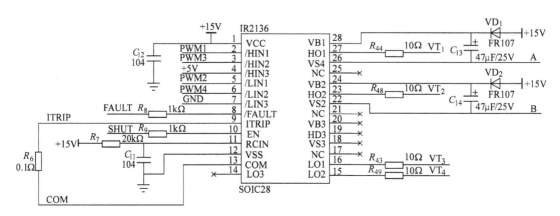

图 11-4 MOSFET 的驱动电路

**3. 滤波电路设计**

滤波器是影响输出波形质量的一个重要环节，逆变器并网运行时，要求输出的纹波电流在一定的范围之内。由于逆变器输出的 SPWM 方波频率为 20kHz，基波为工频即 50Hz，因此含有低次和高次谐波，其中幅值最大的是 20kHz 谐波。若采用 LC 低通滤波器对逆变器输出进行滤波，为使滤波器的效果最佳，须令滤波器的特性阻抗与负荷电阻相匹配，即 $R = \sqrt{L/C}$。取滤波器的截止频率为 500Hz，则滤波电感为

$$L = \frac{R}{2\pi f_c} = \frac{R}{2\pi \times 500} \tag{11-1}$$

滤波电容为

$$C = \frac{L}{R^2} \tag{11-2}$$

为减小系统的无功电流，提高系统效率，可在滤波电路的电容 $C_1$ 两端并联 LC 谐振滤波支路，如图 11-3 所示，可使流过滤波电容 $C_1$ 的电流幅值大大减小。

## 11.1.4 信号检测电路

光伏并网发电系统需要对逆变输出实行监控，以确保输出电压符合并网要求。本例中检测信号包括直流侧电压、电网参考电压、输出工频电压和输出电流等。F2812DSP 芯片的

A‑D采样输入只允许 0～3V 的电压信号，而需要采集的信号中有直流信号也有交流信号，而且都含有高频干扰，故需要对其进行电压调整和滤波等处理。

**1. 电网参考电压检测**

电网参考电压的检测电路如图 11-5 所示，模拟信号的供电电压 $AV_{CC}$ 为 3.3V，虚线左边为加法电路，输入电压 $V_c$ 为

$$V_c = \frac{R_2}{R_2 + R_3}U_{ref} + \frac{R_3}{R_2 + R_3}AV_{CC} = \frac{U_{ref} + 3.3}{2} \tag{11-3}$$

电网电压的峰‑峰值 $V_{pp} = 2V$，$U_{ref}$ 为参考信号，经过加法电路后，$V_c$ 的电压值范围为 1.15～2.15V，是一个带直流偏置的正弦信号。虚线右边为二阶巴特沃斯有源低通滤波器，其截止频率为 1000Hz，用于滤除高频噪声和干扰，同时起到阻抗隔离的作用，使采样值更加准确。

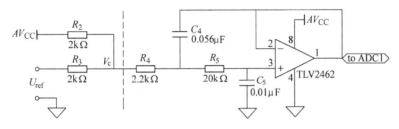

图 11-5　电压检测电路

输出电压反馈信号的检测电路与图 11-5 所示电路相同。

**2. 输出电流测量电路**

输出电流测量电路如图 11-6 所示。输出电流的测量用一个 0.1Ω 的电阻串入输出回路，其电压提升和滤波电路与电网参考电压的测量电路类似。图中，$I_{o1}$ 和 $I_{o2}$ 为测量电阻串入输出回路的两端。

$$I_C = \frac{R_{14}}{R_{14} + R_{11}}R_{10}I_O + \frac{R_{11}}{R_{14} + R_{11}}AV_{CC} \tag{11-4}$$

滤波电路为二阶巴特沃斯有源低通滤波电路，增益为 3。当负载电流达到最大电流（过电流保护动作值）时，输入电压的值在 ADC 采样电压范围内。

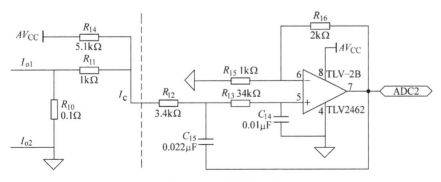

图 11-6　电流检测电路

## 11.1.5　电源管理电路

光伏并网发电模拟装置的电源管理电路如图 11-7 所示，由于驱动电路需要 +15V 供电，故采用单路 +15V 的 AC/DC 开关电源为控制电路供电。数字电源 +5V 和模拟电源 A5V 分别由两片 L78M05 从 +15V 电源稳压得到，其共地端用一个磁珠电感分开为模拟地和数字地。为 DSP 芯片供电的 3.3V 和 1.8V 数字电源用 TPS75733 和 TPS76801Q 从 +5V 稳压得到。3.3V 模拟电源 $AV_{CC}$ 由 AMS1117-3.3V 从 A5V 稳压而来，作为 DSP 的模拟电源。

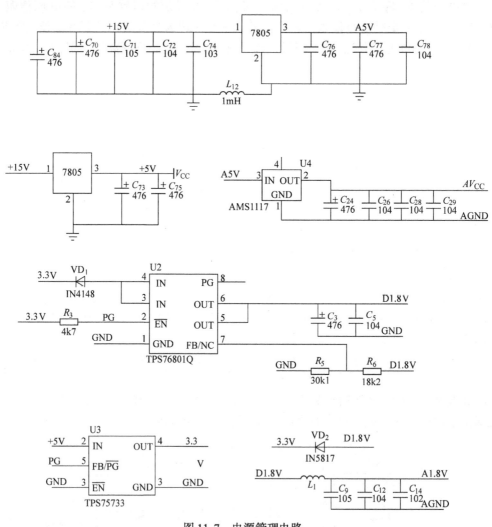

图 11-7　电源管理电路

## 11.1.6　保护电路

稳定可靠的系统必须要有完善的检测和保护电路，才能根据电路的反馈信号及时调整控制信号，保证系统按预定的控制策略稳定运行，当系统发生故障时，可以及时停止电路运行，检查并显示故障类型，便于用户及时发现并排除故障。

**1. 输入电压异常保护电路**

输入电压异常是指逆变电路的直流母线电压超出正常范围，包括过电压和欠电压。保护电路如图 11-8 所示。对直流母线电压 $U_d$ 采样后输入 DSP 芯片，与过电压和欠电压设定值比较，如果发生过电压或欠电压，将采取保护措施。

**2. 过电流保护电路**

在图 11-4 所示电路中，ITRIP 引脚为过电流保护的电流信号输入端，当该引脚与直流侧负极 COM 引脚之间的电压达到

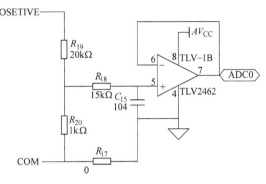

图 11-8　电压保护电路

0.5V 时，IR2136 关闭所有的输出通道。串联在 ITRIP 和 COM 引脚之间的 0.1Ω 电阻用来检测直流侧输入电流，当输入电流大于 5A 时，IR2136 即判断为过电流，从而发生保护动作，并从 FAULT 引脚向 DSP 发出故障信号。RCIN 引脚的外接 RC 电路，可以确定故障信号的持续时间。

DSP 还由输出电流测量电路获得输出电流值，若判断为过电流，则控制 IR2136 使能端 EN 来关断其输出，从而实现输出过电流保护。

# 11.2　光伏并网发电模拟装置的控制

光伏并网发电模拟装置的控制是逆变器设计的重点，采用先进的控制技术是提高逆变电源性能必不可少的关键技术。主控芯片采用具有高速数据处理能力的 DSP 芯片 TMS320F2812，可以方便地产生 SPWM 波控制逆变电路的开关管，同时还能实现最大功率点跟踪（MPPT）、频率跟踪、相位跟踪、电压和电流保护等功能。系统功能的总体框图如图 11-9所示。

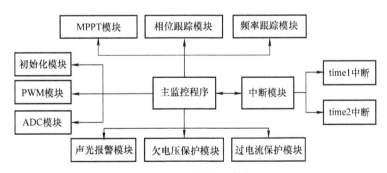

图 11-9　系统控制总体框图

## 11.2.1　SPWM 控制方法

采用 SPWM 控制方法可以减少输出电压波形中的谐波成分，经过低通滤波后得到比较理想的正弦波形。根据输出脉冲电压的极性，可以分为双极性 SPWM 和单极性 SPWM。本例

采用双极性 SPWM 控制，逆变器上、下桥臂的两个 MOSFET 交替通断，处于互补工作方式。输出电压的大小和频率随正弦调制信号的幅值和频率而改变。双极性 SPWM 控制方法的原理如图 11-10 所示。

图中载波 $u_c$ 为双极性的三角波，调制波 $u_g$ 为标准正弦波。两者的幅值之比定义为调制比 $m$，两者的频率之比定义为频率比 $k$：

$$m = \frac{U_{gm}}{U_{cm}}, k = \frac{f_c}{f_g} = \frac{T_g}{T_c} \tag{11-5}$$

根据载波和调制波交点的位置，可以得到门极脉冲序列 PWM1 ~ PWM4，分别控制图 11-3 中开关管 $VT_1$ ~ $VT_4$ 的栅极。

对输出电压 $u_{ab}$ 进行傅里叶分解可以得到基波电压 $u_{ab1}$。当频率比 $k$ 很高的时候，在载波周期内可以把调制波看作常数，如图 11-11 所示。

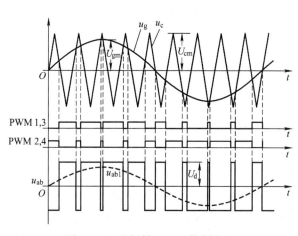

图 11-10 双极性 SPWM 控制方法

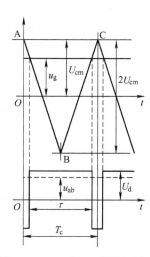

图 11-11 $U_g$ 与 $U_c$ 的几何关系

研究表明，在频率比 $k$ 很大、调制比 $m \leqslant 1$ 的条件下，逆变器输出电压基波幅值与调制比 $m$ 成正比，即具有线性调压的功能。输出电压基波和占空比有如下表达式：

$$u_{ab1} = m U_d \sin\omega t \tag{11-6}$$

占空比

$$D = \frac{\tau}{T_c} = m \sin 2\pi f_g t \tag{11-7}$$

由于 DSP 内部的事件管理器有比较定时器，能很方便地在两个波形的自然交点时刻产生 PWM 波形输出，控制开关器件的通断。实际应用中，由于开关器件存在开通和关断延时，为了防止同一桥臂的两个开关器件同时处于导通状态，需要在门极信号的上升沿延时一个死区时间（Dead Time）。

已知调制波 $U_g$ 的频率为工频，$f_g = 50Hz$，根据选择的频率比 $k$ 计算载波 $U_c$ 的频率 $f_c$。SPWM 脉冲的频率即载波频率，所以 DSP 事件管理器中定时器周期设定为载波周期。SPWM 波形的脉冲宽度即占空比由比较寄存器的值决定，由式（11-7）可知，这是一个按正弦规律变化的值。脉宽与调制比 $m$ 成正比，又决定 SPWM 脉冲序列的电压幅值，即 $m$ 决定了逆变器输出正弦电压的幅值。一般来说，$m$ 选取越大，总谐波失真越小，整个系统的性能越好。但是，从功率管的开关特性、开关电源的频率和充分利用 SPWM 调制优点的角度考虑，$m$ 不能无限地增大，更不可能达到 100% 调制。具体 $m$ 的选取应综合考虑功率管的器件特性等诸多因素，一般可选取 $0.1 < m < 0.9$。有了确定的调制比和频率比，就可以计算各取样时刻 $t$ 的正弦函数 $\sin\omega t$，即

$$\sin\omega t = \sin\frac{2N\pi}{K} \quad N = 0,1,2,\cdots,K-1 \tag{11-8}$$

采用查表法实现对正弦值的求取，根据式（11-8）计算，建立 $K$ 项数据，在每个 SPWM 周期结束时查表更新比较寄存器的值。

## 11.2.2   MPPT 的控制方法与参数计算

所有的光伏系统都希望电池阵列在同样的光照、温度条件下输出尽可能多的电能，以提高其发电效率，这就是太阳能电池阵列的最大功率点跟踪（Maximum Power Point Tracking，MPPT）。根据判断原理和实现方法，最大功率点跟踪算法可以归纳为 6 种方法：恒定电压及其改进算法、恒定电流及其改进算法、扰动观察法、增量电导法、模糊逻辑控制、神经网络控制。本例光伏电池采用直流稳压电源 $U_S$ 和可变电阻 $R_S$ 来模拟，使用恒定电压法。根据设计要求，当 $R_S$ 和 $R_L$ 在给定范围内变化时，要保证 $U_S$ 与 $U_d = U_S/2$ 的偏差不大于 1%，同时达到稳态的时间不大于 1s，采用增量式 PID 调节来满足稳态误差精度和调节时间快速性的要求。给定值为 $U_S/2$，采集输入电压 $U_d$，通过中值滤波，消除脉冲信号干扰。将 $U_d$ 与 $U_S$ 之间的偏差作为 PID 的误差信号输入，通过增量式 PID 算法得到控制量调制比 $m$。在通用定时器 1 中断服务程序中更新调制值，实现最大功率点跟踪功能。

## 11.2.3   频率跟踪控制方法

TMS320F2812 有 16 通道的 12 位模–数转换，即 2 个 8 通道的多路输入、两个采样保持器，可以工作在顺序采样和并行采样两种模式，采样速度和精度都很高。本例中，需要采样模拟电网参考频率，然后修正输出频率。

首先采样模拟电网电压的正弦波参考信号 $U_{ref}$，滤波后消除脉冲信号干扰。定时器 2 产生一个周期为 10ns 的计时基准，用来计算 $U_{ref}$ 的周期。判断 $U_{ref}$ 过零点后，开始计数 $t_1 = 0$，计到 20 个过零点时，停止计数，也就是 10 个周期，计数器的值为 $t_2$。计算 $U_{ref}$ 的频率 $f = \dfrac{1}{t_2 \times 10ns/10}$。每 10 个周期计算一次频率，也就是 0.2s，1s 内可以跟踪 5 次，如图 11-12 所示。图中 $V_1$ 为正弦参考信号 $U_{ref}$ 的提升电压，$t_1$ 为计数器，在定时器 2 的中断服务程序（计时基准）中设置，$t_2$ 暂存计数值，用来计算周期。

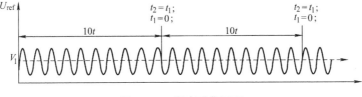

图 11-12　频率采集原理

频率输出：采集到正弦参考信号 $U_{ref}$ 的频率 $f$ 后，采用同步调制，频率比为 $K$，故载波频率 $f_c = Kf$；计数方式选择连续递增/递减计数模式，假设定时器时钟为 150MHz，则定时周期 $T_c = 1/f_c = 1/(Kf) = 2 \cdot \text{T1PR} \cdot 1/150\text{MHz}$，由此求出定时器周期寄存器的值。在定时器 1 下溢中断中，更新周期寄存器的值，并在下次计数寄存器 T1CNT 为零时，工作寄存器重新加载其映像寄存器。这样，通过更新定时器 1 的周期寄存器 T1PR，改变载波频率，实现同步调制，由于频率比 $K$ 不变，因而调制波（正弦波）频率得到修正，如图 11-13 所示。

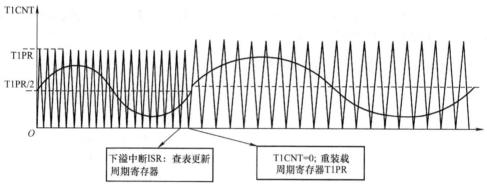

图 11-13　频率更新原理示意图

## 11.2.4　相位跟踪控制方法

相位跟踪采用 PID 控制，同时采集反馈信号 $U_F$ 和正弦参考信号 $U_{ref}$，通过滤波消除脉冲信号干扰后，判断 $U_F$ 上升沿过零点也就是相位为零的时刻，此时读取采集的正弦参考信号 $U_{ref}$，查标准正弦表得出正弦参考信号 $U_{ref}$ 的相位，即为给定信号与反馈信号之间的相位差 $\psi$，以此相位差 $\psi$ 为误差信号，经 PID 环节，得出调节量，在定时器 1 中断服务程序中更新当前输出相位，如此反复，达到相位跟踪的目的。相位跟踪原理如图 11-14 所示。

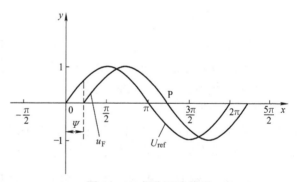

图 11-14　相位跟踪原理

反馈信号 $U_F$ 上升沿过零点判断方法如图 11-15 所示。通过 ADC 模块采集反馈信号 $U_F$，$V_2$ 为提升电压，$A_2$ 为参考值，$K$ 为标志位。当 $U_F > V_2 + A_2$ 时，$K = 1$；当 $U_F < V_2 - A_2$ 时，$K = 0$。所以当 $U_F$ 过零时，也就是 $U_F = V_2$ 时，若 $K = 0$ 时，则表示上升沿过零点；若 $K = 1$ 时，则表示下降沿过零点。这样就可以准确地判断 $U_F$ 的过零点相位了。由于反馈信号 $U_F$ 的幅值是随负载变化的，所以参考值 $A_2$ 的取值也要相应变化。如果 $A_2$ 取值过大，大于 $U_F$ 的幅值，则 $K$ 就不会有变化，判断功能失效。如果 $A_2$ 取值过小，接近 $U_F$ 的过零点 $V_2$，则可能误动作。由于光伏电池有欠电压保护，欠电压保护点左右 $U_F$ 的幅值最小，因此取此时 $U_F$ 幅值的 0.7 倍为佳。

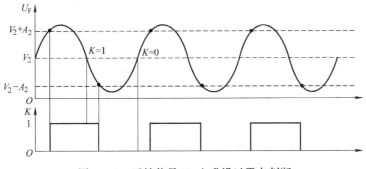

图 11-15　反馈信号 $U_F$ 上升沿过零点判断

## 11.3　光伏并网发电模拟装置软件设计

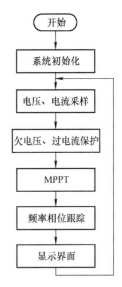

图 11-16　主程序流程

光伏并网发电模拟装置的软件模块如图 11-9 所示，包含 PWM 模块、频率跟踪模块、相位跟踪模块、ADC 模块以及中断模块等，由主程序调用。以下介绍主程序及各功能模块的设计流程和源程序。

### 11.3.1　主程序设计

#### 1. 流程图

主程序流程如图 11-16 所示。在主程序中首先完成系统初始化，定义时钟频率，设置中断以及相关外设。然后对系统采样的各电量进行 A-D 转换，对频率和相位进行跟踪，对电压和电流实时监控，实现保护功能。至于 SPWM 控制中的参数调整、输出频率和相位的调整等操作都在相应的中断程序中完成。

#### 2. 主程序源代码

主程序的源代码如下：

```
void main( void)
{
    InitSysCtrl( );                          //初始化系统控制寄存器,时钟频率为150MHz
    EALLOW;
    SysCtrlRegs. HISPCP. all = 0x0000;       //高速外设时钟的工作频率=150MHz
    EDIS;
    DINT;                                    //初始化中断设置
    IER = 0x0000;
    IFR = 0x0000;
    InitPieCtrl( );
    InitPieVectTable( );
    memcpy( &RamfuncsRunStart, &RamfuncsLoadStart, &RamfuncsLoadEnd - &RamfuncsLoadStart);
    InitFlash( );                            //FLASH 烧写
    Adc_PowerUP( );                          //ADC 上电
```

243

```
        Adc_Init( );                                //ADC 初始化
        zxb( );                                     //正弦表,用于查表输出 SPWM
        zxb2( );                                    //标准正弦信号 U_ref,用于相位跟踪
        IOinit( );                                  //IO 初始化为 PWM
        EVA_PWM( );                                 //PWM 模块初始化
        EVA_Timer1( );                              //通用定时器 1 初始化,用于生成 SPWM
        EVA_Timer2( );                              //通用定时器 2 初始化,计算频率的基准时钟
        LCD_Init( );                                //LCD 初始化
        key_flag = 0;                               //按键功能
        EALLOW;
        PieVectTable. T1 UFINT = &eva_timer1_isr;   //中断服务程序入口地址
        PieVectTable. T2PINT = &eva_timer2_isr;
        EDIS;
        //依次使能各级中断:外设相应中断位 - > PIE 控制器 - > CPU
        PieCtrlRegs. PIEIER2. all = M_INT6;         //GP 定时器 1 使能位于 PIE 第 2 组第 4 个
        IER| = M_INT2;                              //PIE 第 2 组对应于 CPU 的可屏蔽中断 2( INT2)
        PieCtrlRegs. PIEIER3. all = M_INT1;
        IER| = M_INT3;
        EINT;                                       //开总中断
        ERTM;
        ADC( );                                     //电压提升电路校准,过零点初始
while (1)                                           //主循环
    {
        SGBJ( );                                    //声光报警
        AdcRegs. ADCTRL2. bit. SOC_SEQ1 = 1;        //用 S/W 模式启动 SEQ1 转换序列
        while ( AdcRegs. ADCST. bit. SEQ1_BSY = = 1){ }
                                                    //判断序列忙否
        j1 = AdcRegs. ADCRESULT0 > > 4;             //采样输入标准信号 U_ref
        q1 = AdcRegs. ADCRESULT1 > > 4;             //采样输出正弦信号 U_F
        Ud = AdcRegs. ADCRESULT2 > > 4;             //跟踪电压 U_d = U_s/2
        Io = AdcRegs. ADCRESULT3 > > 4;             //采样负载电流 I_0

                                                    //输入、输出正弦信号 U_F、U_ref平均值滤波
if( bz3 < 20)                                       //20 个采样值求和
        {
            q1 = AdcRegs. ADCRESULT1 > > 4;
            q2 + = q1;                              //输出正弦信号 U_F 求和
            j1 = AdcRegs. ADCRESULT0 > > 4;
            j2 + = j1;                              //输入标准信号 U_ref求和
            bz3 + + ;
        }
        else
        {
```

```
        bz3 = 0;
        q = q2/20;                          //输出正弦信号 U_F 平均值
        q2 = 0;
        j = j2/20;                          //输入标准信号 U_ref 平均值
        j2 = 0;
        }
//求负载电流 I_0 平均值
if( bz19 < 100)                             //100 个采样值求和
        {
        Io = AdcRegs. ADCRESULT3 > > 4;
        Io3 + = Io;
        bz19 ++ ;
        }
    else
        {
        bz19 = 0;
        Io4 = Io3/100;
        Io3 = 0;
        }
if( Io4 > Io1) Io1 = Io4;                   //求负载电流 Io 峰值 Io1
//跟踪电压 Ud
if( bz7 < 5000) {Udh + = Ud;bz7 ++ ;}       //5000 个采样点求和
else
    {
        bz7 = 0;
        Udh = Udh/5000;                     //平均值滤波
        QYBH( );                            //欠电压保护
        MPPT( );                            //最大功率跟踪
        Udh = 0;
    }
//相位跟踪
        if( q > ( V2 + A2)) {bz12 = 1;}     //正半周
        if( q < ( V2 - A2)) {bz12 = 2;}     //负半周
        q = q2/20;                          //输出正弦信号 U_F 平均值滤波
if( ( q > ( V2 - 20)) && ( q < ( V2 + 20)) && ( t5 > 100))
                                            //输出正弦信号过零点
{
        t5 = 0;
        XWGZ( );
}
j = j2/20;

//频率跟踪
```

```
V1 = bz16/100;
if((j > (V1 − 30))&&(j < (V1 + 30))&&(t6 > 100))
```
　　　　　　　　　　　　　　　　　//输入标准信号 $U_{ref}$ 过零点
```
    {
        t6 = 0;
        PLGZ();
        bz17 ++;
        bz17 = bz17%2;
        if(bz17 = = 1)
        {
        GLBH();                          //过电流保护
        }
    }
        AdcRegs. ADCTRL2. bit. RST_SEQ1 = 1;   //ADC 复位排序
          key_scan();                    //人机交互界面
          switch(key_flag)
            {
                case 0:LCD_test();       break;
                case 1:LCD_sin();        break;
                case 2:LCD_freq_phs();   break;
                case 3:LCD_protect();    break;
                case 4:LCD_main();       break;
                default: key_flag = 0;   break;
            }
    }
}
```

## 11.3.2　初始化模块

### 1. 初始化模块流程图

初始化模块包括系统初始化、ADC 模块初始化、GPIO 初始化、Time1 初始化、Time2 初始化以及 PWM 模块初始化，其流程如图 11-17 所示。

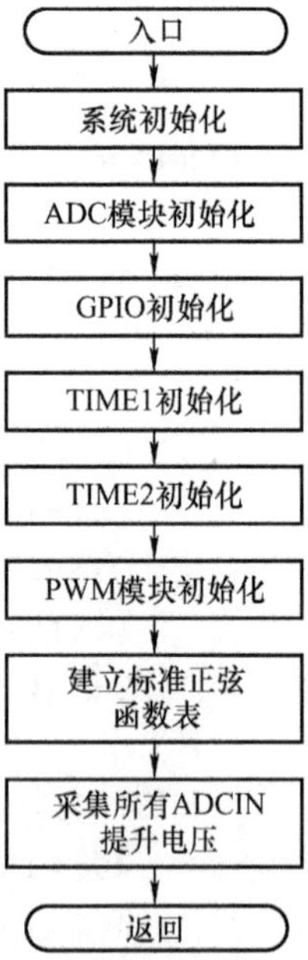

### 2. A－D 模块初始化源代码

图 11-17　初始化模块流程

```
void Adc_PowerUP()                            //模-数转换模块上电顺序
{
    AdcRegs. ADCTRL3. bit. ADCBGRFDN = 0x3;    //模-数转换内部参考电压源电路上电
    for (i = 0; i < 1000000; i ++){}           //至少 5ms 延时
    AdcRegs. ADCTRL3. bit. ADCPWDN = 1;        //模-数转换和模拟电路加电
    for (i = 0; i < 10000; i ++){}             //至少 20μs 延时
}
void Adc_Init()                               //A-D 初始化配置
```

```
{
    AdcRegs. ADCTRL1. bit. SEQ_CASC = 0;        //双序列工作模式
    AdcRegs. ADCTRL3. bit. SMODE_SEL = 0;       //连续采样模式
    AdcRegs. ADCTRL1. bit. CONT_RUN = 0;        //启动 - 停止模式
    AdcRegs. ADCTRL1. bit. CPS = 0;             //ADCLKPS = 25M
    AdcRegs. ADCTRL1. bit. ACQ_PS = 0xf;        //SH 脉冲 = 16
    AdcRegs. ADCTRL3. bit. ADCCLKPS = 0x3;      //ADCLKPS = HSPCLK/2 * 3 = 25 × 10^6
    AdcRegs. ADCMAXCONV. all = 0x0003;          //SEQ1 序列的通道数为 1
    AdcRegs. ADCCHSELSEQ1. bit. CONV00 = 0x00;  //转换通道选择:ADCINA0
    AdcRegs. ADCCHSELSEQ1. bit. CONV01 = 0x08;  //转换通道选择:ADCINA0
    AdcRegs. ADCCHSELSEQ1. bit. CONV02 = 0x01;  //转换通道选择:ADCINA0
    AdcRegs. ADCCHSELSEQ1. bit. CONV03 = 0x09;  //转换通道选择:ADCINA0
}
```

**3. 事件管理器模块初始化源代码**

```
void EVA_Timer1()                           //通用定时器 1 初始化
{
    EvaRegs. EXTCON. bit. INDCOE = 1;       //单独使能比较输出模式
    EvaRegs. GPTCONA. all = 0x0000;         //GP 定时器 1 比较输出低有效
    EvaRegs. T1PR = TxPR;                   //定时周期为 T * (T1PR + 1)
    EvaRegs. EVAIMRA. bit. T1UFINT = 1;     //使能定时器 1 的周期中断
    EvaRegs. EVAIFRA. bit. T1UFINT = 1;     //写 1 清除定时器 1 的周期中断标志
    EvaRegs. T1CNT = TxPR/2;
    EvaRegs. T1CON. all = 0x0840;           //连续增计数,128 分频,打开定时器
}
void    EVA_Timer2()                        //通用定时器 2 初始化
{
    EvaRegs. T2PR = 0x05DB;                 //定时周期为 10μs
    EvaRegs. EVAIMRB. bit. T2PINT = 1;      //使能定时器 2 的周期中断
    EvaRegs. EVAIFRB. bit. T2PINT = 1;      //写 1 清除定时器 2 的周期中断标志
    EvaRegs. T2CNT = 0x0000;
    EvaRegs. T2CON. all = 0x1040;           //连续增计数,128 分频,打开定时器 2
}
void EVA_PWM()                              //PWM 初始化
{
    EvaRegs. EXTCON. bit. INDCOE = 1;       //单独使能比较输出模式
    EvaRegs. ACTRA. all = 0x0069;
    EvaRegs. DBTCONA. all = 0x086c;         //死区定时器启动
    EvaRegs. CMPR1 = TxPR/2;
    EvaRegs. CMPR2 = TxPR/2;
    EvaRegs. COMCONA. all = 0xaa60;
}
```

### 4. I/O 端口初始化源代码

```
void IOinit( )                                          //端口初始化
{
    EALLOW;
    GpioMuxRegs. GPAMUX. all = 0xffc3;                  //将 GPIOA 配置为外设口
    GpioMuxRegs. GPADIR. bit. GPIOA2 = 0;
    GpioMuxRegs. GPADIR. bit. GPIOA3 = 0;
    GpioMuxRegs. GPADIR. bit. GPIOA4 = 0;
    GpioMuxRegs. GPADIR. bit. GPIOA5 = 1;
    GpioMuxRegs. GPBMUX. bit. PWM7_GPIOB0 = 0;
                                                        //把 GPIOB0 设置为一般 I/O 口
    GpioMuxRegs. GPBDIR. bit. GPIOB0 = 1;
    GpioMuxRegs. GPBMUX. bit. PWM8_GPIOB1 = 0;
                                                        //把 GPIOB1 设置为一般 I/O 口输出
    GpioMuxRegs. GPBDIR. bit. GPIOB1 = 1;
    EDIS;
    GpioDataRegs. GPBDAT. bit. GPIOB0 = 0;
    GpioDataRegs. GPBDAT. bit. GPIOB1 = 0;
    GpioDataRegs. GPADAT. bit. GPIOA5 = 1;
}
```

### 5. 正弦函数数据表

```
void   zxb( )                                           //SPWM 正弦表
{
    double PI = 3. 1415926;
    double tA;
    Uint16 n;
    for( n = 0;n < = N − 1;n + + )
    {
    tA = ( n) ∗ 2 ∗ PI/N;
    a[ n] = sin(tA);
    }
}


void   zxb2( )                                          //标准正弦表,用于相位跟踪
{
    double PI = 3. 1415926;
    double tA;
    Uint16 n;
    for( n = 0;n < = N/4;n + + )
    {
    tA = ( n) ∗ 2 ∗ PI/N;
    b[ n] = V1 + A1 ∗ sin(tA) + 0. 5;
```

$$b[n + N/4 + 1] = V1 - A1 * \sin(tA) + 0.5;$$
$$\}$$
$$\}$$

## 11.3.3　ADC 模块

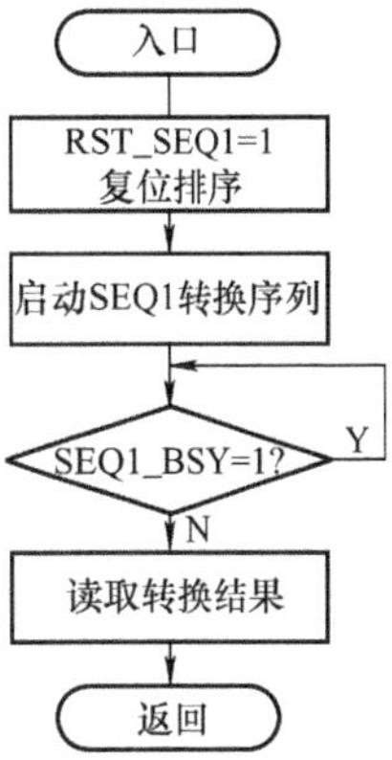

### 1. ADC 模块流程图

ADC 模块流程如图 11-18 所示。

### 2. ADC 模块源程序

```
void ADC( )                                    //AD 采样
{   GpioDataRegs. GPADAT. bit. GPIOA5 = 0;
    t4 = 0;
    while( t4 < = 500000){ ;}                   //开机等待 5s
    for( bz6 = 0;bz6 < 100;bz6 + + )
    {
    AdcRegs. ADCTRL2. bit. SOC_SEQ1 = 1;       //用 S/W 模式启动
                                               //SEQ1 转换序列
    while ( AdcRegs. ADCST. bit. SEQ1_BSY = = 1){}
                                               //判断序列忙否
    j1 = AdcRegs. ADCRESULT0 > > 4;            //输入标准信号 Uref
    q1 = AdcRegs. ADCRESULT1 > > 4;            //输出正弦信号 UF
    Io = AdcRegs. ADCRESULT3 > > 4;            //负载电流 I0
    bz16 + = j1;
    bz10 + = q1;
    bz11 + = Io;
    AdcRegs. ADCTRL2. bit. RST_SEQ1 = 1;       //复位排序
                                               //过零点初始化
    V1 = bz16/100;                             //输入标准信号 Uref 直流分量
    V2 = bz10/100;                             //输出正弦信号 UF 直流分量
    V3 = bz11/100;                             //负载电流 I0 直流分量
    bz5 = 1;
    t4 = 0;
    while( t4 < = 200000)                      //等待 2s
        {SGBJ( );}
    bz5 = 0;
    GpioDataRegs. GPADAT. bit. GPIOA5 = 1;
    }
}
```

图 11-18　ADC 模块流程

## 11.3.4　最大功率点跟踪模块

本例模拟光伏系统，只要 $U_d = U_s/2$，即跟踪到了最大功率点。采用 PID 控制，给定值为 $U_s/2$，采集输入电压 $U_d$，通过中值和平均值滤波，消除脉冲信号干扰。经 PID 环节，得到控制量调制比 $m$。在通用定时器 1 中断服务程序中更新调制值，达到最大功率点跟踪。最大功率点跟踪流程如图 11-19 所示。

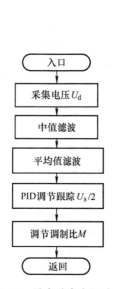

图 11-19 最大功率点跟踪流程

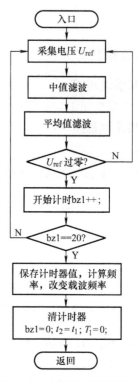

图 11-20 频率跟踪模块流程

## 11.3.5 频率跟踪模块

频率跟踪模块流程如图 11-20 所示。

频率跟踪模块源程序如下：

```
void PLGZ( )                          //频率跟踪
{
bz1 ++ ;
if( bz1 = = 20)                       //计算 10 个周期
{
t2 = t1 ;                             //保存周期值
t1 = 0 ;                             //清定时器,重新计数
fg = (10000. 0/t2) * 100;
TxPR  = ( (7500. 0/N) * (10000. 0/fg) + 0. 5) ;
bz1 = 0;
if( ( fg > 60) | | ( fg < 40) ) {bz18 = 1;   GpioDataRegs. GPADAT. bit. GPIOA5 = 0;}
else {if( bz18 = = 1) {bz18 = 0;   GpioDataRegs. GPADAT. bit. GPIOA5 = 1;}}
}
}
```

## 11.3.6　相位跟踪模块

相位跟踪模块流程如图 11-21 所示。

相位跟踪模块源程序如下：

```
void XWGZ( )                         //相位跟踪
{
  if((bz12 = =2)&&(bz8 = =0))         //1 个周期到(上升沿)
  {
    if((j>b[0])&&(j<b[N/4]))
    {
    for(bz9 =0;((j>b[bz9])&&(bz9 < =N/4));bz9 ++){;}
                         //查标准 sine 表得相位差
    }
    if((j>b[N/2 +1])&&(j<b[N/4 +1]))
    {
    for(bz9 =N/4 +1;((j<b[bz9])&&(bz9 < =N/2 +1));bz9 ++){;}
      bz9 = -(bz9 -N/4 -1) +N;
    }
    bz8 =1;                           //置相位调整标志,等待中断调整相位
  }
}
```

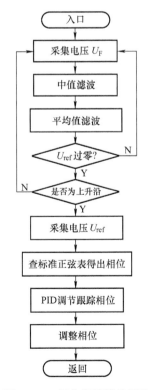

图 11-21　相位跟踪模块流程

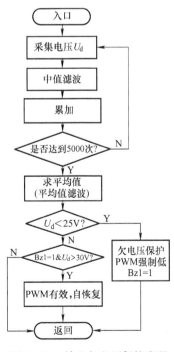

图 11-22　输入欠电压保护流程

### 11.3.7 输入欠电压保护模块

输入欠电压保护流程如图 11-22 所示。采集 DC-AC 输入端电压 $U_d$，滤波后消除脉冲信号干扰。当 $U_d < 25V$ 时，输入欠电压保护功能启动，PWM 输出引脚强制低电平，关断 MOSFET，并置输入欠电压保护标志 Bz1 = 1；当 $U_d$ 恢复到 30V 时，PWM 有效，自动恢复。设置两个不同的门坎值，可以避免 PWM 在阈值 25V 附近不断开启和关闭引起系统振荡。

输入欠电压保护源程序如下：

```
void QYBH( )
{
    if((Udh * 3.0 * 19.84008888/4095 + 0.68317362) < =25)      //低电压动作
    {
        bz1 =1;
        GpioDataRegs. GPADAT. bit. GPIOA5 =0;
        bz5 =1;                                               //声光报警标志置位
    }
    else                                                     //电压恢复动作
    {
        if((bz1 = =1)&&((Udh * 3.0 * 19.84008888/4095 + 0.68317362) > =30))
        {GpioDataRegs. GPADAT. bit. GPIOA5 =1;
            bz1 =0;
            bz5 =0;                                           //声光报警标志清零
        }
    }
}
```

### 11.3.8 输出过电流保护模块

输出过电流保护流程如图 11-23 所示。当输出过电流保护功能启动时，PWM 输出引脚强制低电平，关断 MOSFET，并置输出过电流保护标志 Bz2 = 1；当输出电流减小时，需定时 15s 后，PWM 才能恢复。设置 15s 的延时，是为了避免系统在故障解除前自恢复而引起振荡。

输出过电流保护源程序如下：

```
void GLBH( )            //输出过电流检测
{
    bz15 ++ ;
    io2 + = io1 ;
    io1 =0;
    if( bz15 = =50)     //采样 50 次求平均值
    {
        bz15 =0;io2 = io2/50;
```

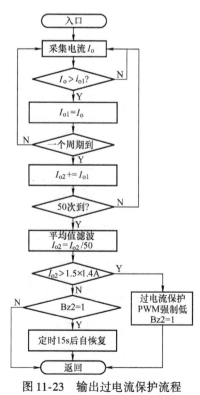

图 11-23 输出过电流保护流程

```
        iout = (io2 - V3) * 3.0/4095 * 1.8315;
        io2 = 0;
        if(iout > (1.50 * 1.414213562))
        {
          bz2 = 1;  t7 = 0;
          GpioDataRegs. GPADAT. bit. GPIOA5 = 0;
          bz5 = 1;                              //声光报警标志置位
        }
        else                                    //恢复动作
        {
          if((bz2 = = 1)&&(t7 > = 1000000))
          {
          GpioDataRegs. GPADAT. bit. GPIOA5 = 1;
          bz2 = 0;
          bz5 = 0;                              //声光报警标志清零
          }
        }
      }
    }
void SGBJ( )                                    //声光报警
{
      if(bz5 = = 1)
      {
        if(t3 > = 50000)                        //0.5s 切换
        {
        GpioDataRegs. GPBDAT. bit. GPIOB1^ = 1;
        GpioDataRegs. GPBDAT. bit. GPIOB0^ = 1;
        t3 = 0;
        }
      }
      else
      {
        GpioDataRegs. GPBDAT. bit. GPIOB0 = 0;  //解除报警
        GpioDataRegs. GPBDAT. bit. GPIOB1 = 0;

      }
    }
```

## 11.3.9　系统中断

本例使用 EVA 中的通用定时器 1 和通用定时器 2。通用定时器 1 主要用来比较产生 PWM，采用连续递增/递减计数方式，模拟载波三角波。通用定时器 2 产生一个周期为 10ns 的计时基准，用来计算 $U_{ref}$ 的频率。由于通用定时器 2 作为计时基准，其中断服务程序不能被打断，也不能等待，所以在通用定时器 1 中断服务程序开始时开总中断，允许通用定时器 2 中断服务程序打断。通用定时器 1 的中断服务流程如图 11-24 所示，通用定时器 2 的中断服务流程如图 11-25 所示。

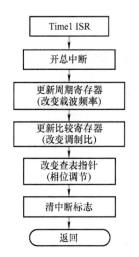

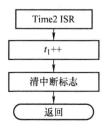

图 11-24　GP Time1 中断服务程序流程　　　图 11-25　GP Time2 中断服务程序流程

通用定时器 1 的中断服务程序代码如下：

```
interrupt void eva_timer1_isr(void)
{
    EINT;                                   //开总中断
    IER | = M_INT3;                         //中断使能
    if(M > 0.9) M = 0.9;                    //调制比上限
    if(M < 0.15) M = 0.15;                  //调制比下限
    EvaRegs.T1PR = TxPR;                    //更新周期寄存器的值
    EvaRegs.CMPR2 = EvaRegs.CMPR1 = TxPR/2 * (1 + M * a[N]);
                                            //更新比较寄存器的值
    if(bz8 == 1)                            //相位跟踪标志
    {
        N + = bz9;
        N = N%K;
        bz9 = 0;
        bz8 = 0;
    }
    if(N < K - 1)    N ++;
    else {N = 0;}
    EvaRegs.EVAIMRA.bit.T1UFINT = 1; //使能通用定时器 1 的周期中断
    EvaRegs.EVAIFRA.bit.T1UFINT = 1; //写 1 清除定时器 1 的周期中断标志
    PieCtrlRegs.PIEACK.all = PIEACK_GROUP2;
                                //清零 PIEACK 中的第 2 组中断对应位
}
```

通用定时器 2 的中断服务程序如下:

```
interrupt void eva_timer2_isr(void)
{
    t1 ++ ;
    t3 ++ ;
    t4 ++ ;
    t5 ++ ;
    t6 ++ ;
    t7 ++ ;
    EvaRegs. EVAIMRB. bit. T2PINT = 1 ;      //使能定时器 2 的周期中断
    EvaRegs. EVAIFRB. bit. T2PINT = 1 ;      //写 1 清除定时器 2 的周期中断标志
    PieCtrlRegs. PIEACK. all = PIEACK_GROUP3 ;
                                             //清零 PIEACK 中的第 3 组中断对应位
}
```

# 本章重点小结

　　本章通过光伏并网发电模拟装置详细介绍了光伏并网发电技术的要点,以及 F2812DSP 芯片的综合应用,对于各个功能模块的硬件设计和软件设计都有详细介绍,可供相关技术人员参考借鉴。光伏并网发电模拟装置的核心是逆变器,逆变电路采用 SPWM 控制方法, F2812 的事件管理器可以很方便地实现 SPWM 波形输出。在实现逆变过程中,需要对输入电压和输出电压以及负载电流进行检测监控,F2812 内部集成了 16 通道的 ADC,容易实现对这些电量的 A - D 转换,从而实现实时监控。光伏并网发电需要对输出到电网的电压进行频率和相位的实时修正,以确保输出电压与电网具有一致的频率和相位,F2812 事件管理器中,定时器的周期寄存器和比较寄存器都带有映像寄存器,可以在任意时刻修改寄存器的值,因此可以方便地实现频率和相位的实时调整。本章对系统的电源电路、逆变电路中功率管的驱动电路、电压电流检测电路也都有介绍,为读者提供了一个完整的 DSP 应用系统。

# 附　　录

## 附录 A　TMS320F2812 的引脚分布图

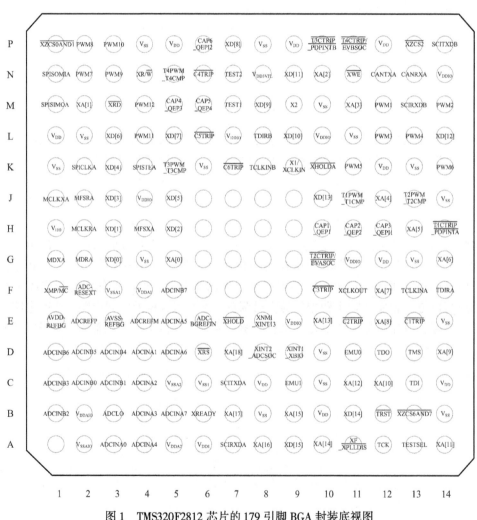

图 1　TMS320F2812 芯片的 179 引脚 BGA 封装底视图

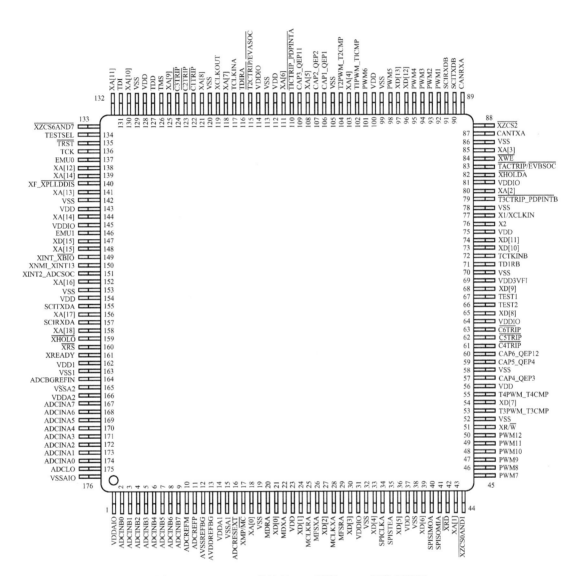

图 2  TMS320F2812 芯片的 176 引脚 LQFP 封装顶视图

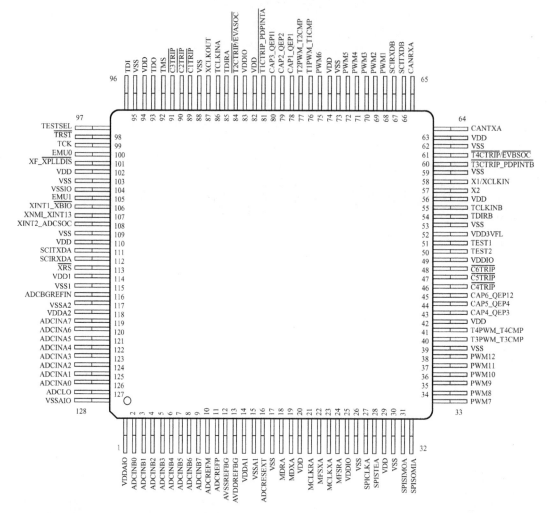

图 3　TMS320F2810 芯片的 128 引脚 PBK 封装顶视图

# 附录 B　TMS320F2812 引脚功能和信号

| 名　称 | 引脚号 | | | I/O/Z | PU/PD | 说　明 |
|---|---|---|---|---|---|---|
| | 179 针 BGA | 176 针 LQFP | 128 针 PBK | | | |
| XINTF 信号（仅 F2812 包含） | | | | | | |
| XA [18] | D7 | 158 | — | O/Z | — | |
| XA [17] | B7 | 156 | — | O/Z | — | |
| XA [16] | A8 | 152 | — | O/Z | — | 19 位 XINTF 地址总线 |
| XA [15] | B9 | 148 | — | O/Z | — | |
| XA [14] | A10 | 144 | — | O/Z | — | |
| XA [13] | E10 | 141 | — | O/Z | — | |

（续）

| 名　称 | 引脚号 | | | I/O/Z | PU/PD | 说　明 |
|---|---|---|---|---|---|---|
| | 179 针 BGA | 176 针 LQFP | 128 针 PBK | | | |
| XINTF 信号（仅 F2812 包含） | | | | | | |
| XA [12] | C11 | 138 | — | O/Z | — | 19 位 XINTF 地址总线 |
| XA [11] | A14 | 132 | — | O/Z | — | |
| XA [10] | C12 | 130 | — | O/Z | — | |
| XA [9] | D14 | 125 | — | O/Z | — | |
| XA [8] | E12 | 125 | — | O/Z | — | |
| XA [7] | F12 | 121 | — | O/Z | — | |
| XA [6] | G14 | 111 | — | O/Z | — | |
| XA [5] | H13 | 108 | — | O/Z | — | |
| XA [4] | J12 | 103 | — | O/Z | — | |
| XA [3] | M11 | 85 | — | O/Z | — | |
| XA [2] | N10 | 80 | — | O/Z | — | |
| XA [1] | M2 | 43 | — | O/Z | — | |
| XA [0] | G5 | 18 | — | O/Z | — | |
| XD [15] | A9 | 147 | — | I/O/Z | PU | 16 位 XINTF 数据总线 |
| XD [14] | B11 | 139 | — | I/O/Z | PU | |
| XD [13] | J10 | 97 | — | I/O/Z | PU | |
| XD [12] | L14 | 96 | — | I/O/Z | PU | |
| XD [11] | N9 | 74 | — | I/O/Z | PU | |
| XD [10] | L9 | 73 | — | I/O/Z | PU | |
| XD [9] | M8 | 68 | — | I/O/Z | PU | |
| XD [8] | P7 | 65 | — | I/O/Z | PU | |
| XD [7] | L5 | 54 | — | I/O/Z | PU | |
| XD [6] | L3 | 39 | — | I/O/Z | PU | |
| XD [5] | J5 | 36 | — | I/O/Z | PU | |
| XD [4] | K3 | 33 | — | I/O/Z | PU | |
| XD [3] | J3 | 30 | — | I/O/Z | PU | |
| XD [2] | H5 | 27 | — | I/O/Z | PU | |
| XD [1] | H3 | 24 | — | I/O/Z | PU | |
| XD [0] | G3 | 21 | — | I/O/Z | PU | |
| XMP/$\overline{MC}$ | F1 | 17 | — | I | PD | 微处理器/微计算机模式选择信号，可以在两者之间切换。高电平时外部接口上的区域 7 有效；低电平时区域 7 无效，可使用片内的 Boot ROM 功能。复位时该信号被锁存在 XINTCNF2 寄存器中，通过软件可以修改该位。复位后该位状态被忽略 |

（续）

| 名　称 | 引脚号 | | | I/O/Z | PU/PD | 说　明 |
|---|---|---|---|---|---|---|
| | 179 针 BGA | 176 针 LQFP | 128 针 PBK | | | |
| XINTF 信号（仅 F2812 包含） | | | | | | |
| $\overline{\text{XHOLD}}$ | E7 | 159 | — | I | PU | 外部保持请求信号。$\overline{\text{XHOLD}}$ 为低电平（有效）时请求 XINTF 释放外部总线，并把所有的总线与选通端置为高阻态。当对总线的操作完成且没有即将发生的 XINTF 访问时，XINTF 释放总线 |
| $\overline{\text{XHOLDA}}$ | K10 | 82 | — | O/Z | — | 外部保持确认信号。当 XINTF 响应$\overline{\text{XHOLD}}$的请求时$\overline{\text{XHOLDA}}$呈低电平（有效），所有的 XINTF 总线和选通端呈高阻态。$\overline{\text{XHOLDA}}$ 和 $\overline{\text{XHOLD}}$ 信号同时释放。当 $\overline{\text{XHOLDA}}$ 有效（低）时外部器件只能使用外部总线 |
| $\overline{\text{XZCS0AND1}}$ | P1 | 44 | — | O/Z | — | XINTF 区域 0 和区域 1 的片选信号，当访问 XINTF 区域 0 或 1 时有效（低） |
| $\overline{\text{XZCS2}}$ | P13 | 88 | — | O/Z | — | XINTF 区域 2 的片选信号。当访问 XINTF 区域 2 时有效（低） |
| $\overline{\text{XZCS6AND7}}$ | B13 | 133 | — | O/Z | — | XINTF 区域 6 和 7 的片选信号。当访问区域 6 或 7 时有效（低） |
| $\overline{\text{XWE}}$ | N11 | 84 | — | O/Z | — | 写使能。低电平有效的写选通。写选通信号由每个区域 XTIMINGx 寄存器的前一周期、当前周期和后一周期的值确定 |
| $\overline{\text{XRD}}$ | M3 | 42 | O/Z | — | — | 读使能。低电平有效的读选通。读选通信号由每个区域 XTIMINGx 寄存器的前一周期、当前周期和后一周期的值确定。注意：$\overline{\text{XRD}}$ 和 $\overline{\text{XWE}}$ 是互斥信号 |
| $\text{XR}/\overline{\text{W}}$ | N4 | 51 | — | O/Z | — | 通常为高电平，低电平时表示处于写周期，当为高电平时表示处于读周期 |
| XREADY | B6 | 161 | — | I | PU | 准备好信号，被置 1 表示外设已为访问做好准备。XREADY 可被设置为同步或异步输入。在同步模式中，XINTF 接口块在当前周期结束之前的一个 XTIMCLK 时钟周期内要求 XREADY 有效。在异步模式中，在当前的周期结束前 XINTF 接口块以 XTIMCLK 周期对 XREADY 采样 3 次。以 XTIMCLK 频率对 XREADY 的采样与 XCLKOUT 的模式无关 |

（续）

| 名 称 | 引脚号 | | | I/O/Z | PU/PD | 说 明 |
|---|---|---|---|---|---|---|
| | 179 针 BGA | 176 针 LQFP | 128 针 PBK | | | |
| JTAG 和其他信号 | | | | | | |
| X1/XCLKIN | K9 | 77 | 58 | I | | 晶振输入，输入至内部振荡器。该引脚也可以用来输入外部时钟。'28x 能够使用一个外部时源，条件是要在该引脚上提供适当的驱动电平，为了适应 1.8V 内核数字电源（VDD），而不是 3.3V 的 I/O 电源（VD-DIO），可以使用一个钳位二极管去钳位时钟信号，以保证它的逻辑高电平不超过 VDD（1.8V 或 1.9V），或者使用一个 1.8V 的振荡器 |
| X2 | M9 | 76 | 57 | I | — | 振荡器输出 |
| XCLKOUT | F11 | 119 | 87 | O | — | 源于 SYSCLKOUT 的时钟输出，用于产生外部等待状态，以及作为通用时钟源。XCLK-OUT 与 SYSCLKOUT 的频率可以相等，或是 1/2，或是 1/4。复位时 XCLKOUT = SY-SCLKOUT/4。可以通过将 XINTCNF2 寄存器的位 3（CLKOFF）置1 关闭 XCLKOUT 信号。与 GPIO 引脚不同，在复位期间 XCLKOUT 引脚不会被置为高阻态 |
| TESTSEL | A13 | 134 | 97 | I | PD | 测试引脚，为 TI 保留，必须接地 |
| $\overline{\text{XRS}}$ | D6 | 160 | 113 | I/O | PU | 器件复位（输入）及看门狗复位（输出）。器件复位，XRS 使器件终止运行，PC 指向地址 0x3F FFC0（注：0xXX XXXX 中的 0x 指出后面的数是十六进制数。例如 0x3F FFC0 = 3FFFC0H）。当 $\overline{\text{XRS}}$ 为高电平时，程序从 PC 所指出的位置开始运行。当看门狗产生复位时，DSP 将该引脚驱动为低电平，在看门狗复位期间，低电平将持续 512 个 XCLKIN 周期。该引脚的输出缓冲器是一个带有内部上拉（典型值100mA）的开漏缓冲器，推荐该引脚应该由一个开漏设备去驱动 |
| TEST1 | M7 | 67 | 51 | I/O | — | 测试引脚，保留，必须悬空 |
| TEST2 | N7 | 66 | 50 | I/O | — | 测试引脚，保留，必须悬空 |

**261**

（续）

| 名　称 | 引脚号 | | | I/O/Z | PU/PD | 说　明 |
|---|---|---|---|---|---|---|
| | 179 针 BGA | 176 针 LQFP | 128 针 PBK | | | |
| JTAG 和其他信号 | | | | | | |
| $\overline{\text{TRST}}$ | B12 | 135 | 98 | I | PD | 有内部上拉的 JTAG 测试复位。为高电平时器件处于扫描控制模式；若信号悬空或为低电平，器件处于工作模式，测试复位信号被忽略<br><br>注意：在 TRST 上不要用上拉电阻。它内部有下拉器件。这是高有效的测试引脚，在器件工作模式期间一直保持低电平。在低噪声环境中，该引脚可以悬空，否则最好加下拉电阻。电阻值根据调试器设计的驱动能力而定，一般取 2.2kΩ 即能提供足够的保护 |
| TCK | A12 | 136 | 99 | I | PU | JTAG 测试时钟，带有内部上拉 |
| TMS | D13 | 126 | 92 | I | PU | JTAG 测试模式选择端，有内部上拉。在 TCK 的上升沿该引脚的控制输入信号串行进入 TAP 控制器 |
| TDI | C13 | 131 | 96 | I | PU | 带内部上拉功能的 JTAG 测试数据输入端。在 TCK 的上升沿，TDI 串行输入到选定的寄存器（指令寄存器或数据寄存器） |
| TDO | D12 | 127 | 93 | O/Z | — | JTAG 扫描输出，测试数据输出。在 TCK 的下降沿将选定寄存器的内容从 TDO 移出 |
| EMU0 | D11 | 137 | 100 | I/O/Z | PU | 仿真器引脚 0，当 TRST 为高电平时，此引脚用作仿真器系统的中断，并由 JTAG 扫描定义为输入/输出。该引脚也用来使器件进入边界扫描模式：当 EMU0 为逻辑高，EMU1 为逻辑低时，TRST 引脚的上升沿将芯片锁存至边界扫描模式<br><br>注意：建议使用外部上拉电阻，电阻值一般在 2.2~4.7kΩ 之间 |
| EMU1 | C9 | 146 | 105 | I/O/Z | PU | 仿真器引脚 1，同上 |
| ADC 模拟输入信号 | | | | | | |
| ADCINA7 | B5 | 167 | 119 | I | — | 采样/保持 A 的 8 通道模拟输入。在 $V_{DDA1}$、$V_{DDA2}$ 和 $V_{DDAIO}$ 未完全上电之前 ADC 引脚不能加信号 |
| ADCINA6 | D5 | 168 | 120 | I | — | |
| ADCINA5 | E5 | 169 | 121 | I | — | |
| ADCINA4 | A4 | 170 | 122 | I | — | |
| ADCINA3 | B4 | 171 | 123 | I | — | |
| ADCINA2 | C4 | 172 | 124 | I | — | |
| ADCINA1 | D4 | 173 | 125 | I | — | |
| ADCINA0 | A3 | 174 | 126 | I | — | |

（续）

| 名　称 | 引脚号 | | | I/O/Z | PU/PD | 说　　明 |
|---|---|---|---|---|---|---|
| | 179 针<br>BGA | 176 针<br>LQFP | 128 针<br>PBK | | | |
| ADC 模拟输入信号 | | | | | | |
| ADCINB7 | F5 | 9 | 9 | I | — | |
| ADCINB6 | D1 | 8 | 8 | I | — | |
| ADCINB5 | D2 | 7 | 7 | I | — | |
| ADCINB4 | D3 | 6 | 6 | I | — | 采样/保持 B 的 8 通道模拟输入。在 $V_{DDA1}$、$V_{DDA2}$ 和 $V_{DDAIO}$ 未完全上电之前 ADC 引脚不能加信号 |
| ADCINB3 | C1 | 5 | 5 | I | — | |
| ADCINB2 | B1 | 4 | 4 | I | — | |
| ADCINB1 | C3 | 3 | 3 | I | — | |
| ADCINB0 | C2 | 2 | 2 | I | — | |
| ADCREFP | E2 | 11 | 11 | O | — | ADC 参考电压输出（2V）。需要在该引脚与模拟地之间接一个低 ESR（$50m\Omega \sim 1.5\Omega$）的 $10\mu F$ 陶瓷旁路电容。如果软件设置为外部参考电压模式，则可以接受外部参考输入电压（2V），可以用 $1 \sim 10\mu F$ 的低 ESR 电容 |
| ADCREFM | E4 | 10 | 10 | I/O | — | ADC 参考电压输出（1V）。需要在该引脚与模拟地之间接一个低 ESR（$50m\Omega \sim 1.5\Omega$）的 $10\mu F$ 陶瓷旁路电容。如果软件设置为外部参考电压模式，则可以接受外部参考输入电压（1V），可以用 $1 \sim 10\mu F$ 的低 ESR 电容 |
| ADCRESE－XT | F2 | 16 | 16 | O | — | ADC 外部电流偏置电阻。ADC 时钟频率范围为 $1 \sim 18.75MHz$ 时电阻为（$1 \pm 5\%$）$24.9k\Omega$，ADC 时钟频率范围为 $18.75 \sim 25MHz$ 时电阻为（$1 \pm 5\%$）$20k\Omega$ |
| ADCBGREFIN | E6 | 164 | 116 | — | — | 测试引脚，为 TI 保留，必须悬空 |
| AVSSREFBG | E3 | 12 | 12 | — | — | ADC 模拟地 |
| AVDDREFBG | E1 | 13 | 13 | — | — | ADC 模拟电源（3.3V） |
| ADCLO | B3 | 175 | 127 | | | 公共低侧模拟输入，接模拟地 |
| $V_{SSA1}$ | F3 | 15 | 15 | — | — | ADC 模拟地 |
| $V_{SSA2}$ | C5 | 165 | 117 | — | — | ADC 模拟地 |
| $V_{DDA1}$ | F4 | 14 | 14 | — | — | ADC 模拟电源（3.3V） |
| $V_{DDA2}$ | A5 | 166 | 118 | — | — | ADC 模拟电源（3.3V） |
| $V_{SSI}$ | C6 | 163 | 115 | — | — | ADC 数字地 |
| $V_{DD1}$ | A6 | 162 | 114 | — | — | ADC 数字电源（1.8V） |
| $V_{DDAIO}$ | B2 | 1 | 1 | — | — | 模拟 I/O 电源（3.3V） |
| $V_{SSAIO}$ | A2 | 176 | 128 | — | — | 模拟 I/O 地 |

（续）

| 名　称 | 引脚号 | | | I/O/Z | PU/PD | 说　明 |
|---|---|---|---|---|---|---|
| | 179 针<br>BGA | 176 针<br>LQFP | 128 针<br>PBK | | | |
| 电源信号 | | | | | | |
| $V_{DD}$ | H1 | 23 | 20 | — | — | 1.8V 或 1.9V 内核数字电源 |
| $V_{DD}$ | L1 | 37 | 29 | — | — | |
| $V_{DD}$ | P5 | 56 | 42 | — | — | |
| $V_{DD}$ | P9 | 75 | 56 | — | — | |
| $V_{DD}$ | P12 | — | 63 | — | — | |
| $V_{DD}$ | K12 | 100 | 74 | — | — | |
| $V_{DD}$ | G12 | 112 | 82 | — | — | |
| $V_{DD}$ | C14 | 112 | 82 | — | — | |
| $V_{DD}$ | B10 | 143 | 102 | — | — | |
| $V_{DD}$ | C8 | 154 | 110 | — | — | |
| $V_{SS}$ | G4 | 19 | 17 | — | — | 内核和数字 I/O 地 |
| $V_{SS}$ | K1 | 32 | 26 | — | — | |
| $V_{SS}$ | L2 | 38 | 26 | — | — | |
| $V_{SS}$ | P4 | 52 | 39 | — | — | |
| $V_{SS}$ | K6 | 58 | — | — | — | |
| $V_{SS}$ | P8 | 70 | 53 | — | — | |
| $V_{SS}$ | M10 | 78 | 59 | — | — | |
| $V_{SS}$ | L11 | 86 | 62 | — | — | |
| $V_{SS}$ | K13 | 99 | 73 | — | — | |
| $V_{SS}$ | J14 | 105 | — | — | — | |
| $V_{SS}$ | G13 | 113 | — | — | — | |
| $V_{SS}$ | E14 | 120 | 88 | — | — | |
| $V_{SS}$ | B14 | 129 | 95 | — | — | |
| $V_{SS}$ | D10 | 142 | — | — | — | |
| $V_{SS}$ | C10 | — | 103 | — | — | |
| $V_{SS}$ | B8 | 153 | 109 | — | — | |
| $V_{DDIO}$ | J4 | 31 | 25 | — | — | I/O 数字电源(3.3V) |
| $V_{DDIO}$ | L7 | 64 | 49 | — | — | |
| $V_{DDIO}$ | L10 | 81 | — | — | — | |
| $V_{DDIO}$ | N14 | — | — | — | — | |
| $V_{DDIO}$ | G11 | 114 | 83 | — | — | |
| $V_{DDIO}$ | E9 | 145 | 104 | — | — | |
| $V_{DD3VFL}$ | N8 | 69 | 52 | — | — | Flash 核电源(3.3V)，上电后所有时间内都应将该引脚接至 3.3V，该引脚也应接至 ROM |

（续）

| 名　称 | 引脚号 | | | I/O/Z | PU/PD | 说　明 |
|---|---|---|---|---|---|---|
| | 179针 BGA | 176针 LQFP | 128针 PBK | | | |
| GPIOA 或 EVA 信号 | | | | | | |
| GPIOA0/ PWM1(O) | M12 | 92 | 68 | I/O/Z | PU | GPIO 或 PWM 输出引脚#1 |
| GPIOA1/ PWM2(O) | M14 | 93 | 69 | I/O/Z | PU | GPIO 或 PWM 输出引脚#2 |
| GPIOA2/ PWM3(O) | L12 | 94 | 70 | I/O/Z | PU | GPIO 或 PWM 输出引脚#3 |
| GPIOA3/ PWM4(O) | L13 | 95 | 71 | I/O/Z | PU | GPIO 或 PWM 输出引脚#4 |
| GPIOA4/ PWM5(O) | K11 | 98 | 72 | I/O/Z | PU | GPIO 或 PWM 输出引脚#5 |
| GPIOA5/ PWM6(O) | K14 | 101 | 75 | I/O/Z | PU | GPIO 或 PWM 输出引脚#6 |
| GPIOA6/ T1PWM_ T1CMP | J11 | 102 | 76 | I/O/Z | PU | GPIO 或定时器 1 输出 |
| GPIOA7/ T2PWM_ T2CMP | J13 | 104 | 77 | I/O/Z | PU | GPIO 或定时器 2 输出 |
| GPIOA8/ CAP1_QEP1 (I) | H10 | 106 | 78 | I/O/Z | PU | GPIO 或捕获输入#1 |
| GPIOA9/ CAP2_QEP2 (I) | F11 | 107 | 79 | I/O/Z | PU | GPIO 或捕获输入#2 |
| GPIOA10/ CAP3_QEPI1 (I) | F12 | 109 | 80 | I/O/Z | PU | GPIO 或捕获输入#3 |
| GPIOA11/ TDIRA(I) | F14 | 116 | 85 | I/OZ | PU | GPIO 或定时器方向 |
| GPIOA12/ TCKINA(I) | F13 | 117 | 86 | I/O/Z | PU | GPIO 或定时器时钟输入 |

（续）

| 名　称 | 引脚号 | | | I/O/Z | PU/PD | 说　明 |
|---|---|---|---|---|---|---|
| | 179 针 BGA | 176 针 LQFP | 128 针 PBK | | | |
| GPIOA 或 EVA 信号 | | | | | | |
| GPIOA13/ C1TRIP(I) | E13 | 122 | 89 | I/O/Z | PU | GPIO 或比较器 1 输出 Trip 信号 |
| GPIOA14/ C2TRIP(I) | E11 | 123 | 90 | I/O/Z | PU | GPIO 或比较器 2 输出 Trip 信号 |
| GPIOA15/ C3TRIP(I) | F10 | 124 | 91 | I/O/Z | PU | GPIO 或比较器 3 输出 Trip 信号 |
| GPIOB 或 EVB 信号 | | | | | | |
| GPIOB0/ PWM7(O) | N2 | 45 | 33 | I/O/Z | PU | GPIO 或 PWM 输出引脚#7 |
| GPIOB1/ PWM8(O) | P2 | 46 | 34 | I/O/Z | PU | GPIO 或 PWM 输出引脚#8 |
| GPIOB2/ PWM9(O) | N3 | 47 | 35 | I/O/Z | PU | GPIO 或 PWM 输出引脚#9 |
| GPIOB3/ PWM10(O) | P3 | 48 | 36 | I/O/Z | PU | GPIO 或 PWM 输出引脚#10 |
| GPIOB4/ PWM11(O) | L4 | 49 | 37 | I/O/Z | PU | GPIO 或 PWM 输出引脚#11 |
| GPIOB5/ PWM12(O) | M4 | 50 | 38 | I/O/Z | PU | GPIO 或 PWM 输出引脚#12 |
| GPIOB6/ T3PWM_ T3CMP | K5 | 53 | 40 | I/O/Z | PU | GPIO 或定时器 3 输出 |
| GPIOB7/ T4PWM_ T4CMP | N5 | 55 | 41 | I/O/Z | PU | GPIO 或定时器 4 输出 |
| GPIOB8/ CAP4 _ QEP3 (I) | M5 | 57 | 43 | I/O/Z | PU | GPIO 或捕获输入#4 |
| GPIOB9/ CAP5 _ QEP4 (I) | M6 | 59 | 44 | I/O/Z | PU | GPIO 或捕获输入#5 |
| GPIOB10/ CAP6 _ QEPI2 (I) | P6 | 60 | 45 | I/O/Z | PU | GPIO 或捕获输入#6 |
| GPIOB11/ TDIRB(I) | L8 | 71 | 54 | I/O/Z | PU | GPIO 或定时器方向 |

（续）

| 名　称 | 引脚号 | | | I/O/Z | PU/PD | 说　明 |
|---|---|---|---|---|---|---|
| | 179 针 BGA | 176 针 LQFP | 128 针 PBK | | | |
| GPIOB 或 EVB 信号 | | | | | | |
| GPIOB12/ TCLKINB(I) | K8 | 72 | 55 | I/O/Z | PU | GPIO 或定时器时钟输入 |
| GPIOB13/ C4TRIP(I) | N6 | 61 | 46 | I/O/Z | PU | GPIO 或比较器 4 输出 Trip 信号 |
| GPIOB14/ C5TRIP(I) | L6 | 62 | 47 | I/O/Z | PU | GPIO 或比较器 5 输出 Trip 信号 |
| GPIOB15/ C6TRIP(I) | K7 | 63 | 48 | I/O/Z | PU | GPIO 或比较器 6 输出 Trip 信号 |
| GPIOD 或 EVA 信号 | | | | | | |
| GPIOD0/ T1CTRIP-PDPINT (I) | H14 | 110 | 81 | I/O/Z | PU | GPIO 或定时器 1 比较输出 Trip 信号 |
| GPIOD1/ T2CTRIP/ EVASOC(I) | G10 | 115 | 84 | I/O/Z | PU | GPIO 或定时器 2 比较输出 Trip 信号或 EVA 外部启动 A－D 转换 |
| GPIOD 或 EVB 信号 | | | | | | |
| GPIOD5/ T3CTRIP_PDPIN (I) | P10 | 79 | 60 | I/O/Z | PU | GPIO 或定时器 3 比较输出 Trip 信号 |
| GPIOD6/ T4CTRIP/ EVBSOC(I) | P11 | 83 | 61 | I/O/Z | PU | GPIO 或定时器 4 比较输出 Trip 信号或 EVB 外部启动 A－D 转换 |
| GPIOE 或中断信号 | | | | | | |
| GPIOE0/XINT1_ XBIO(I) | D9 | 149 | 106 | I/O/Z | — | GPIO 或 XINT1 或XBIO输入 |
| GPIOE1/XINT2_ ADCSOC(I) | D8 | 151 | 108 | I/O/Z | PU | GPIO 或 XINT2 或启动 AD 转换信号 |
| GPIOE2/XNMI_ XINT13(I) | E8 | 150 | 107 | I/O/Z | PU | GPIO 或 XNMI 或 XINT13 |
| GPIOF 或串行外围接口(SPI)信号 | | | | | | |
| GPIOF0/SPISI_ MOA(O) | M1 | 40 | 31 | I/O/Z | — | GPIO 或 SPI 从机输入,主机输出 |
| GPIOF1/SPISO_ MIA(I) | N1 | 41 | 32 | I/O/Z | — | GPIO 或 SPI 从机输出,主机输入 |

（续）

| 名　称 | 引脚号 | | | I/O/Z | PU/PD | 说　　明 |
|---|---|---|---|---|---|---|
| | 179 针 BGA | 176 针 LQFP | 128 针 PBK | | | |
| GPIOF 或串行外围接口(SPI)信号 | | | | | | |
| GPIOF2/SPI-CLKA(I/O) | K2 | 34 | 27 | I/O/Z | — | GPIO 或 SPI 时钟 |
| GPIOF3/SPIST-EA(I/O) | K4 | 35 | 28 | I/O/Z | — | GPIO 或 SPI 从机发送使能 |
| GPIOF 或串行通信接口 A(SCI-A)信号 | | | | | | |
| GPIOF4/SCITX-DA(O) | C7 | 155 | 111 | I/O/Z | PU | GPIO 或 SCI 异步串行口发送数据 |
| GPIOF5/SCIRX-DA(I) | A7 | 157 | 112 | I/O/Z | PU | GPIO 或 SCI 异步串行口接收数据 |
| GPIOF6/CA-NTXA(O) | N12 | 87 | 64 | I/O/Z | PU | GPIO 或 eCAN 发送数据 |
| GPIOF7/CAN-RXA(I) | N13 | 89 | 65 | I/O/Z | PU | GPIO 或 eCAN 接收数据 |
| GPIOF 或多通道缓冲串行口(McBSP)信号 | | | | | | |
| GPIOF8/MCLKXA(I/O) | J1 | 28 | 23 | I/O/Z | PU | GPIO 或 McBSP 发送时钟 |
| GPIOF9/MCLKRA(I/O) | H2 | 25 | 21 | I/O/Z | PU | GPIO 或 McBSP 接收时钟 |
| GPIOF10/MF-SXA(I/O) | H4 | 26 | 22 | I/O/Z | PU | GPIO 或 McBSP 发送帧同步信号 |
| GPIOF11/MSXRA(I/O) | J2 | 29 | 24 | I/O/Z | PU | GPIO 或 McBSP 接收帧同步信号 |
| GPIOF12/MDXA(O) | G1 | 22 | 19 | I/O/Z | — | GPIO 或 McBSP 发送串行数据 |
| GPIOF13/MDRA(1) | G2 | 20 | 18 | I/O/Z | PU | GPIO 或 McBSP 接收串行数据 |
| GPIOF 或 XF CPU 输出信号 | | | | | | |
| GPIOF14/XF_$\overline{\text{XPLLDIS}}$(O) | A11 | 140 | 101 | I/O/Z | PU | 此引脚有 3 个功能：<br>(1)XF—通用输出引脚<br>(2)XPLLDIS—复位期间此引脚被采样以检查锁相环 PLL 是否被禁止，若该引脚为低，PLL 被禁止。此时，不能使用 HALT 和 STANDBY 模式<br>(3)GPIO—通用输入/输出功能 |

（续）

| 名　称 | 引脚号 | | | I/O/Z | PU/PD | 说　明 |
|---|---|---|---|---|---|---|
| | 179 针 BGA | 176 针 LQFP | 128 针 PBK | | | |
| GPIOG 或串行通信接口 B(SCI-B)信号 | | | | | | |
| GPIOG4/SCITX-DB(O) | P14 | 90 | 66 | I/O/Z | — | GPIO 或 SCI 异步串行口发送数据端 |
| GPIOG5/SCIRX-DB(I) | M13 | 91 | 67 | I/O/Z | — | GPIO 或 SCI 异步串行口接收数据端 |

注:1. 除了 TDO,CLKOUT,XF,XINTF,EMU0 及 EMU1 引脚之外,所有引脚的输出缓冲器驱动能力(有输出功能的)典型值是 4mA。

2. I:输入;O:输出;Z:高阻态。

3. PU:引脚有上拉功能;PD:引脚有下拉功能。

# 附录 C　TMS320′28x 系列 DSP 汇编语言指令集

### 表 C-1　′28x 系列 DSP 指令系统的符号和标志

| 符号 | 描述 |
|---|---|
| XARn | XAR0 ~ XAR7 寄存器 |
| ARn,ARm | XAR0 ~ XAR7 寄存器的低 16 位 |
| ARnH | XAR0 ~ XAR7 寄存器的高 16 位 |
| ARPn | 3 位辅助寄存器指针,ARP0 ~ ARP7,ARP0 指向 XAR0,ARP7 指向 XAR7 |
| AR(ARP) | ARP 所指辅助寄存器的低 16 位 |
| XAR(ARP) | ARP 所指辅助寄存器 |
| AX | 累加器的高(AH)和低(AL)寄存器 |
| # | 立即数 |
| PM | 乘积移位方式( +4,1,0, -1, -2, -3, -4, -5, -6) |
| PC | 程序指针 |
| ~ | 逐位传送 |
| [loc16] | 16 位单元的内容 |
| 0:[loc16] | 16 位单元的内容,零扩展 |
| S:[loc16] | 16 位单元的内容,符号扩展 |
| [loc32] | 32 位单元的内容 |
| 0:[loc32] | 32 位单元的内容,零扩展 |
| S:[loc32] | 32 位单元的内容,符号扩展 |
| 7bit | 7 位立即数 |
| 0:7bit | 7 位立即数,零扩展 |
| S:7bit | 7 位立即数,符号扩展 |

（续）

| 符号 | 描述 |
|---|---|
| 8bit | 8 位立即数 |
| 0:8bit | 8 位立即数,零扩展 |
| S:8bit | 8 位立即数,符号扩展 |
| 10bit | 10 位立即数 |
| 0:10bit | 10 位立即数,零扩展 |
| 16bit | 16 位立即数 |
| 0:16bit | 16 位立即数,零扩展 |
| S:16bit | 16 位立即数,符号扩展 |
| 22bit | 22 位立即数 |
| 0:22bit | 22 位立即数,零扩展 |
| LSb | 最低有效位 |
| LSB | 最低有效字节 |
| LSW | 最低有效字 |
| MSb | 最高有效位 |
| MSB | 最高低有效字节 |
| MSW | 最高有效字 |
| OBJ | OBJMODE 位状态 |
| N | 重复次数( N = 0,1,2,3,4,5,6,7,…) |
| {} | 可选字段 |
| = | 赋值 |
| == | 等于 |

### 表 C-2　寄存器操作指令

| 助记符 | 描述 |
|---|---|
| XARn 寄存器(XAR0 ~ XAR7)的操作 | |
| ADDB　XARn, #7bit | 7 位常数加到辅助寄存器 |
| ADRK　#8bit | 8 位常数加到当前辅助寄存器 |
| CMPR　0/1/2/3 | 比较辅助寄存器 |
| MOV　AR6/7, loc16 | 加载辅助寄存器 |
| MOV　loc16, ARn | 存储16 位辅助寄存器 |
| MOV　XARn, PC | 保存当前程序指针 |
| MOVB　XARn, #8bit | 用 8 位常数加载辅助寄存器 |
| MOVB　AR6//7, #8bit | 用 8 位常数加载辅助寄存器 |
| MOVL　XARn, loc32 | 加载32 位辅助寄存器 |
| MOVL　loc32, XARn | 存储32 位辅助寄存器 |
| MOVL　XARn, #32bit | 用常数加载32 位辅助寄存器 |

（续）

| 助记符 | 描述 |
|---|---|
| MOVZ　ARn, loc16 | 加载 XARn 低半部分,清除高半部分 |
| SBRK　#8bit | 从当前辅助寄存器中减去 8 位常数 |
| SUBB　XARn, #7bit | 从辅助寄存器中减去 7 位常数 |
| DP 寄存器操作 | |
| MOV　DP, #10bit | 加载数据页指针 |
| MOVW　DP, #16bit | 加载整个数据页 |
| MOVZ　DP, #10bit | 加载数据页并清除高位 |
| SP 寄存器操作 | |
| ADDB　SP, #7bit | 7 位常数加到堆栈指针 |
| POP　ACC | 堆栈内容弹出到寄存器 ACC |
| POP　AR1:AR0 | 堆栈内容弹出到寄存器 AR1 和 AR0 |
| POP　AR1H:AR0H | 堆栈内容弹出到寄存器 AR1H 和 AR0H |
| POP　AR3:AR2 | 堆栈内容弹出到寄存器 AR3 和 AR2 |
| POP　AR5:AR4 | 堆栈内容弹出到寄存器 AR5 和 AR4 |
| POP　DBGIER | 堆栈内容弹出到寄存器 DBGIER |
| POP　DP:ST1 | 堆栈内容弹出到寄存器 DP 和 ST1 |
| POP　DP | 堆栈内容弹出到寄存器 DP |
| POP　IFR | 堆栈内容弹出到寄存器 IFR |
| POP　loc16 | 从堆栈中弹出"loc16"数据 |
| POP　P | 堆栈内容弹出到寄存器 P |
| POP　RPC | 堆栈内容弹出到寄存器 RPC |
| POP　ST0 | 堆栈内容弹出到寄存器 ST0 |
| POP　ST1 | 堆栈内容弹出到寄存器 ST1 |
| POP　T:ST0 | 堆栈内容弹出到寄存器 T 和 ST0 |
| POP　XT | 堆栈内容弹出到寄存器 XT |
| POP　XARn | 堆栈内容弹出到辅助寄存器 |
| PUSH　ACC | 寄存器 ACC 入栈 |
| PUSH　ARn:ARn | 寄存器 ARn 与 ARn 入栈 |
| PUSH　AR1H:AR0H | 寄存器 AR1H 和 AR0H 入栈 |
| PUSH　DBGIER | 寄存器 DBGIER 入栈 |
| PUSH　DP:ST1 | 寄存器 DP 和 ST1 入栈 |
| PUSH　DP | 寄存器 DP 入栈 |
| PUSH　IFR | 寄存器 IFR 入栈 |
| PUSH　loc16 | "loc16"数据入栈 |
| PUSH　P | 寄存器 P 入栈 |
| PUSH　RPC | 寄存器 RPC 入栈 |

（续）

| 助记符 | 描述 |
|---|---|
| PUSH　ST0 | 寄存器 ST0 入栈 |
| PUSH　ST1 | 寄存器 ST1 入栈 |
| PUSH　T：ST0 | 寄存器 T 和 ST0 入栈 |
| PUSH　XT | 寄存器 XT 入栈 |
| PUSH　XARn | 辅助寄存器入栈 |
| SUBB　SP,#7bit | 从栈指针中减去 7 位常数 |
| AX 寄存器（AH,AL)操作 | |
| ADD　AX,loc16 | 加数值到 AX |
| ADD　loc16,AX | 将 AX 的内容加到指定单元 |
| ADDB　AX,#8bit | 将 8 位常数加到 AX |
| AND　AX,loc16, #16bit | 逐位相"与" |
| AND　AX,loc16 | 逐位相"与" |
| AND　loc16,AX | 逐位相"与" |
| ANDB　AX,#8bit | 与 8 位数值逐位相"与" |
| ASR　AX,1..16 | 算术右移 |
| ASR　AX,T | 算术右移,移位次数由 T(3:0) =0..15 指定 |
| CMP　AX,loc16 | 比较 |
| CMP　AX,#8bit | 与 8 位数值比较 |
| FLIP　AX | 将 AX 寄存器中的数据位翻转顺序 |
| LSL　AX,1…16 | 逻辑左移 |
| LSL　AX,T | 逻辑左移,移位次数由 T(3:0) =0..15 指定 |
| LSR　AX,1…16 | 逻辑右移 |
| LSR　AX,T | 逻辑右移,移位次数由 T(3:0) =0..15 指定 |
| MAX　AX,loc16 | 求最大值 |
| MIN　AX,loc16 | 求最小值 |
| MOV　AX,loc16 | 加载 AX |
| MOV　loc16,AX | 存储 AX |
| MOV　loc16,AX, COND | 有条件地存储 AX |
| MOVB　AX,#8bit | 用 8 位常数加载 AX |
| MOVB　A. LSB,loc16 | 加载 AX 的最低有效字节,最高有效字节 =0x00 |
| MOVB　AX.. MSB,loc16 | 加载 AX 的最高有效字节,最低有效字节 =不变 |
| MOVB　loc16,AX. LSB | 存储 AX 的最低有效字节 |
| MOVB　loc16,AX.. MSB | 存储 AX 的最高有效字节 |
| NEG　AX | 求 AX 的相反数 |
| NOT　AX | 求 AX 的补 |
| OR　AX,loc16 | 逐位相"或" |

（续）

| 助记符 | 描述 |
|---|---|
| OR　　loc16,AX | 逐位相"或" |
| ORB　　AX,#8bit | 与 8 位数值逐位相"或" |
| SUB　　AX,loc16 | 从 AX 中减去指定单元内容 |
| SUB　　loc16,AX | 从指定单元中减去 AX 的内容 |
| SUBR　loc16,AX | 采用反向减法从 AX 中减去指定单元内容 |
| SXTB　　AX | 将 AX 的最低有效字节符号扩展到最高有效字节 |
| XOR　　AX,loc16 | 逐位相"异或" |
| XOR　　loc16,AX | 逐位相"异或" |
| XORB　AX,#8bit | 与 8 位数值逐位相"异或" |
| 16 位 ACC 寄存器操作 | |
| ADD　ACC,loc16{ < <0···16} | 数值加到累加器 |
| ADD　ACC,#16bit{ < <0···15} | 数值加到累加器 |
| ADD　ACC,loc16 < <T | 数值移位后加到累加器 |
| ADDB　ACC,#8bit | 8 位常数加到累加器 |
| ADDCU　ACC,loc16 | 将无符号数带进位加到累加器 |
| ADDU　ACC,loc16 | 无符号数加到累加器 |
| AND　ACC,loc16 | 逐位相"与" |
| AND　ACC,#16bit{ < <0···16} | 逐位相"与" |
| MOV　ACC,loc16{ < <0···16} | 移位后加载累加器 |
| MOV　ACC,#16bit{ < <0···15} | 移位后加载累加器 |
| MOV　loc16,ACC < <1···8 | 存储累加器移位后低段字 |
| MOV　ACC,loc16 < <T | 移位后加载累加器 |
| MOVB　ACC,#8bit | 用 8 位数值加载累加器 |
| MOVH　loc16,ACC < <1···8 | 存储累加器移位后高段字 |
| MOVU　ACC,loc16 | 用无符号数加载累加器 |
| SUB　ACC,loc16 < <T | 从累加器中减去移位后的数值 |
| SUB　ACC,loc16{ < <0···16} | 从累加器中减去移位后的数值 |
| SUB　ACC,#16bit{ < <0···15} | 从累加器中减去移位后的数值 |
| SUBB　ACC,#8bit | 减去 8 位数值 |
| SBBU　ACC,loc16 | 使用带反向借位的减法减去无符号数 |
| SUBU　ACC,loc16 | 减去 16 位无符号数 |
| OR　ACC,loc16 | 逐位相"或" |
| OR　ACC,#16bit{ < <0···16} | 逐位相"或" |
| XOR　ACC,loc16 | 逐位相"异或" |
| XOR　ACC,#16bit{ < <0···16} | 逐位相"异或" |
| ZALR　ACC,loc16 | AL 清 0,AH 四舍五入 |

（续）

| 助记符 | 描述 |
|---|---|
| 32 位 ACC 寄存器操作 ||
| ABS     ACC | 累加器取绝对值 |
| ABSTC     ACC | 累加器取绝对值并加载 TC |
| ADDL     ACC, loc32 | 32 位数值加到累加器 |
| ADDL     loc32, ACC | 将累加器的内容加到指定单元 |
| ADDCL     ACC, loc32 | 32 位数带进位加到累加器 |
| ADDUL     ACC, loc32 | 将 32 位无符号数加到累加器 |
| ADDL     ACC, P < < PM | 寄存器 P 的内容移位后加到累加器 |
| ASRL     ACC, T | 按 T(4:0)对累加器算术右移 |
| CMPL     ACC, loc32 | 与 32 位数值比较 |
| CMPL     ACC, P < < PM | 与 32 位数值比较 |
| CSB     ACC | 对符号位进行计数 |
| LSL     ACC, 1…16 | 逻辑左移 1 ~ 16 |
| LSL     ACC, T | 按 T(3:0) = 0..15 进行逻辑左移 |
| LSRL     ACC, T | 按 T(4:0)逻辑右移 |
| LSLL     ACC, T | 按 T(4:0)逻辑左移 |
| MAXL     ACC, loc32 | 求 32 位最大值 |
| MINL     ACC, loc32 | 求 32 位最小值 |
| MOVL     ACC, loc32 | 用 32 位数加载累加器 |
| MOVL     loc32, ACC | 存储累加器的 32 位内容 |
| MOVL     P, ACC | 用累加器加载寄存器 P |
| MOVL     ACC, P < < PM | 用移位后寄存器 P 加载累加器 |
| MOVL     loc32, ACC, COND | 对 ACC 进行条件存储 |
| NORM     ACC, XARn + + / − − | 规格化累加器并修改选定的辅助寄存器 |
| NORM     ACC, * ind | C2xLP 兼容的规格化累加器操作 |
| NEG     ACC | 取 ACC 的相反数 |
| NEGTC     ACC | 若 TC = 1 取 ACC 的相反数 |
| NOT     ACC | ACC 取补 |
| ROL     ACC | ACC 循环左移 |
| ROR     ACC | ACC 循环右移 |
| SAT     ACC | 基于 OVC 的值, ACC 饱和运算 |
| SFR     ACC, 1…16 | 累加器右移 1 ~ 16 位 |
| SFR     ACC, T | 按 T(3:0) = 0..15 对累加器右移 |
| SUBBL     ACC, loc32 | 使用带反向借位减法从 ACC 减去 32 位数 |
| SUBCU     ACC, loc16 | 有条件地减去 16 位数 |
| SUBCL     ACC, loc32 | 有条件地减去 32 位数 |
| SUBL     ACC, loc32 | 减去 32 位数 |
| SUBL     loc32, ACC | 减去 32 位数 |
| SUBL     ACC, P < < PM | 减去 32 位数 |
| SUBRL     loc32, ACC | 使用反向减法从 ACC 减去指定单元的内容 |
| SUBUL     ACC, loc32 | 减去无符号 32 位数 |

（续）

| 助记符 | 描述 |
|---|---|
| TEST　　ACC | 测试 ACC 是否为 0 |
| 64 位 ACC:P 寄存器操作 | |
| ASR64　　ACC:P, #1…16 | 64 位数值的算术右移 |
| ASR64　　ACC:P, T | 按 T(5:0) 对 64 位数值算术右移 |
| CMP64　　ACC:P | 比较 64 位数值 |
| LSL64　　ACC:P, #1…16 | 逻辑左移 1~16 位 |
| LSL64　　ACC:P, T | 按 T(5:0) 对 64 位数值逻辑左移 |
| LSR64　　ACC:P, #1…16 | 逻辑右移 1~16 位 |
| LSR64　　ACC:P, T | 按 T(5:0) 对 64 位数值逻辑右移 |
| NEG64　　ACC:P | 取 ACC:P 的相反数 |
| SAT64　　ACC:P | 基于 OVC 的值, ACC:P 饱和运算 |
| P 或 XT 寄存器的操作 (P, PH, PL, XT, T, TL) | |
| ADDUL　P, loc32 | 将 32 位无符号数加到寄存器 P |
| MAXCUL　P, loc32 | 有条件地求无符号数的最大值 |
| MINCUL　P, loc32 | 有条件地求无符号数的最小值 |
| MOV　PH, loc16 | 加载 P 寄存器的高半字段 |
| MOV　PL, loc16 | 加载 P 寄存器的低半字段 |
| MOV　loc16, P | 存储移位后 P 寄存器的低半字段 |
| MOV　T, loc16 | 加载 XT 寄存器的高半字段 |
| MOV　loc16, T | 存储 T 寄存器 |
| MOV　TL, #0 | 清除 XT 寄存器的低半字段 |
| MOVA　T, loc16 | 加载 T 寄存器并与先前的乘积相加 |
| MOVAD　T, loc16 | 加载 T 寄存器 |
| MOVDL　XT, loc32 | 存储 XT 寄存器并加载新 XT 寄存器 |
| MOVH　loc16, P | 存储 P 寄存器的高字段 |
| MOVL　P, loc32 | 加载 P 寄存器 |
| MOVL　loc32, P | 存储 P 寄存器 |
| MOVL　XT, loc32 | 加载 XT 寄存器 |
| MOVL　loc32, XT | 存储 XT 寄存器 |
| MOVP　T, loc16 | 加载 T 寄存器并将 P 寄存器内容保存到累加器 |
| MOVS　T, loc16 | 加载 T 寄存器并将从累加器中减去 P 寄存器内容 |
| MOVX　TL, loc16 | 使用符号扩展加载 XT 寄存器的低半部分 |
| SUBUL　P, loc32 | 减去无符号 32 位数 |

### 表 C-3　乘法操作指令

| 助记符 | 描述 |
|---|---|
| 16×16 乘法操作 | |
| DMAC　ACC:P, loc32, *XAR7/ ++ | 16 位数两次相乘且累加 |
| MAC　P, loc16, 0:pma | 相乘且累加 |
| MAC　P, loc16, *XAR7/ ++ | 相乘且累加 |

（续）

| 助记符 | 描述 |
|---|---|
| MPY　P, T, loc16 | 16 位 × 16 位乘法 |
| MPY　P, loc16, #16bit | 16 位 × 16 位乘法 |
| MPY　ACC, T, loc16 | 16 位 × 16 位乘法 |
| MPY　ACC, loc16, #16bit | 16 位 × 16 位乘法 |
| MPYA　P, loc16, #16bit | 16 位数与 16 位相乘并加上先前的乘积 |
| MPYA　P, T, loc16 | 16 位数与 16 位相乘并加上先前的乘积 |
| MPYB　P, T, #8bit | 有符号数与 8 位无符号常数相乘 |
| MPYS　P, T, loc16 | 16 位数与 16 位相乘并做减法 |
| MPYB　ACC, T, #8bit | 与 8 位常数相乘 |
| MPYU　ACC, T, loc16 | 16 位 × 16 位无符号乘法 |
| MPYU　P, T, loc16 | 16 位 × 16 位无符号乘法 |
| MPYXU　P, T, loc16 | 有符号数与无符号数相乘 |
| MPYXU　ACC, T, loc16 | 有符号数与无符号数相乘 |
| SQRA　loc16 | 求二次方值并将 P 寄存器的内容加到 ACC |
| SQRS　loc16 | 求二次方值并与 ACC 做减操作 |
| XMAC　P, loc16, ∗(pma) | 与 C2xLP 兼容的相乘且累加 |
| XMACD　P, loc16, ∗(pma) | 带有数据移动的与 C2xLP 兼容的相乘且累加 |
| 32 × 32 乘法操作 | |
| IMACL　P, loc32, ∗XAR7/ ++ | 有符号 32 位 × 32 位且累加（低半段） |
| IMPYAL　P, XT, loc32 | 有符号 32 位数乘法（低半段）且加上先前 P 的内容 |
| IMPYL　P, XT, loc32 | 有符号 32 位 × 32 位（低半段） |
| IMPYL　ACC, XT, loc32 | 有符号 32 位 × 32 位（低半段） |
| IMPYSL　P, XT, loc32 | 有符号 32 位数乘法（低半段）且减去先前 P 的内容 |
| IMPYXUL　P, XT, loc32 | 有符号 32 位数 × 无符号 32 位数（低半段） |
| QMACL　P, loc32, ∗XAR7/ ++ | 有符号 32 位 × 32 位且累加（高半段） |
| QMPYAL　P, XT, loc32 | 有符号 32 位数乘法（高半段）且加上先前 P 的内容 |
| QMPYL　P, XT, loc32 | 有符号 32 位 × 32 位（高半段） |
| QMPYL　ACC, XT, loc32 | 有符号 32 位 × 32 位（高半段） |
| QMPYSL　P, XT, loc32 | 有符号 32 位数乘法（高半段）且减去先前 P 的内容 |
| QMPYUL　P, XT, loc32 | 无符号 32 位数与无符号 32 位数相乘（高半段） |
| QMPYXUL　P, XT, loc32 | 有符号 32 位数 × 无符号 32 位数（高半段） |

### 表 C-4　存储空间操作指令

| 助记符 | 描述 |
|---|---|
| 直接存储器操作 | |
| ADD　loc16, #16bitSigned | 将常数加到指定单元 |
| AND　loc16, #16bitSigned | 逐位相"与" |
| CMP　loc16, #16bitSigned | 比较 |

（续）

| 助记符 | 描述 |
|---|---|
| DEC　loc16 | 减 1 |
| DMOV　loc16 | 移动 16 位单元的数据内容 |
| INC　loc16 | 加 1 |
| MOV　＊(0:16bit)，loc16 | 数值移动 |
| MOV　loc16，＊(0:16bit) | 数值移动 |
| MOV　loc16，#16bit | 存储 16 位常数 |
| MOV　loc16，#0 | 清除 16 位单元 |
| MOVB　loc16，#8bit，COND | 有条件地存储字节 |
| OR　loc16，#16bit | 逐位相"或" |
| TBIT　loc16，#bit | 测试位 |
| TBIT　loc16，T | 测试 T 寄存器指定位 |
| TCLR　loc16，#bit | 测试并清除指定位 |
| TSET　loc16，#bit | 测试并设置指定位 |
| XOR　loc16，#16bit | 逐位相"异或" |
| IO 空间操作 | |
| IN　　loc16，＊(PA) | 从端口输入数据 |
| OUT　＊(PA)，loc16 | 向端口输出数据 |
| UOUT　＊(PA)，loc16 | 向 IO 端口输出不受保护的数据 |
| 程序空间操作 | |
| PREAD　loc16，＊XAR7 | 读程序存储器 |
| PWRITE　＊XAR7，loc16 | 写程序存储器 |
| XPREAD　loc16，＊AL | 与 C2xLP 兼容性的读程序存储器 |
| XPREAD　loc16，＊(pma) | 与 C2xLP 兼容性的读程序存储器 |
| XPWRITE　＊AL，loc16 | 与 C2xLP 兼容性的写程序存储器 |

表 C-5　控制指令

| 助记符 | 描述 |
|---|---|
| 跳转/调用/返回操作 | |
| B　　16bitOff，COND | 有条件跳转 |
| BANZ　16bitOff，ARn－－ | 若辅助寄存器不为 0，则跳转 |
| BAR　16bOf,ARn,ARn,EQ/NEQ | 根据辅助寄存器比较的结果进行跳转 |
| BF　　16bitOff，COND | 快速跳转 |
| FFC　XAR7，22bitAddr | 快速函数调用 |
| IRET | 中断返回 |
| LB　　22bitAddr | 长跳转 |
| LB　　＊XAR7 | 间接长跳转 |

（续）

| 助记符 | 描述 |
|---|---|
| LC      22bitAddr | 立即长调用 |
| LC      ∗XAR7 | 间接长调用 |
| LCR      22bitAddr | 使用 RPC 的长调用 |
| LCR      ∗XARn | 使用 RPC 的间接长调用 |
| LOOPZ      loc16, #16bit | 为 0 时循环 |
| LOOPNZ      loc16, #16bit | 非 0 时循环 |
| LRET | 长返回 |
| LRETE | 长返回且允许中断 |
| LRETR | 使用 RPC 长返回 |
| RPT      #8bit/loc16 | 重复下一条指令 |
| SB      8bitOff, COND | 有条件短跳转 |
| SBF      8bitOff, EQ/NEQ/TC/NTC | 快速有条件短跳转 |
| XB      pma | 与 C2xLP 兼容性的跳转 |
| XB      pma, COND | 与 C2xLP 兼容性的有条件跳转 |
| XB      pma, ∗, ARPn | 与 C2xLP 兼容性的函数调用跳转 |
| XB      ∗AL | 与 C2xLP 兼容性的函数调用 |
| XBANZ      pma, ∗ind{, ARPn} | 若 ARn 为 0，与 C2xLP 资源兼容性的跳转 |
| XCALL      pma | 与 C2xLP 兼容性的调用 |
| XCALL      pma, COND | 与 C2xLP 兼容性的条件调用 |
| XCALL      pma, ∗, ARPn | 与 C2xLP 兼容性的调用且改变 ARP |
| XCALL      ∗AL | 与 C2xLP 兼容性的间接调用 |
| XRET | 无条件返回，等同于 XRETC   UNC |
| XRETC      COND | 与 C2xLP 兼容性的条件返回 |
| 中断寄存器操作 | |
| AND      IER, #16bit | 逐位进行"与"操作禁止指定的 CPU 中断 |
| AND      IFR, #16bit | 逐位进行"与"操作清除正等待处理的 CPU 中断 |
| IACK      #16bit | 中断确认 |
| INTR      INT1/../INT14<br>NMI<br>EMUINT<br>DLOGINT<br>RTOSINT | 仿真硬件中断 |
| MOV      IER, loc16 | 加载中断使能寄存器 |
| MOV      loc16, IER | 存储中断使能寄存器 |
| OR      IER, #16bit | 逐位相"或" |
| OR      IFR, #16bit | 逐位相"或" |
| TRAP      #0···31 | 软件陷阱 |

（续）

| 助记符 | 描述 |
|---|---|
| 状态寄存器操作（ST0,ST1） | |
| CLRC　Mode | 清除各状态位 |
| CLRC　XF | 清除状态位 XF 并输出信号 |
| CLRC　AMODE | 清除 AMODE 位 |
| C28ADDR | 清除 AMODE 位 |
| CLRC　OBJMODE | 清除 OBJMODE 位 |
| C27OBJ | 清除 OBJMODE 位 |
| CLRC　MOM1MAP | 清除 MOM1MAP 位 |
| C27MAP | 置 MOM1MAP 位 |
| CLRC　OVC | 清除 OVC 位 |
| ZAP　OVC | 清除溢出计数器 |
| DINT | 禁止可屏蔽中断（置 INTM 位） |
| EINT | 允许可屏蔽中断（清除 INTM 位） |
| MOV　PM,AX | 令乘积移位方式位 PM = AX(2:0) |
| MOV　OVC,loc16 | 加载溢出计数器 |
| MOVU　OVC,loc16 | 用无符号数加载溢出计数器 |
| MOV　loc16,OVC | 存储溢出计数器 |
| MOVU　loc16,OVC | 存储无符号的溢出计数器 |
| SETC　Mode | 置各复用状态位 |
| SETC　XF | 置 XF 位并输出信号 |
| SETC　MOM1MAP | 置 MOM1MAP 位 |
| C28MAP | 置 MOM1MAP 位 |
| SETC　OBJMODE | 置 OBJMODE 位 |
| C28OBJ | 置 OBJMODE 位 |
| SETC　AMODE | 置 AMODE 位 |
| LPADDR | 置 AMODE 位 |
| SPM　PM | 设置乘积移位方式位 |
| 其他操作 | |
| ABORTI | 中止中断 |
| ASP | 对齐定位堆栈指针 |
| EALLOW | 允许访问受保护的空间 |
| IDLE | 置处理器于空闲模式 |
| NASP | 不对齐定位堆栈指针 |
| NOP　{ *ind} | 空跳，间接地址修改为可选操作数 |
| ZAPA | 将累加器、P 寄存器、OVC 都清 0 |
| EDIS | 禁止访问受保护的空间 |
| ESTOP0 | 仿真停止 0 |
| ESTOP1 | 仿真停止 1 |

# 参 考 文 献

［1］ Texas Instrument. TMS320F2810, TMS320F2811, TMS320F2812, TMS320C2810, TMS320C2811, TMS320C2812 Digital Signal Processors Data Manual ［Z］. 2010.

［2］ Texas Instrument. TMS320x28xx, 28xxx DSP Peripheral Reference Guide ［Z］. 2009.

［3］ Texas Instrument. TMS320C28x CPU and Instruction Set Reference Guide ［Z］. 2009.

［4］ Texas Instrument. Hardware Design Guidelines for TMS320F28xx and TMS320F28xxx DSCs ［Z］. 2008.

［5］ Texas Instrument. Programming TMS320x28xx and 28xxx Peripherals in C/C++ ［Z］. 2009.

［6］ Texas Instrument. TMS320C2000™ DSP Controllers：A Perfect Fit for Solar Power Inverters ［Z］. 2006.

［7］ Texas Instrument. TMS320F28335, TMS320F28334, TMS320F28332, TMS320F28235, TMS320F28234, TMS320F28232, Digital Signal Controler Data Manual ［Z］. 2012.

［8］ 彭启琮，等. DSP 技术的发展与应用 ［M］. 2 版. 北京：高等教育出版社，2007.

［9］ 程佩青. 数字信号处理教程 ［M］. 3 版. 北京：清华大学出版社，2007.

［10］ 张雄伟，曹铁勇，陈亮，等. DSP 芯片的原理与开发应用 ［M］. 4 版. 北京：电子工业出版社，2009.

［11］ 苏奎峰，吕强，常天庆，等. TMS320X281xDSP 原理及 C 程序开发 ［M］. 2 版. 北京：北京航空航天大学出版社，2011.

［12］ 宁改娣，曾翔君，骆一萍. DSP 控制器原理及应用 ［M］. 2 版. 北京：科学出版社，2009.

［13］ 江思敏. TMS320C2000 系列 DSP 开发应用技巧：重点与难点剖析 ［M］. 北京：中国电力出版社，2008.

［14］ 张毅刚，等. TMS320LF240x 系列 DSP 原理、开发与应用 ［M］. 哈尔滨：哈尔滨工业大学出版社，2007.

［15］ Texas Instrument. TMS320C28x 系列 DSP 的 CPU 与外设：上 ［M］. 张卫宁，译. 北京：清华大学出版社，2004.

［16］ Texas Instrument. TMS320C28x 系列 DSP 的 CPU 与外设：下 ［M］. 张卫宁，译. 北京：清华大学出版社，2004.

［17］ 苏奎峰，吕强，耿庆锋，等. TMS320F2812 原理与开发 ［M］. 北京：电子工业出版社，2005.

［18］ 孙丽明. TMS320F2812 原理及其 C 语言程序开发 ［M］. 北京：清华大学出版社，2008.

［19］ 合众达电子. SEED TI C2000 培训教材 ［Z］. 2005.

［20］ 刘和平，邓力，江渝，等. 数字信号处理器原理、结构及应用基础：TMS320F28x ［M］. 北京：机械工业出版社，2007.

［21］ 程善美，沈安文. DSP 原理及应用 ［M］. 北京：机械工业出版社，2019.

［22］ 李黎，魏伟. DSP 应用系统开发实例：基于 TMS320F281x 和 C 语言 ［M］. 北京：化学工业出版社，2018.

［23］ 张小鸣. DSP 原理及应用：TMS320F28335 架构、功能模块及程序设计 ［M］. 北京：清华大学出版社，2018.

［24］ 张卿杰，徐友，左楠，等. 手把手教你学 DSP：基于 TMS320F28335 ［M］. 2 版. 北京：北京航空航天大学出版社，2018.

［25］ 奚淡基. 逆变器并网孤岛检测技术的研究 ［D］. 杭州：浙江大学，2006.

［26］ 金如麟，谭茀娃. 电力电子技术基础 ［M］. 上海：上海交通大学出版社，2001.

［27］ 刘凤君. 正弦波逆变器 ［M］. 北京：科学出版社，2002.

［28］ 吴守箴，臧英杰. 电气传动的脉宽调制控制技术 ［M］. 北京：机械工业出版社，1997.